水资源中长期供应安全与对策研究

李守权　主编

辽宁科学技术出版社

沈　阳

ⓒ 2021　李守权

图书在版编目（CIP）数据

水资源中长期供应安全与对策研究/李守权主编.
—沈阳：辽宁科学技术出版社，2021.6（2024.6重印）
　　ISBN 978-7-5591-2097-7

　　Ⅰ．①水…　Ⅱ．①李…　Ⅲ．①水资源管理—研究
Ⅳ．①TV213.4

　　中国版本图书馆 CIP 数据核字（2021）第 110087 号

出版发行：辽宁科学技术出版社
　　　　　（地址：沈阳市和平区十一纬路25号　邮编：110003）
印　刷　者：沈阳丰泽彩色包装印刷有限公司
经　销　者：各地新华书店
幅面尺寸：185 mm×260 mm
印　　张：17.75
字　　数：400 千字
出版时间：2021 年 6 月第 1 版
印刷时间：2024 年 6 月第 2 次印刷
责任编辑：陈广鹏
封面设计：李　嵘
责任校对：李淑敏

书　　号：ISBN 978-7-5591-2097-7
定　　价：98.00 元

联系电话：024-23280036
邮购热线：024-23284502

本书编委会

主　编：李守权

副主编：齐　奇　张志慧

参　编：（按姓名首字笔画为序）

于　翔	于岚岚	才　厚	王　兴	王　宇
王　磊	王志爱	王万香	王志国	王洪宝
田雨丰	丛日义	闫玉民	刘延辉	刘瑞国
那　利	李　虎	李芳存	杨明会	杨国民
苏志生	张　云	张　晶	张　静	张秀春
张海波	陈广华	林兰兰	林晓静	信　亮
郭爱枫	曹永强	董文津	董国义	肇毓锋
韩金辉	霍　妍	戴成宗		

作者介绍

主编介绍

李守权：毕业于沈阳农业大学，学历研究生，辽宁省水利厅副厅级调研员。

副主编介绍

齐奇：2012 年毕业于河海大学水利水电学院，2020 年 12 月取得水利高级工程师资格，获得辽宁省"百千万人才工程"万层次人才称号。出版著作《水库淤积探测技术原理与应用实例》（辽宁科学技术出版社）；发表《关山水库河湖连通工程提水闸闸型方案比选分析》《基于 PSR 模型和层次分析——熵权法的水生态安全评价研究》《改进的 ANFIS 模型在河道堤防物理力学参数反演计算中的应用》《病险水库大坝加固设计方案浅析》《中小河流治理项目与资金管理探讨——以东北地区为例》等多篇论文。参与的"水资源供需平衡技术研究与应用"项目获 2021 年辽宁水利科学技术奖一等奖；参与"喀左县大凌河综合治理工程设计"获得辽宁省优秀工程勘察设计奖水利工程类一等奖；参与"辽宁省中小河流防洪工程典型设计模式研究与实践"项目、"季节性河流水流特性及滩槽耦合生态治理技术研究与应用"项目获辽宁水利科学技术二等奖；参与"大伙房水库上游涵养区河流生态修复综合措施与示范研究"项目获辽宁水利科学技术三等奖。

张志慧：毕业于大连海事大学，教授级高级工程师。"清河水库洪水分类预报及防洪调度系统研究与应用"项目获得省水利厅科学技术进步奖一等奖，"柴河水库大坝安全监控多模型集成预报技术研究与应用"项目获得省水利厅科学技术进步奖二等奖。发表《不同模型洪水预报方案的分析及应用》《清河水库洪水预报与防洪调度技术研究》《SURFER 在地下水位资料整编中的应用》《隧洞预应力混凝土衬砌在大伙房输水二期工程中的应用》《清河水库供水能力及效益分析》《流速面积法测量测验随机不确定度计算方法的探讨》《清河水库单位线不完全情况下的汇流预报》《基于 WED 的清河水库洪水调度系统的设计》等多篇论文。

前　言

　　水是生命之源，是人类生存和维系生态系统的基本物质，人类社会的发展是依靠水资源来维系的，没有水就没有生命。我国人均水资源仅是世界均值的 31.5%，而且水资源时空分布不均，河北等北方十省区严重缺水。我国水资源经济可利用量为 8 500 亿 m³，占总量的 30.7%，现在开发利用量已达到 6 015.5 亿 m³，占 71%。到 21 世纪下半叶，需求将达到 13 760 亿 m³，是现在的 2.29 倍。如何保障水资源满足国民经济可持续发展是一项艰巨任务。

　　我国每年因洪涝灾害损失 2 000 亿~3 000 亿元。水土流失面积 295 万 km²，每年因水土流失损失耕地约 100 万亩，经济损失占 GDP 的 2% 左右。由于蓄水工程少，降雨径流而去，使山区农民生活贫困。因干旱造成荒漠化 261.2 万 km²，占国土面积的 27.2%。现在每年荒漠化治理面积 2 400 km²，按此速度，消除荒漠化需 1 000 多年。我国水资源短缺且水质污染严重，根据《中国生态环境状况公告》，2018 年，全国 10 168 个国家级地下水水质监测点中，Ⅰ类、Ⅱ类、Ⅲ类占 13.8%，Ⅳ类、Ⅴ类占 86.2%。

　　水利是农业的命脉，由于人口增长，到 21 世纪 70 年代世界人均耕地将由现在的 2.87 亩下降到 1.7 亩，中国人均耕地将下降到 1.26 亩。满足食品及其他农产品的需求，人均至少需要 1.75 亩耕地，人类对农产品数量、质量需求不断提高，届时全世界将进入粮食供应、农产品供应危机时代，世界经济发展重心将由第四次工业信息革命转入第三次农业革命时代。第三次农业革命中心是如何使水有效地支撑农业发展、整治荒漠化、灌溉沙化土地，发展草地农业、灌溉农业向高产发展，解决人类粮食供应安全、农产品供应安全问题。随着经济的发展，农业用水、工业用水、生活用水、水文化用水等不断加大，届时将对水资源开发利用提出更高的要求，把开发利用水资源推向一个新高度。

　　本书总结了我国水资源发展历程、成绩以及存在的问题，提出了水资源可持续利用的方向、发展途径，展望了水资源可持续发展的前景。提出保护河流健康，促进人水和谐，防洪减灾，实现江河安澜。

　　建设全国水网，统一调配、供应水资源。加快生态修复，我国荒漠化、沙化地区年降水少，不具备生态自然修复条件，实施沙化土地生态修复补水战略，沙化土地补水造林；沙化草原生态修复补水，灌溉草原发展草地农业，是解决中国大豆供应安全、粮食供应安全、生态安全、水资源供应安全的大战略。

建设沿海万里节资、节水循环经济带，从调整经济结构上，实现科学利用水资源，在沿海可以充分利用海水、入海口河水，扩大水资源利用途径。提倡全民节水，构建节水型社会。

抗旱减灾，发展现代节水灌溉体系，提高农业单产，发展非充分灌溉，广泛建设蓄水工程，提高人均库容指数，把时空分布不均的降水径流转化为可持续利用的水资源。控制洪水、利用洪水，视洪水为水资源，让洪水转化为有益之水。引入云计算大数据，发展智能水利，科技创新，推动水利事业的发展。

弘扬水文化，发展景观水利，满足人民日益增长的对美好生活的需求。宣传水利建设文化、水资源保护文化，宣传水利科技创新、宣传水文化建设中的先进人物，推动水资源可持续利用与发展，建设碧水蓝天美丽中国。加强体制机制改革，充分运用法律、法规、政策，保护水资源，确保用水安全。

本书提出了河流健康评价标准、水生态环境定义，建立水市场、水商品交换等。首次提出生态修复需水量，能源用水量、水文化用水量。

本书围绕水资源利用发展中存在的一些问题进行了初步探讨，提出一些缓解水资源危机，促进水资源可持续利用的应对方略。主要目的是向国人宣传，让全国人民认识到我国水资源的基本国情，做好水资源保护和利用。

作者

2020 年 10 月

目　录

1　世界水资源形势

1.1　水资源数量

水是生命之源，水是人类和一切生物赖以生存的基本元素。没有水就没有人类，没有生物，水是基础性的自然资源和战略性资源。

地球表层的总水量为 $1\ 386 \times 10^7$ 亿 m^3，淡水仅占 2.5% 左右，而且大部分以固态的形式存在于南极、北极、格陵兰冰盖、高山冰川和永久冻土中。陆地广义水资源包括地表水、地下水、土壤水、降水、空中水汽、植物水等。《中华人民共和国水法》所称水资源，包括地表水和地下水。地球上陆地主要水量为地表径流量，全球年总量为 468 500 亿 m^3，这是人类采取措施可利用部分，它仅占地球总水量的 0.003 38%，占淡水总量的 0.135%，世界上可利用的淡水占比很小。

1.2　水资源分布

世界上水资源各地区分布极不均衡，各地区相差很大。大洋洲各岛屿、南美洲水资源十分丰富，大洋洲岛屿降水量 2 704 mm，高于世界陆地均值 2.4 倍，径流量高达 1 566 mm，高于世界均值 3.8 倍，南美洲降水量高于世界陆地均值 1 倍，径流深高于世界均值 1.1 倍。大洋洲岛屿和南美洲总面积为 1 913.5 万 km^2，占世界总面积的 12.84%，拥有地表水量 138 500 亿 m^3，占世界地表水总量的 29.6%，是世界单位面积地表水均值的 2.3 倍。非洲径流深仅 151 mm，占世界均值的 48%，非洲面积占世界的 20.2%，地表水总量仅 45 700 亿 m^3，占世界地表水总量的 9.8%，澳洲径流深仅 39 mm，占世界均值的 12.4%，澳洲面积占 5.23%，地表水总量为 3 430 亿 m^3，仅占世界总量的 0.73%，仅是世界单位面积地表水均值的 14%。大洋洲岛屿和南美洲单位面积的地表水资源量是非洲地区的 4.8 倍，澳洲的 16.4 倍，世界各国水资源差距很大，巴西、俄罗斯、加拿大、美国、印度尼西亚 5 国水资源总量为 176 642 亿 m^3，占世界各国总量的 41%，而面积仅占 35%。5 国总人口 9.455 6 亿，占世界的 13.3%，人均水量 18 681 m³，是世界均值的 3.1 倍。而埃及、荷兰等 80 个国家和地区占人口总数的 40% 都严重缺水，以色列人均水资源仅有 93 m³，是世界人均值的 1.54%；埃及人均地表水 22 m³（不包括过境水），是世界人均值的 0.4%。详见表 1-1。

表 1-1　世界主要大江大河

位次	河流名	所在洲	河长/km	位次	河流名	所在洲	流域面积/万 km²	位次	河流名	所在洲	年径流量/亿 m³
1	尼罗河	非洲	6 656	1	亚马孙河	南美洲	705	1	亚马孙河	南美洲	69 380
2	亚马孙河	南美洲	6 437	2	拉普拉塔—巴拉那河	南美洲	414	2	扎伊尔河	非洲	12 300
3	长江	亚洲	6 300	3	扎伊尔河	非洲	346	3	长江	亚洲	9 860
4	密西西比河	北美洲	6020	4	尼罗河	非洲	335	4	马代腊河	南美洲	9 620
5	黄河	亚洲	5 464	5	密西西比河	北美洲	322	5	内格罗河	南美洲	9 240
6	鄂尔齐斯—鄂毕河	亚洲	5 410	6	叶尼塞河	亚洲	258	6	拉普拉塔—巴拉那河	南美洲	8 000
7	叶尼塞河	亚洲	5 075	7	勒拿河	亚洲	249	7	叶尼塞河	亚洲	6 700
8	扎伊尔河（刚果河）	非洲	4 700	8	鄂尔齐斯—鄂毕河	亚洲	229	8	密西西比河	北美洲	5 980
9	澜沧江—湄公河	亚洲	4 500	9	尼日尔河	非洲	189	9	雅普腊河	南美洲	5 645
10	黑龙江—阿穆尔河	亚洲	4 410	10	黑龙江—阿穆尔河	亚洲	186	10	雅鲁藏布江—普拉马普特拉河	亚洲	5 400
11	马更些河	北美洲	4 241	11	马更些河	北美洲	184	11	勒拿河	亚洲	5 360
12	尼日尔河	非洲	4 180	12	长江	南美洲	181	12	恒河	亚洲	5 100
13	圣劳伦斯河	北美洲	4 023	13	圣劳伦斯河	北美洲	146	13	澜沧江—湄公河	亚洲	5 100
14	拉普拉塔—巴拉那河	南美洲	4 000	14	马尔代脂河	南美洲	139	14	兴古河	南美洲	5 050
15	墨累—达令河	大洋洲	3 780	15	密苏里河	北美洲	137	15	塔帕若斯河	南美洲	4 890
16	赞比西河	非洲	3 540	16	伏尔加河	欧洲	136	16	伊洛瓦底江	亚洲	4 280
17	伏尔加河	欧洲	3 530	17	赞比西河	非洲	133	17	鄂尔齐斯—鄂毕河	亚洲	4 000
18	马代腊河	南美洲	3 779	18	印度河	亚洲	117	18	普鲁斯河	南美洲	3 970
19	怒江—萨尔温江	亚洲	3 200	19	底格里斯—幼发拉底河	亚洲	111	19	黑龙江—阿穆尔河	亚洲	3 430
20	菇鲁瓦河	南美洲	3 009	20	恒河	亚洲	107	20	珠江	亚洲	3 360
21	马更些河	北美洲	3 060	21	墨累—达令河	大洋洲	106	21	圣劳伦斯河	北美洲	3 110

世界各大洲各国水资源分布差异很大，而各国内，地区间差异也很大。如美国西部加利福亚州年降水量仅 200 mm，严重干旱，极度缺水，而美国东南部，雨量丰富，地表径流量很大，奥尔良经常受密西西比河洪水灾害威胁，水资源空间分布不同的特点造成一些地区水资源贫乏，干旱农业减产，一些地区水资源过多，河流经常造成水灾，空间分布不均的特征，为水资源利用带来很大的难度。

世界各国都存在春、夏、秋、冬季节，降雨随各季节气候的变化，降雨量也不同。各国丰水期 4 个月左右,一年降雨量 60%~70%,都集中在这个季节,降雨径流丰富,地表水资源丰富。枯水期七八个月,降水少,仅 30%~40%,降水少,径流少,地表水少,河床水位下降。水资源时间分布不均,这种特点为水资源利用带来难度。

1.3 水资源演变

地球上的海水、地表水、地下水、土壤水和生物水在太阳能、地心引力、大气环流等原动力作用下,始终处于不断演变和循环运动中,蒸发、蒸腾,由液态水转变为气态水,进入大气层,气态水遇冷后,又通过凝结转变为液态水或固态水,以雨雪、冰雹等形式,降落到地球表面。降水中的另一部分渗入地下形成地下水、土壤水,降水中的另一部分形成地表径流即地表水,一部分地表水渗入地下又形成地下水,形成地表径流部分约占降水量的 39.3%。地球表面每年蒸发到大气中的水汽总量约为 577 万亿 m³,其中,海面蒸发总量约 505 万亿 m³,陆地蒸发总量约 72 万亿 m³。

海洋每年平均降水量约 458.12 万亿 m³,陆地每年平均降水总量约 118.8 万亿 m³,比陆地蒸发量多 46.85 万亿 m³,海洋在大气环流中平均每年向陆地净输送水汽约 46.85 万亿 m³,形成河川径流量,又返回了海洋。陆地平均降水量为 798 mm,径流深平均 314 mm,蒸发平均 484 mm。

海洋与陆地之间的水汽循环包括海洋向陆地、陆地向海洋的双向循环,也包括海洋内部蒸发和降水,以及陆地内部蒸发和降水的循环。

地球表面的蒸发和降水在各地并不是平均分布的,而且随着光照、气温、风向、风速、水汽含量、湿地、地表水资源、地形、地貌等自然条件不同而存在着很大的差异。这种差异形成世界各地水资源分布极不均衡,蒸发是大气中水汽的主要来源,大气环流是水汽输送的动力和载体,大气中的水汽也不是平均分布的,各地差距很大。水汽输送包括垂直输送和水平输送两种,垂直输送是通过热空气上升运动,把水汽从地面或海洋表面输送到高空,水平输送是通过大气环流把水汽输送到地球表面不同的位置,大气环流水平输送使一些地区空中水汽减少,一些地区空中水汽增加。总体来讲,地表湿地面积大,地表水资源丰富的地区蒸腾多,空中水汽多,这是蒸腾的主要条件,虽然大气环流水平输送使当地上空水汽减少了一些,但仍偏多,空中水汽 8 天左右更新一个周期,这一地区降水偏多,反之降雨则少。

如何充分认识大气循环条件、自然规律,利用大气环流的自然规律,人工大面积增加地表湿地、地表水资源,改变蒸腾条件,加大蒸腾量,增加大气中水汽量,增加降雨量,增加水资源数量,在水资源缺乏地区,是水资源发展利用的重要研究方向。

1.4　世界主要河流

河流是由降水地表径流而形成的，世界上的文明都是与著名的大型河流有缘的，尼罗河洪泛平原的灌溉农业孕育了 6 000 年前埃及古文明，至今还养育着 8 000 多万埃及人民。底格里斯河和幼发拉底河平原孕育了世界闻名的古代巴比伦文明。恒河是在 4 500 年前就浇灌恒河平原大片良田，孕育了印度的古代文明。黄河是中华民族的摇篮，黄河之水灌溉华北大地，孕育了 5 000 年的中华文明。纵观古今中外，大江大河孕育了世界著名城市，江河三角洲地区是各国经济文化最发达的地区，江河是世界各国的水资源主要存在形式。世界上的大江大河主要分布在亚洲、南美洲、北美洲、非洲。按河流长度划分，世界比较长的河流大多在亚洲、南美洲，世界最长的河流为尼罗河，全长 6 650 km，流经 10 个国家。按流域面积划分，流域面积最大的河流为亚马孙河，达 705 万 km²。世界上流域面积大的河流主要在亚洲、非洲、北美洲、南美洲。按水量划分，亚马孙河水量最大达 69 380 亿 m³，是长江的 7 倍，世界水量大的河流主要在亚洲、南美洲。

1.5　水资源开发利用情况

世界水资源开发利用率为 9.1%，到 2014 年，世界人均用水已达到 540.5 m³，世界各国水资源利用用于农业灌溉，占 70.2%；工业用水占 18.3%；生活用水占 11.5%。见表 1-2。

表 1-2　世界主要国家水资源及开发利用情况

国家	水资源总量/亿 m³	人口/万人	人均水资源/m³	开发利用量/亿 m³	开发利用比例/(%)	各业利用比例/(%) 农业	工业	生活	人均水资源利用量/m³
世界	428 008.0	720 774.0	5 925.0	38 948.7	9.1	70.2	18.3	11.5	537.0
中国	27 460.3	139 538.0	1 968.0	6 015.5	21.0	61.4	21.0	14.3	432.0
印度	18 690.0	129 550.5	1 116.2	7 606.0	52.6	90.4	2.2	7.4	587.0
孟加拉国	1 050.0	15 908.7	660.0	359.1	34.2	87.8	2.2	10.0	225.7
印尼	20 190.0	25 451.0	7 933.0	1 130.6	5.6	81.9	6.5	11.6	444.2
伊朗	1 285.0	7 817.1	1 644.0	932.9	72.6	92.2	1.2	6.7	1 193.4
以色列	7.5	821.6	91.3	19.84	260.5	57.8	5.8	36.4	237.8

续表

国家	水资源总量/亿m³	人口/万人	人均水资源/m³	开发利用量/亿m³	开发利用比例/(%)	各业利用比例/(%) 农业	工业	生活	人均水资源利用量/m³
日本	4 300.0	12 708.5	3 384.0	812.7	18.9	66.8	14.3	18.9	639.5
哈萨克斯坦	643.5	1 728.5	3 724.0	211.7	32.9	66.2	29.6	4.2	1 224.8
韩国	648.5	5 041.5	1 286.0	291.8	45.0	54.7	15.3	23.7	578.9
巴基斯坦	550.0	18 503.9	297.0	18 34.8	333.6	94.0	0.8	5.3	995.8
缅甸	10 030.0	5 341.6	18 777.0	331.0	3.3	89.0	1.0	10.0	619.6
泰国	2 245.0	6 775.6	3 313.0	572.5	25.5	90.4	4.9	4.8	844.9
越南	3 594.0	9 040.6	3 984.0	819.4	22.8	44.8	3.8	1.5	901.0
埃及	18	8 902.6	20.0	683.0	3 794.4	86.4	5.9	7.8	762.1
南非	448.0	5 409.2	828.0	125.0	27.9	62.7	6.1	31.2	231.0
加拿大	28 500.0	3 553.2	80 209.0	399.0	1.4	12.2	80.2	14.2	1 123.0
墨西哥	4 090.0	12 538.7	3 262.0	801.6	19.6	76.7	9.1	14.3	639.0
美国	28 180.0	31 886.8	8 838.0	4 790.6	17.0	40.2	46.1	13.7	1 502.0
阿根廷	2 920.0	4 298.7	6 793.0	376.7	12.0	73.9	10.6	15.5	876.0
巴西	56 610.0	20 599.4	27 481.0	735.9	1.3	60.0	17.0	23.0	357.0
法国	2 000.0	6 647.6	3 009.0	332.0	16.6	9.5	73.9	16.6	499.0
德国	1 070.0	8 100.8	1 321.0	330.6	30.9	0.6	84.0	15.4	408.0
意大利	1 925.0	6 050.0	3 017.0	538.4	29.5	44.1	35.9	16.9	890.0
荷兰	110.0	1 687.0	652.0	106.7	97.0	1.1	87.4	11.4	632.0
俄罗斯	43 130.0	14 380.9	29 993.0	647.0	1.5	19.9	59.8	20.2	450.0
英国	1 450.0	6 462.1	2 244.0	108.8	7.5	9.5	32.4	58.5	168.0
澳大利亚	4 920.0	2 347.6	20 958.0	196.8	4.0	65.7	12.8	21.6	838.0

注：数字来源《国际统计年鉴》，国外数字为2014年统计，中国数字为2018年统计；水资源总量为多年平均数；各业用水比例中有2.4%为生态用水

1.5.1 农业用水

农业灌溉用水是水资源利用主要项目。目前，各国农业用水占用水总量的60%~70%（表1-3），是今后用水量增加的大户。为满足粮食生产，必须发展灌溉农业，只有灌溉农业，才能创造高产、高效生产模式。农业用水量大，各国都非常重视农业节水。

表 1-3　世界部分国家农业灌溉情况

国家	人口/万人	灌溉面积/万亩	人均灌溉面积/亩	年份
中国	139 008.0	110 919.0	0.79	2017
美国	28 612.6	41 880.0	1.46	2002
印度	118 664.0	93 540.0	0.79	2009
埃及	7932.5	5 145.0	0.65	2001
以色列	628.9	275.1	0.44	2000
伊朗	7 446.0	13 770.0	1.85	2009
澳大利亚	2 160.0	2 505.0	1.16	2009
巴基斯坦	17 042.0	28 065.0	1.65	2009
越南	8 001.2	6 900.0	0.86	2003
法国	6 115.5	2 250.0	0.38	2001

发展节水灌溉，降低农业灌溉用水，已是世界农业灌溉方向。纵观世界节水灌溉比较发达的国家，都是根据各自的国情，综合考虑社会经济、资源、环境和技术因素，采取适合本国特点的高效灌溉措施。世界节水农业有 3 种模式。

（1）以色列模式。以色列是一个水资源严重紧缺的国家，人均水资源只有 93 m³，为利用好有限的水资源，以色列几乎所有农田都采用了喷灌、滴灌。20 世纪 60 年代，以色列建立了世界最早的现代滴灌系统，与传统的灌溉比较，滴灌可以节水 35%~50%，水和肥的利用率可达 90%。这一技术推广以来，使以色列耕地灌溉面积由 247 万亩增长到 450 万亩，农业用水 30 年来一直保持 11.3 亿 m³ 左右，80% 的灌溉农田已应用滴灌方式，10% 的灌溉农田为微喷，5% 的灌溉农田为移动式喷灌。

以色列还采取了一系列的水政策措施，如水量计量、水价政策，灌溉过程的计算、管理和遥控，水肥同步施用等。这些措施使平均灌溉水量由 1975 年的 580 m³/亩降到现在的 172 m³/亩，同时在农业用水总量不增加的情况下，农业产出增长了 12 倍。

全国统一取水、统一调配、统一供水，水资源统一管理、统一水价，国家对供水提供一定的补贴。以色列所采用的管理体制、法规、经济和技术等综合措施，提高农业和工业用水效率，重复利用有限的水资源，在干旱沙漠，获得了成功的节水灌溉农业，实现 92% 的农产品自给。以色列是全世界农业节水最好的国家，跻身于世界农业最发达的国家之列，地处沙漠的以色列依靠节水技术，走出一条沙漠农业成功之路，是世界灌溉农业的样板。

（2）法国模式。法国水资源总量 2 000.5 亿 m³，人均水资源 3 034 m³（《国际统计年鉴》2014 年数字）。目前年用水量 298 亿 m³，人均用水量为 450.1 m³，农业用水 28.3 亿 m³，占总用水量的 9.5%，法国虽然水资源较丰富，但时空分布不均，法国南部水资源紧缺。

法国的用水管理是由国家、流域管理委员会、水协会和地方水管公司共同参与管理。为管好水务，法国修改了水法和农业法两部法规，水法强调水资源统一性，建立了以流域为单位的水资源管理体系。法国 6 个流域机构，有关政策的决策是由流域管理委员会的所有用户代表（包括政治家，农业、工业、环境部门、消费者协会和国家的代表）共同协商确定。水法还强调水是公共资源，因此必须采取综合和平衡的管理措施，协调用水户的需求和环境保护需求。农业政策框架基于欧盟的农业政策（CAP），这一政策限定了每个成员国的农业发展及灌溉需水量。

法国建立了良好的灌溉设施，有完善的灌溉服务体系和管理体制，现在 3 570 万亩灌溉面积中，有 1 605 万亩为现代节水灌溉面积，占总灌溉面积的 47%，现代节水灌溉面积中以喷灌为主，喷灌面积 1 335 万亩，占 80%。平均灌溉水价为 0.95 元/m³。法国灌溉用水管理分以下 3 种。

①协作管理模式。是由参加用水户协会的农场和其他用户共同拥有和使用灌溉设备，协会负责开展工作，统一管理设备和维护工程设施。协会的平均规模是每个协会有 75 个成员和 3 750 亩灌溉农田。协会管理模式在法国南部得到大面积推广应用，1/3 的灌溉农田采用这种管理模式。协作管理模式的成功，归功于会员内成员之间的联系紧密，农民负责履行会员集体做出的决定，水费收取和管理到位，水费至少可以支付运行和维护费用，有时还可以支付部分工程建设费用。

②区域开发公司管理模式。区域开发公司是为法国南部而成立的，法国现有 5 个区域开发公司，其中 3 个公司直接管理 412.5 万亩灌溉农田的设备，为由用水者协会和单个农场管理的 135 万灌溉农田供水。区域开发公司的运行管理规则是，平等（所有用水户平等）、高质量（以与用户签订合同的方式确定服务）、可持续发展（经常维持和完善工程设施）、透明和负责（农民选配代表参加区域开发公司管理委员会）。

③单个灌溉工程管理模式。用于农户依靠建立在自己的农场内的水库或地下水为灌溉水源或直接从河引水灌溉的情形。法国有 1 800 万亩灌溉农田采用这种管理模式，占灌溉农田面积的 50.4%，它是法国的主要灌溉管理模式。这种管理模式的问题是如何搞好多个用水户的整体供水管理，特别是在夏季，作物需水量达到高峰值，而同时地表河流也正处在枯水期（欧洲和中国相反，夏季为枯水期）。为了保护水环境，需要计划和控制对地下水的开采和从河流的引水量，因此单个灌溉工程管理模式在 20 世纪 80 年代受到严重挑战，特别是在法国南部这样严重缺水的地区，需要探索新的方法，如统一管理水资源，并配合争取经济手段（如限量供水、提高水价等）。

（3）美国模式。2016 年美国灌溉面积为 3.71 亿亩，喷灌面积为 2.1 亿亩，滴灌和微喷面积为 0.297 亿亩，现代节水灌溉面积占总灌溉面积的 65%。美国有很好的现代灌溉技术研究和开发支撑条件，有许多研究中心，这些中心经常深入农场与用水户保持密切的联系，技术推广速度快，面也很广。现代灌溉面积发展速度也很快。美国垦务局和其他机构遍布全美各地，根据当地的气候和水资源条件为其灌溉农业提供良好的技术支撑。美国的灌溉水价基于平均成本价，水价不但包括运行和管理成本，也包括政府为保护水资源而增加的费用，按用水量收取水费。为促进现代灌溉农业技术应用，实行以下措施。

①研究用虹吸管引水灌溉的灌区改变喷灌、滴灌等现代灌溉。研究发现，为初次购买喷灌设备的用户提供低息软贷款，并进行支持性的示范可促进现代农业节水灌溉技术应用。

②美国垦务局将自动控制技术用于灌区配水调度，配水效率可由过去的 80% 提高到 96%。

③在加州开展为期 10 年的非充分灌溉研究表明，非充分灌溉可使单位水量产出率提高，而单位面积土地产出降低了。研究发现，在考虑所有投入后，应用非充分灌溉农场的净收入比较低，但它们使用单位水量收益较高，对那些供水量有限的地区，推广应用非充分灌溉是一项有益的长期战略。

④开展为期 5 年的城镇生活污水灌溉研究，在灌溉前，生活污水用过滤、沉淀等办法处理，用处理后的生活污水灌溉作物与井水灌溉相比，在长势和品质上，没有明显区别，也没有发现土壤和地下水产生退化。

⑤用处理后的生活污水灌溉食用作物的风险在可承受的范围之内。

⑥进行灌溉农业调查，将灌溉农业水资源紧缺地区转移到水资源丰富的地区，在 20 世纪 80 年代，美国 85% 的灌溉面积在西部，15% 在东部，90 年代西部占 77%，东部占 33%。

1.5.2 工业用水

工业用水是仅次于农业用水的第二大户，占用水总量的 18.3% 左右。工业越发达，工业增加值越大，用水总量越多。目前世界工业用水总量 7 129 亿 m^3，占世界水资源总用量的 18.3%。

目前，工业化国家普遍重视工业节水，先进的工业化国家工业节水技术高，节水设备、节水工艺先进，应用广泛，工业化国家工业用水重复利用率高。美国虽然水资源丰富，工业用水重复利用率已达到 94.1%，增加值用水已降到 120 m^3/万美元；日本工业用水 61% 回收再利用；德国工业用水平均重复利用 3 次。工业节水已成为世界各国的共识。

1.5.3 生活用水

生活用水是水资源利用中的第三大户，占 11% 左右。世界上很多国家为节约水资源，将污水处理后，达到一定标准，用于生活中冲洗下水道、洗车等。日本在城市供水中专门设立了"中水通"，有效利用中水，节省水资源。城市供水中"中水利用"越来越受到各国的重视，新加坡污水利用率达到90%，目前世界生活用水平均占用水总量的11.5%。

1.5.4　生态用水

生态用水比较广泛，为保护植物生态环境，采用灌溉方式维持植物生长所需用水。目前，世界荒漠化面积很大，全世界有3 500万 km^2，为保护植物生态环境，需进行水利灌溉。灌溉用水量很大，投资也很大，因经济等问题，世界各国对保护植物生态环境进行的水利投资很少，生物生态需求量大，实际发生的灌溉用水量很少。

河流生态用水量很大。保护河流健康，就是保护岸边湿地，保护下游用于放牧的洪泛平原，保护下游河流中水生生物鱼类的产量。保持河道系统的稳定，不摆动、不改道、冲淤平衡、岸线平衡。河流有一定的水流量用于河道清淤，冲走河道的垃圾、废水、废物，使河水保持健康状况。河流需要一个稳定的河水流量，这里有一个平衡点问题，也存在一个经济效益价值权衡问题。一种是上游流域为了本区的经济利益大量开发用水，在枯水期将水量完全利用，使下游河道干枯，生态系统接近崩溃点。一种是下游过分强调保护河流生态系统，保护原始自然生态环境状态，水全部用于保护环境。现代水文学观点主张，让水为人类发挥巨大效益，用经济价值观平衡河流生态，将水安全、食物安全、生态安全和经济价值联系起来，以综合视角来平衡河流生态，优先考虑上游生产、生活用水，同时又要保护下游河流水生生态不受太大的影响，这就提出一个"人与自然和谐用水"、水与生态的综合管理问题，水的数量与质量、上游与下游联系在一起。陆地生态系统是耗水的，它影响水的地表径流，而水生生态是依赖水的，它由河流和水流构成其生境。

河流用水效益和生态保护系统之间的平衡提出了河流健康问题，保持河流生态健康，就要保持河流可持续极限，保持可接受的最低流量，这个最低流量的阈值是多少最为重要。世界一些国家提出，保持河流平均流量的40%不再开发利用。但一些缺水地区为经济效益的最大化，开发利用率都较高。美国西部干旱缺水，加利福尼亚州河流开发利用率达80%以上，下游河道水量不足20%，中国海河河水开发利用率90%以上，下游河道水量不足10%，澳大利亚堪培拉淡水生态小组合作研究中心将健康的工作河流定义为："按照公众就自然生态系统和人类利用水平达成的可持续的协议进行管理河流。人类利用河流生产电能，引水供给城镇、工业和灌溉耕地及洪泛平原肥沃的农田。工作河流在形态和功能上都将不同于其原始状态。总之，河流承担的越多，其自然性就越少。在河流的工作水平与自然性丧失之间达成何种协议，取决于人类赋予河流何种价值。管理河流，使其持续可接受的工作水平，同时保持生态健康，这平衡的达成完全由公众决定。"人类不可能因为下游生态受影响而放弃上游取水带来的巨大经济效益，矛盾是显而易见的。一般河流以保持多年平均枯水期流量为最佳河流健康流量。因枯水期流量决定了下游河流的生态状况，多数河流枯水期的流量是河道多年平均流量的30%左右，这个流量较为实际些，也是经济最大化的阈值。

以此推断世界河流年平均枯水期水量约占140 550亿 m^3，世界目前生态用水至少140 550亿 m^3，其数量远超过农业、工业、生活用水总量。

1.5.5 景观用水

优美的水环境和浓郁的水文化提供了独特魅力的水风景，为广大人民群众提供了观光、旅游、休闲、娱乐、度假及文化、教育活动的场所，以水为本，人水和谐。世界上一些瀑布水景观越来越受到重视，已成为著名的景观。瀑布本来是水力资源最好的天然落差，是水力发电的最好资源，但它的水影响效益数十倍地大于能源效益。水景观近年来又成为城市景观，改善人居条件，为城市带来活力和灵气。随着经济发展和科学发展观，很多城市高度重视城市水景建设和整治，景观用水是目前世界用水增长最快的一项用水工程，但其用水总量不大，大约占世界用水总量的0.5%，约2 340亿 m^3，人均约33 m^3。

1.5.6 国际水力资源的利用

世界各国都认识到水电是清洁的可再生能源，可以有效减少温室气体排放，而且水电价格便宜，因而制定优先发展水电政策。水力能源已占世界能源总量的6%，是继石油、煤炭、天然气之后的第四大能源。目前发达国家水电开发度都已达到80%以上。美国的水力资源已开发82%，日本84%，法国、挪威、瑞士、瑞典均在80%以上。中国水力资源2015年开发利用程度仅59%，落后于发达国家。一些国家非常重视水电发展，加拿大是石油、天然气大量出口大国，却非常重视水力资源的开发，其水电在本国发电占比例很高。2009年加拿大水电占发电总量比重的60.3%，巴西高达83.8%，瑞士53.6%，瑞典48.2%，巴基斯坦29.4%。工业化国家水电开发比较早，美国在20世纪60—70年代是水电建设高峰期，挪威在第二次世界大战结束后大力开发水电，20世纪60年代世界水电开发进入高峰期。我国水电发展于21世纪初进入高峰期。以下重点介绍瑞士和日本的情况。

瑞士是一个人口只有821万人，国土面积41 285 km^2 的小国。瑞士非常重视水电的发展。1945—1975年，30年高速发展水电。目前，瑞士水电发展程度已占技术可发展量的92.8%。2012年水力发电量达到308.6亿 kW·h，占全国一次能源消费的29.7%。目前，瑞士有522座装机1万 kW 以上的电站。全国水电装机已达到1 335.6万 kW，大型工程217座大坝及195座水库由能源局管理，小水电（1万 kW

以下）1 050 座，超小型、微型水电站总装机容量 78 万 kW，小型工程由各州政府管理。在 20 世纪全国有 7 000 多座水电站，由于大型水电成本低，许多小水电站停止运转。全国降水总量 601 亿 m^3，河川径流量 535 亿 m^3，全国大量修水库，蓄水调节发电，水库总库容达到 462 亿 m^3，人均库容指数达到 4 900 m^3/人，是我国的 6.7 倍。瑞士实现绿色水电认证制度。绿色水电标准：①水电站必须履行基本要求。②有义务对当地生态环境改善进行投资。生态投资义务的含义是，从生产和销售的每千瓦时水电中提出 0.5 欧分（折合人民币 3.55 分）投入独立的国内基金，该基金用于改善地方的附加投资，业主连通当地的利益团体，制定基金的使用规划。官方审计，检查生态投资的使用。瑞士大量修建水库拦蓄河川径流，有很高的库容指数。瑞士绿色证书认证制度，对我国也很有借鉴意义，我国在电站建设后应留给地方一定比例的电费收入，使地方用于发展生态、改善民生等公益事业，有利于调动地方积极配合水电事业发展的积极性，也是对当地资源的一种回报。

日本水电开发本着"先易后难，先小后大，先引后库，先地面后地下，经济适用"的原则。1950 年以前，日本的电力开发一直是水主火辅。因水力资源是本土的主要能源，日本煤、油和气都要进口，所以日本执行水主火辅的电力方针。水电比重曾达到 80%~90%。到 1960 年水电比例已超过 50%。以后因电力需求大增日本进口廉价的石油发展火电，因而水电比重逐年下降，到 2015 年，日本水电提供电量为 978.7 亿 kW·h，占能源消费总量的 4.9%，作为国土面积比较小的国家，水电所占比例达到这一数字显然是很高了。到 2008 年，日本国内运行大坝有 3 058 座，水电装机容量为 2 213.4 万 kW，在建装机容量为 85.4 万 kW。日本中小河流多，水电站以中型为主，装机为 1 万~20 万 kW，最大的水电站装机容量为 38 万 kW。为满足迅速增长的电力需求，日本大力发展火电，这些电站只适用于担负电力系统的基荷，缺乏调容量。因此，日本从 1960 年开始大力发展抽水蓄能电站，抽水蓄能电站装机超过 1 700 万 kW，接近日本水力发电装机总容量。日本河流比较短，水的流量较小，为满足抽水蓄能电站的较大装机容量，抽水蓄能电站水头都比较高，为 200~700 m。

受两次"石油危机"的冲击，日本为解决水电进一步增加装机容量和缺水问题，1982 年开始第五次水利资源调查。提出以下措施：①河流重新开发，废弃老厂，扩大调节库容，增加装机。②跨流域引水，如利根州引水、佐贺引水、霞浦引水、木曾川引水等一批跨流域引水工程。③开发湖泊，修建河口闸，防盐蓄淡，供工农业用水。④污水处理重复利用。⑤超低水头发电。⑥利用海水抽水蓄能发电。

日本大中型电站已建设完，未来水电发展趋向小型化，平均规模 0.46 万 kW，规模减小，盈利也变得越来越困难，开发成本也越来越高。日本经济产业省决定修订有关政策，对于开发建设水电站的企业给予资金补贴。日本还有 2 700 处适宜开发建设小水电站（平均规模约 3 000 kW），如果全部开发利用，可新增 12 万 kW 的发电能力，以减少大量排放 CO_2 的火力发电。日本水电建设考虑综合效益以及防洪、供水等功能。日本水电发展经历了"发展—扩张—稳定"阶段。

日本水力资源开发利用中的一些措施很值得我国借鉴。20 世纪 80 年代，日本就基本开发完大中型水力资源项目，我国到 2017 年仅达到技术开发利用率的 57.3%。日本大量建高坝抽水蓄能电站，用于调峰，抽水蓄能电站装机达 1 700 万 kW，我国抽水蓄能电站是电站装机的 10%，日本抽水蓄能电站装机容量几乎和水力发电装机容量相同。在山地大力发展抽水蓄能电站，抽水蓄能电站有助于风电稳定、电网调峰问题。日本跨流域调水发电、超低水头发电，是日本充分挖掘发电潜力的办法，我国很多中、低水头放弃未用。

1.5.7　调节平衡水资源

解决各国地区性缺水问题的战略，按地域大量建设蓄水工程——水库，提高大坝指数和人均库容指数，将推动经济发展指数和人类发展指数。水库是水利工程的主体，也是人类调节水资源时间分布的主要手段。通过水库调蓄可以改变水资源的年内分布。在河流的干流、支流上，修建水库群，尽可能将河流水大部分拦蓄，减少汛期水量无序地向海洋排泄。按照流域水利委员会统一调动，指定每个水库的下泄量，使水有序排放，河流稳定，消除水灾。通过水网将水库拦蓄的水量调往缺水地区，做到合理地调节水资源，增加可利用的水资源总量，是解决水资源时间分布不均的根本措施。具有多年调节性能的水库还能改变水资源的年际分布。

要提高大坝指数和人均库容指数。大坝指数（N/M）是每个国家的大坝总数除以这个国家以百万计算的人口数。人均库容指数（V/C）是由一个国家的水库库容总数除以其人口数而来。这一个指数更加具体，涉及已开发的水库基础设施的储量对水资源管理的有效性和水库所控制的水资源的实际可用性。

大坝指数和经济收入指数之间的关系显示，高经济收入的国家，每百万人口的大坝指数和人均库容指数远高于低经济收入国家。根据统计数字，高经济收入国家每百万居民的大坝指数平均为 17.2 座，低经济收入的国家每百万居民的大坝数平均值为 2.7 座，相差 6.3 倍；高经济收入的国家人均库容数平均值约 2 100 m^3，低经济收入的国家人均库容数平均值约 470 m^3，相差 4.5 倍，世界上人均库容指数最高的国家是加拿大，加拿大人均库容数高达 27 900 m^3。

大坝指数、人均库容指数和人类发展指数的关系显示，人类发展指数高的国家，其大坝指数和人均库容指数均较高。反之，人类发展指数低的国家，其大坝指数和人均库容指数均较低。一个国家的大坝指数和人均库容指数高，标志这个国家的水和能源基础设施雄厚，有足够能源储量和水资源的供给。水和能源的基础设施——大坝和水库对国家的社会和经济发展有重大的推动作用。解决农业干旱和洪涝灾害的主要策略是采取工程措施，即建水库大坝和调水工程。通过水库将丰水期的水蓄储起来，干旱期向下游供水灌溉。水库蓄水，提高水位用于发电，水库防洪作用大，汛期河道水量大时，水库蓄水，减少下游河道的洪峰流量，控制下游的水灾发生。发达国家修建了足够的水库基础设施，用于发电、防洪、城市供水、农业灌溉等。而发展中国家由于经济问题，国内的水库及大坝的基础设施不足，不能为经济发展提供充足的能源、农业灌溉用水、城市用水，不能有效地控制河道洪水流量而水灾严重。多建水库，提高大坝指数，是发展中国家用以支撑其经济发展的重要措施，是实现可持续发展的必要条件。

调节平衡水资源时间分布，水资源时间分布不均，一年当中大部分月份水量少，1/3 的月份水资源又过多，常常形成水灾，有效地使水资源可持续利用，这是全世界各国共同面对的水资源问题。

目前，世界已修建了几十万座水库大坝，有效地调节、改善了一部分地区水资源时间分布不均带来的水资源利用问题。世界发达国家，水库建设较多，基本解决了水资源时间分布不均带来的问题。世界发展中国家正在努力进行水库建设。

1.5.8　跨流域调水工程

世界上水资源空间分布极不均衡，一些国家、地区及国内各地区水资源分布相差很大，一些地区水资源很丰富，雨季常常形成水灾；而一些地区水资源短缺，不能满足农业灌溉用水，不能满足工业用水及生活用水。水资源空间分布不均，影响了一些地区经济发展。对于这个世界性的问题，联合国教科文组织国际水教育学院院长纳吉提出："人与水之间的关系，无非两种，一种是把人带到水边，一种是把水带到人那里。我很赞成在伦理中保护环境，但一个根本的原则就是，我们不应当因环境而牺牲人的利益。比如，我们不应因为保护环境就不建大坝了。在时、空两个维度下调整水资源，要么调水，要么建设水坝。调水是从空间上解决水资源分布不均问题，建坝是解决水资源在时间上分布不均问题。调水和建设水库，本身就是道德和伦理问题。"世界一部分国家实施大规模调水工程，进行水资源区域平衡，取得了良好的经济效果。

1.5.9　世界水资源面临的问题

1.5.9.1　世界水资源短缺加剧

联合国一项研究报告指出，全球现有 12 亿人面临中度到高度缺水的压力，80个国家水源不足，20 亿人的饮水得不到保证。预计到 2028 年，形势将进一步恶化，缺水人口将达到 28 亿~33 亿。目前，世界上 40% 的人口面临缺水问题，水资源问题严重制约 21 世纪全球经济和社会发展，并可能导致国家间的冲突。

1.5.9.2　水资源开发利用投资相对较少

水资源未能为农业发展、生态建设提供充足的水资源。农业生产潜力很大，产出不足，生态环境差，荒漠面积大，世界荒漠面积高达 3 700 万 km²。

1.5.9.3　水资源污染加剧

水资源污染是世界性问题，随着工业化进程、城市化进程，水资源污染越来越重。

1.5.9.4　水是商品的价值观尚未形成

水是世界上不可替代的战略性资源，水是极为重要的物质，各种物质都在世界上进行商品交换，而水尚没有作为商品进入世界市场，影响了水资源发挥其价值。如俄罗斯贝加尔湖水资源有 12 万亿 m³，每年大量流入北冰洋，而邻国蒙古国水资源短缺，荒漠化严重。如果俄罗斯贝加尔湖水资源以商品价格进入蒙古国，促进蒙古国经济发展，改善生态环境，改善农牧业生产条件，增加农牧业产品产出。如果水资源作为商品，在国际上进行交换，将发挥巨大的经济效益。

世界上相邻国家，上下游之间，用水争端频频发生，甚至为水引发冲突，如果引入"水是各地区固有商品"，水争端自然消除了，"水是商品"的价值观不久将为世界公认。

1.6　世界中长期水资源发展利用预测

1.6.1　世界人口中长期预测

从 20 世纪 50 年代以来，近 70 年时间，人口年均增长一直保持在 1.2% ~ 1.73%。世界人口 1950 年为 25.24 亿人，到 2016 年已达到 74.42 亿人。66 年增长了 1.95 倍。近几年世界年增加人口 0.9 亿~1 亿人。世界高收入国家人口年均增长率近期保持在 0.6% 左右，但高收入国家人口较少，2016 年仅有 11.9 亿人，占总人口的 16%，影响较小。年增长率较高的是低收入国家，年均增长率为 2.7%。低收入国家人口 6.59 亿人，占 8.9%，影响最大的是中等收入国家，中等收入国家人口占 75.1%，近期平均增长率为 1.1%。世界人口平均增长率随着经济的发展而下降，但下降速度非常缓慢，1990—2016 年，26 年年均增长率才下降 20%。从世界人口、水资源、耕地现状情况看，人均水资源随着人口的增加而逐年减少。人均耕地已下降 25%，人均水资源已下降 29.9%。《国际统计年鉴》对 1990—2016 年世界人口、水资源、耕地情况做了统计，见表 1-4。

表 1-4　世界人口、水资源、耕地情况

年份	1990	1995	2000	2005	2010	2014	2016
人口年均增长率/(%)	—	1.50	1.46	1.27	1.24	1.20	1.20
人口数/亿人	52.82	56.87	61.18	65.17	69.31	72.07	74.42
耕地面积/亿亩	207.52	206.72	209.45	210.35	207.18	212.57	213.89
人均耕地面积/亩	3.97	3.64	3.42	3.23	2.99	2.95	2.87
人均水资源/m^3	8 199	7 526	6 996	6 567	6 175	5 924	5 751

注：数字来源世界银行和联合国粮农数据，引自《国际统计年鉴》

世界人口、耕地、人均水资源发展预测表显示，到 2100 年，世界人口将增长 1 倍，较前期 1990—2016 年年增长速度放慢 50%。

1950 年世界人口为 25.24 亿人，到 1987 年人口增长到 50.5 亿人，增长了 1 倍，用了 37 年时间。1960 年世界人口为 30.27 亿人，到 2000 年世界人口达到 61.1 亿人，增长了 1 倍，用了 40 年时间。1970 年世界人口为 37.02 亿人，到 2016 年世界人口达到 74.42 亿人，增长了 1 倍，用了 46 年时间。预测 2016—2100 年，人口由 74.42 亿人增长到 150.69 亿人，增长了 1 倍，用了 84 年时间。对于世界人口发展预测，联合国人口司曾发布报告提出，世界人口到 2025 年将达到 80 亿人，到 2052 年再增加 22 亿人。本次人口预测与联合国人口司的预测值比较接近。联合国人口司预测世界人口从 2025—2052 年增加 22 亿人，本次预测增加 23.4 亿人。联合国人口司预测 2050 年世界人口达到 102 亿人，本次预测到 2050 年世界人口为 105.52 亿人。本次预测世界人口数与联合国人口预测数比较接近，相差很小。显示本次预测客观、科学、准确。

1.6.2　世界耕地中长期预测

耕地是人类生存获取食物的基础，人均耕地数量是衡量粮食供应安全的标杆。人均耕地数量影响粮食供应安全，关系灌溉面积的发展。世界绝大多数国家宜农耕地开垦已尽，而且随着经济的发展和城市化的进程而减少。城市化要占用耕地，耕地逐步减少，成为世界多数国家发展规律。1990 年世界耕地为 207.52 亿亩，到 2014 年世界耕地达到 212.5 亿亩，增加了 5.05 亿亩。在这 5.05 亿亩耕地增长中，主要贡献是巴西，巴西 1990 年耕地为 7.6 亿亩，到 2014 年巴西耕地增长到 12 亿亩，增长了 4.4 亿亩，其他 190 个国家增长 0.65 亿亩。巴西耕地增加较多，不是巴西有大量的宜农开垦耕地，而主要是巴西亚马孙大平原为原始森林，靠开垦森林增加耕地。1978 年巴西森林面积为 78.5 亿亩，到 2014 年下降到 74.03 亿亩，森林面积减少了 4.47 亿亩。世界很多材料多次报告，亚马孙平原毁林造田，受到国内很多人反对。巴西从 1990 年以来，平均年增加耕地 0.183 亿亩。随着对生态的要求，巴西年增加耕地速度会放慢。估算 2015—2035 年年均增加耕地 1 000 万亩，2036—2075 年 40 年年均增加耕地 800 万亩。2075 年以后，随着世界农产品价格增长，受利益驱动，年增加耕地将达到 2 000 万亩。俄罗斯在未来有条件开发 5 000 万亩耕地，50 年后可能开发，将这 5 000 万亩作为未来世界耕地的增加量。

各国有一些宜农耕地，但总量都不大，开垦数可填补城市化占地、交通占地等。世界耕地增加，主要依靠巴西的贡献，但巴西能否牺牲自己国家生态环境去大量开垦耕地，这是一个未知数。按照巴西为世界贡献 10.3 亿亩耕地，俄罗斯增加 0.5 亿亩计算，世界耕地高峰值为 223.37 亿亩，按上述情况预测到 2075 年世界人均耕地下降 1.70 亩，到 2100 年下降 1.48 亩。见表 1-5。

表 1-5　世界人口、耕地、人均水资源发展预测表

年份	2014	2016	2035	2050	2075	2100
人口年均增长率/（%）	1.20	1.20	1.10	0.95	0.78	0.65
人口数/亿人	72.08	74.42	91.61	105.57	128.20	150.74
耕地面积/亿亩	212.57	213.90	214.67	215.97	218.37	223.37
人均耕地面积/亿亩	2.95	2.87	2.34	2.05	1.70	1.48
人均水资源/m³	5 924	5 751	4 670	4 054	3 338	2 840

到 2075 年，世界大部分国家进入发达国家行列，一部分国家成为上等收入国家，低收入国家基本不存在了。随着收入的提高，人类食品消费也大幅度提高，主要是肉类、奶类人均消费提高。2016 年世界人均消费粮食 383 kg，到 2075 年将达到 703.5 kg。2075 年世界人口将达到 128.2 亿人，耕地达到 218.37 亿亩，人均 1.7 亩。2016 年世界平均谷物单产 264.5 kg/亩，谷物播种面积占耕地 50%，2075 年谷物播种的面积按占耕地 58.8% 计算，人均谷物面积 1 亩。世界谷物单产必须达到 703.5 kg，才能满足食品供应安全；单产需提高到 2016 年的 2.66 倍，世界平均单产是达不到这一标准的。届时世界将进入农业危机时代，粮食供应危机时代，食品供应危机时代，受食品供应危机的影响，世界全面进入经济危机时代。各国为了保障农产品供应安全，大力发展水利灌溉，提高单产，灌溉草原，发展草地农业，增加肉、奶供应。

到 21 世纪中叶，世界石化能源的石油走向枯竭，各国将大力发展生物质柴油、乙醇汽油，因耕地用于农产品还不足，只能灌溉沙化土地，发展能源植物，能源植物发展成为农业重要组成部分。世界工业化革命从 19 世纪中叶到 21 世纪中叶持续了 200 余年，世界经济发展重心将由工业革命转向农业革命。水资源开发利用进入世界有史以来的高潮。

2075 年世界人均水资源将下降到 3 338 m³，21 世纪末下降到 2 840 m³，世界

70%的人口处于水资源紧缺的环境。亚洲除了东南亚国家外所有国家、非洲国家及澳洲国家等严重缺水。

　　水资源争端加剧。大型河流都流经多个国家和地区，河流上游国家认为河水产生于本国，优先满足本国开发利用，使中下游国家得不到丰富的水资源。未来水资源危机越来越被世界各国认同，国际全球化论坛水资源委员会主席莫德·巴洛和加拿大北极星研究所主任托尼·克拉克提出"淡水资源正在枯竭，缺水在社会、政治和经济各方面正迅速成为一种不安定的因素"并出版了《水资源战争》一书。

1.6.3　生活用水中长期发展预测

　　2014年世界人均生活用水为62.1 m³。生活用水标准中，城市生活用水高于农村，富裕国家高于中等收入国家。美国人均生活用水为205.8 m³、日本为120 m³、意大利为148.3 m³、韩国为137.2 m³、英国为98.6 m³，明显高于世界均值。世界高收入国家人均生活用水标准已到高峰值，不会再有增长，世界发展中国家处于较快发展之中，居民生活水平也快速提高，增长率较快增长。世界生活用水中长期发展预测见表1-6。

表1-6　世界生活用水中长期发展预测

年份	2014	2035	2052	2075	2100
人年用水年均增长率/(%)	—	1.5	1.5	0.5	0
人年均水量/m³	62.1	84.9	106.0	120.2	120.2
人口数/亿人	72.08	91.61	105.57	128.20	150.74
生活用水总量/亿 m³	4 479.0	7 777.7	11 190.0	15 410.0	18 119.0

　　到2075年，世界各国都进入到中等发达国家或发达国家行列，每个人的生活用水标准达到120.2 m³，等同现状高收入国家标准。

1.6.4　工业用水中长期发展预测

　　2014年，世界工业用水总量为7 128亿 m³，万元工业增加值用水量为51 m³，中国2014年万元工业增加值用水量为57.3 m³。世界发达国家工业万元增加值用水量很低，仅18 m³，发展中国家万元增加值用水量偏高，发展中国家吸取发达国家的经验与技术，万元工业增加值用水量将逐步下降，工业增加值逐年上升。

　　在2050年前，世界工业用水总量将保持在7 350亿 m³左右。2050年以后，万元增加值用水量下降到较低时，总量平衡将保持不住，将处于低速上升的趋势。世界工业发展用水中长期预测见表1-7。

表 1-7　世界工业发展用水中长期预测

年份	2014	2035	2050	2075	2100
年均增长率/(%)	—	—	0.14	1	1
用水总量/亿 m³	7 128	7 200	7 350	9 298	11 924

1.6.5　农业灌溉用水发展中长期预测

2014 年世界灌溉面积为 49.72 亿亩，灌溉用水为 27 342 亿 m³。灌溉农业是现代农业的必然之路，随着农业的发展及人均耕地的减少，对农业的需求形势必须提高单位面积产量。世界农业灌溉发展中长期预测见表 1-8。

表 1-8　世界农业灌溉发展中长期预测

年份	2015	2035	2050	2075	2100
灌溉面积/亿亩	50	60	70	100	163
单位面积用水/(m³/亩)	550	530	500	480	460
灌溉用水量/亿 m³	27 462	31 800	3 500	48 000	78 240

现状灌溉农田仅是耕地面积的 23.4%。到 21 世纪下半叶，农业灌溉面积将占耕地面积的 75% 左右。2015 年全世界灌溉农田中，单位面积平均用水量为 550 m³，包括复种用水。随着农业节水的要求，现代节水面积不断增加，灌溉定额相应逐年下降。

1.6.6　世界草原灌溉发展中长期预测

世界随着人口快速增加，人均耕地不断减少，农产品供应日趋紧张，粮食供应安全的核心肉类、奶类需求增加。长期以来，畜牧业发展以粮食饲料为主，加剧了粮食供应安全。农业耕地资源有限，世界有大量草地资源，尚未高效利用。世界有草地 490 亿亩，占陆地总面积的 25.2%，是耕地面积的 2.3 倍。现状草原单产很低，亩产鲜草 250 kg 左右，折合干鲜仅 80 kg 左右，草原多在干旱区，退化、沙化严重。对草原进行灌溉，建设人工草场，亩产鲜草可达 2 500~3 000 kg，提高了产草量。豆科牧草富含高蛋白，粗蛋白含量可达 18%~22%，仅次于大豆，远高于玉米、小麦等粮食饲料蛋白含量。土壤中有丰富的有机肥料水等，满足植物生长，植物有机养料积累一定程度才能生产结晶出粮食。如果水肥供应不足或管理不佳，植物则结实很少，甚至不结实。牧草则可以直接供给牛、羊食用。牧草生长对水、肥要求不高，管理简单，发展草地农业将成为世界粮食供应安全的重要战略方向。世界粮食安全形势使人类转向耕地农业和草地农业并举，两条腿走路，即中国提出的走"粮经饲"的发展方向。

　　1 亩灌溉草场产生的肉类、奶类食物量等同于 0.8 亩灌溉耕地饲料粮产生的肉类、奶类食物量。世界人均 1 亩灌溉草场和现有耕地可以保障粮食供应安全和农产品供应安全。

1.6.7　对世界灌溉草场作如下预测

　　世界草原灌溉发展中长期预测见表 1-9。

表 1-9　世界草原灌溉发展中长期预测

年份	2014	2035	2050	2075	2100
灌溉面积/亿亩	0.5	5	40	80	150
单位面积用水/（m^3/亩）	250	250	250	250	250
灌溉用水量/亿 m^3	125	1 250	10 000	20 000	37 500

1.6.8　世界能源林灌发展预测

　　世界能源供应安全要比粮食供应更为重要，能源是经济发展的动力，没有能源一切都不能运转。能源的核心是石油，2018 年世界消耗石油 46.6 亿 t。到 21 世纪 50 年代，世界上大部分国家石油资源枯竭，到 2075 年世界上只有 17 个国家能生产石油，届时世界石油缺口 68.9%以上，到 21 世纪末世界石油资源枯竭。化石石油的替代品是生物质石油，生物质是可再生资源。到 21 世纪 90 年代末，世界石油缺口 79.2%。1 亩灌溉林地 1 年可生长生物质 1.5 m^3，为 1.2 t，可提炼 420 kg 生物质柴油、生物质乙醇。满足世界需求，则需要发展 214 亿亩能源生物。世界现在林地面积 599.9 亿亩，占陆地总面积的 30.8%，世界森林覆盖率不高，不能砍伐现有森林来解决生物质石油问题，砍伐现有森林将造成生态破坏，引发严重生态环境问题。世界现有 3 600 万 km^2 的荒漠化土地，3 600 万 km^2 折合成 540 亿亩，占世界陆地面积的 27.7%。荒漠化土地主要是由于干旱引起的。

　　荒漠化土地治理，是世界性的生态建设工程。在 540 亿亩荒漠化土地中，选择 214 亿亩相对较平坦的沙化土地，进行调水，实施人工灌溉，栽植树木，营造能源林，有深远的意义，既有能源效益，又有良好的生态效益。荒漠化土地迟早要进行改造的。

　　到 2075 年世界用水总量将达到 111 048 亿 m^3，占世界水资源总量的 25.4%（表 1-10）。已接近经济可利用量，水资源处于紧张状况，到 2100 年，世界水资源需求量将达到 223 023 亿 m^3，占世界水资源总量的 52.1%，世界水资源可利用量只有少数几个国家可达到 52.1%，届时世界将有 108 个国家和 70%的人口水资源严重紧缺，其中亚洲 29 个、欧洲 25 个、非洲 53 个、大洋洲 1 个，全世界进入水资源危机时代。形势的要求，各国将大量修建蓄水工程，加强水污染治理，增加可利用量。一部分国家资源量不足，不得已购买邻国水资源，水进入商品交换阶段。亚洲中亚国家，地处于干旱区，水资源严重不足，又是内陆国，只有购买俄罗斯的水资源，俄罗斯将把流入北冰洋的河水输入中亚国家。"蓝金"将成为巨大的商业利益，形成全球的水市场。《财富》在 2000 年 5 月一期刊物中宣布，水在 21 世纪中的地位将相当于 20 世纪的石油，会决定一个国家的穷富。世界一些发展中国家经过几十年奋斗，刚进入中等收入或接近高收入国家又将陷入水资源危机，严重影响国家经济发展速度。2100 年世界人均用水将达到 1 480 m³，世界水资源可利用极限值为 70%。

表 1-10　世界水资源利用中长期预测　　　　　　　　亿 m³

序号	项　　目	2014 年	2035 年	2050 年	2075 年	2100 年
1	生活用水	4 479	7 778	11 190	15 410	18 119
2	工业用水	7 128	7 200	7 350	9 298	11 924
3	农业用水	27 342	31 800	35 000	48 000	78 240
(1)	生态草场用水	125	1 250	10 000	20 000	37 500
(2)	用水能源林用水	35	700	3 500	14 000	74 900
4	景观用水	300	1 000	2 000	2 340	2 340
5	合　计	39 449	49 728	69 040	111 048	223 023

1.7　国外调水工程实践

调水工程历史悠久，早在公元前 3400 年埃及就开始了引尼罗河水灌溉沿岸土地。大规模的调水工程是从 20 世纪 50 年代开始发展起来的。世界进入和平发展时期，为了发展本国经济，许多国家开始研究大型调水工程，并逐步付诸实施，建成了一大批调水工程。现在已有 39 个国家建成 345 项大型调水工程。

跨流域调水已在全世界范围内广泛展开，到 2002 年，国外跨流域调水工程的总调水量已达 5 971.7 亿 m³/a，人均调水量已达 88 m³。其中，加拿大调水 1 410 亿 m³/a，人均 4 133 m³/a；印度为 1 386 亿 m³/a，人均 115 m³/a；巴基斯坦为 1 260 亿 m³/a，人均 690 m³/a；美国为 362 亿 m³/a，人均 120 m³/a。这些国家调水总量、人均量远超过我国。世界调水工程中大国调水量最多、线路最长，大国中只有中国少。目前我国已完工的跨流域调水总量占全国供水总量的 4.2%，为 258 亿 m³，人均 19 m³。几十年后，我国南水北调工程全部竣工，全国调水总量达到 600 多亿 m³，人均 45 m³/a，远远低于发展中的埃及。随着经济、技术的发展，越来越多的国家研究和发展本国水网工程，国家统一配水系统正在逐步被更多的有识之士所接受，并将随人类认识的提高而发展。像电网的发展过程一样，当初的电网只限于相对较小的区域，随着社会的进步，电网逐步扩展，相互联结起来，覆盖区域越来越大，结果形成国家电网。未来世界第二次"蓝色"革命将是建立国家级水网，水资源跨区域、跨流域统一调配、平衡供应。

1.7.1　以色列的调水工程

以色列是一个地处沙漠化地区的国家，为解决国家生存与发展，实施了大规模调水。北水南调工程是将东北部太巴列湖的水通过提水调往干旱缺水的南方，渠首设有两级提水，提升 400 m，通过管道输水到南部直达内格夫沙漠，中间多级泵站加压，年调水 12 亿 m^3，人均调水量 200 m^3/a，建设了全国统一的水网体系。通过调水，在沙漠里灌溉，发展农业，解决了食物供应问题，还有剩余出口。以色列是世界上通过调水改造沙漠发展经济最成功的国家。

1.7.2　苏联的调水工程

苏联中南部干旱，即乌克兰、俄罗斯欧洲部分的南方地区和中亚各共和国，水资源仅占全国总量的 10%~15%，这里居住着苏联 80% 的人口，生产着 80% 以上的工业和 90% 以上的农业产品。而苏联东部和北部水资源占 80%，那里人口稀少，土地荒漠，经济开发程度低。20 世纪 30 年代苏联就开始了调水工程建设，到 90 年代初解体，建设了近百项调水工程，调水线路总长已达 8 000 km，调水总量已达 801.5 亿 m^3。

随着当时苏联经济的全面发展和用水量日益增大的需求，专家和学者提出了各种各样的调水方案。在这样的形势下，苏联中央和部长会议 1978 年 12 月 21 日通过了"关于把北方和西伯利亚河流的部分径流调往苏联南部地区问题的科学研究和设计工作"的决议。决议责成苏联水利部、能源部等有关部门研制从北方河流调水到伏尔加河流域的方案及技术、经济论证；研制从西伯利亚河流调水到中亚和哈萨克斯坦的技术、经济论证。苏联科学院和相关科研单位综合研究调水分期实施的科学依据。20 世纪 60 年代末期至 80 年代中期，苏联国家科学技术委员会组织 170 多个科研、设计机构和高等院校开展大规模的跨流域调水工程的规划、设计、科学研究等工作。规划的工程宏伟、壮观，调水总量达到 3 160 亿 m^3/a，调水工程线路长达 6 860 km。

1.7.3　印度的调水工程

印度多年平均水资源量为 18 690 亿 m^3，而其中 4 150 亿 m^3 的水资源由中国入境补给，印度人均水资源量不足 1 740 m^3，是世界人均值的 1/4，低于我国 20%。按人均水资源量来说，印度是个比较严重的贫水国。全国水资源量分布极不均衡，喜马拉雅山东部和西海岸的山脉年降水量最大可达 4 000 mm，最干旱的西北部拉贾斯坦和塔尔沙漠不足 100 mm。印度有耕地 21.5 亿亩,为发展灌溉农业解决缺水问题,将丰水流域的水调至干旱地区,印度在 20 世纪 30 年代至 20 世纪末实施大批跨流域调水工程,其中大中型调水工程 46 项,年调水总量达 1 386 亿 m³,调水工程输水干渠总长达 8 000 km,调水灌溉面积已达 3.15 亿亩,预期可达 5.3 亿亩,占世界第一位。80 年代,开始建设名称叫拉贾斯坦运河的灌溉综合用水工程,将起源于喜马拉雅山的河流调水到拉贾斯坦邦沙漠地区,包括塔尔沙漠,引水流量 524 m³/s。拉贾斯坦运河总共可灌溉 180 万 hm² 的荒漠和半荒漠土地。

纳尔默达河流域调水工程,印度政府对纳尔默达河流域进行规划,纳尔默达河流域要建 19 项引水灌溉工程。最大的调水工程是萨达尔萨罗瓦工程,该工程在纳尔默达河上修高坝水库,灌溉总干渠长 458 km,渠首断面宽 250 m,引水流量为 1 133 m³/s,在规模上是当今世界上最大的渠道。每年从纳尔默达河流域调水 350 亿 m³ 用于灌溉。

印度未来的综合水利设计将形成统一的国家水系统,有两大规划:①国家水网规划。②大水循环规划。国家水网规划是将恒河的部分水(220 亿 m³/年)从皮亚特诺布调往北方邦和比哈尔邦的干旱地区,并将默哈纳迪河、戈达瓦里河、克里希纳河、本内尔河、高韦里河、纳尔默达河和达布迪河连成一个系统,形成一个水网,国家水网规划计划调水总量为 500 亿~600 亿 m³/年。另一项计划是大水循环规划,用两条巨大的渠道截取和重新分配印度境内所有的主要地表径流。一条喜马拉雅渠道,长 3 800 km,用水库群拦蓄位于海拔 1 000 m 以上的喜马拉雅山山坡的径流。喜马拉雅渠道将从拉维河开始,连接经过喜马拉雅山南坡所有的河流。渠道中的水库群拦蓄的总径流量为 3 000 亿 m³,用配水渠道系统向南方的年调水量为 1 800 亿 m³。另一条"中南渠道",总长 9 000 km,修建大量的水库,拦蓄海拔 500 m 以上的印度半岛中部地区的地表径流。中南渠道环绕着印度半岛的中部地区,形成了封闭的拦蓄和重新分配地表径流的系统。渠道水库的设计容量为 9 250 亿 m³,向灌溉网的供水量为 8 500 亿 m³/年。施工历时为 50~60 年,设计规定在两处将喜马拉雅渠道和中南渠道连接起来,这两条渠道水库调水总量达 10 300 亿 m³,占全国水资源总量 18 690 亿 m³(包括地表水与地下水)的 55%,约占地表径流量的 70%,印度调水工程规划十分宏伟。这些水利系统工程的建成将极大地促进工业、农业的全面发展。

1.7.4　美国的调水工程

美国由于水资源分布不均,西北地区缺水的局面越来越严重,这与当地的经济发展极不协调。随着一批调水工程的建成和效益发挥,开始重视远景规划,制定了跨流域、跨地区的调水工程,解决水资源匮乏的战略,从根本上解决了美国西部各州用水问题。美国又拟定了一批远景水资源区域再分配的规划。这些工程无论从调水量、调水线路长度、提水高度上,其规模都十分宏大。输水距离都在 1 000 km 以上，多数年调水量都在 100 亿 m³ 以上，有的提水高度达到 1 km 以上，取水处多数在河流下游或河口处，在下游取水必须有较高的提水扬程，受水区主要在干旱的荒漠区域，如新墨西哥州，降水量仅 170 mm，是荒漠地区。

北美水电联盟是多用途工程，灌溉面积达 3.5 亿亩，还兼顾发电、航运、工业用水等。这项工程将美洲大陆西北部河流的部分径流通过工程措施组成的水网送到加拿大、美国和墨西哥的缺水地区，调水线路总长 15 000 km，有 210 座大坝、145 座水电站、20 座泵站、17 条通航运河、112 条灌溉渠道，最大的塔纳纳水库库容达到 34 000 亿 m³，年调水量 1 375 亿 m³，远景可达到 3 080 亿 m³。

美国修建了 24 项跨流域调水工程，调水总量已达 362.5 亿 m³/a。加利福尼亚州的南部洛杉矶、圣地亚哥等地，降水量只有 50~250 mm，土壤干旱、半沙漠化，昔日人烟稀少，土地廉价。美国西部大开发在加州实施多项调水工程，如加利福尼亚水道工程，输水总长度 1 102 km，有 22 座水库、22 座泵站，总扬程高 1 150 m，是世界输水高程之最。总驱动功率为 2 500 MW，一期工程已于 1973 年完成，调水 52 亿 m³/a。它与中央河谷工程、科罗拉多引水渠、全美灌溉系统和洛杉矶水道等长距离调水工程的水资源开发促进了加利福尼亚州的经济增长和社会繁荣，为干旱地区的经济发展提供了充足的水资源。送水后，大城市的人纷纷搬到这里，小城镇到处崛起，在半沙漠化的土壤上农业发达起来，成为美国重要的农产品生产和出口基地。世界著名的优质森田尼无核葡萄、红提葡萄均产自洛杉矶昔日的荒漠土地上，这种优质葡萄每年大量进入中国市场，价格高昂。供水工程保证了加利福尼亚州南部以洛杉矶为中心的 6 个城市 1 700 多万人生活、工业、环保等用水需要。现在加利福尼亚州已成为美国 50 个州中人口最多、灌溉面积最大、粮食产量最高、国民生产总值最多的州，国民生产总值已超过 20 000 亿美元，相当于印度的产值，超过俄罗斯，约占美国国民生产总值的 1/8，洛杉矶也成为美国第二大城市。昔日干旱荒漠的南加利福尼亚现已是一片绿洲，景色宜人，社会、环境、经济效益显著，工农业生产发达。西部的调水工程对西部经济快速发展及整个美国经济的宏观布局和优化资源配置都起到了十分重要的作用。

美国、印度及埃及等国跨流域、跨区域调水的经验值得我国认真学习，必须对水资源的管理和利用模式进行重大变革。澳大利亚墨累—达令河流域管理局主席泰勒对我国水资源提出："中国水利的发展和改革历史悠久，随着经济社会的不断发展，跨行政区内分享水资源将越来越紧迫。"中国必须建成一个水利网络大国，运用资源水利观统筹考虑防洪与抗旱。应将水资源列为国家所有的重要基础资源，建立全国统一的调水、供水水网，形成一个区域互配、水系联网、水库联调的水资源优化配置网络体系，在更大范围和更高水平上优化水资源时空分布格局，促进农业生产、能源生物、经济社会可持续发展，生态环境良好，维持河流生命健康。以小流域为单元，对全国各流域水资源进行量化分析，做出长远开发利用规划，各小流域内水资源满足本流域内生态用水、农业用水、生活用水、工业用水、保证河流健康后，剩余的水量全部调出，分配到其他小流域，中流域扩展到大流域，直至跨区域。全国统一平衡调度分配水资源，是社会经济发展的需要，是可持续发展的必然性。

2 我国水资源

2.1 水资源数量

根据中国水利统计年鉴资料，我国多年平均降水总量为 61 889 亿 m³，年降水量为 648 mm，我国多年平均陆地蒸发量为 357 mm，为多年平均降水量的 55.1%。

我国多年平均地表水资源量为 26 478.2 亿 m³，多年平均地下水资源量为 8 149 亿 m³，平均地表水与地下水重复计算量为 7 166.9 亿 m³，多年平均水资源总量为 27 460.3 亿 m³。2017 年全国人均水资源量为 1 975 m³，为世界人均值的 33.1%。

我国水量交换复杂，降水、地表水、土壤水和地下水互相转化频繁，相互转化的水量交换是水循环过程，是一种平衡关系。降水量的 55.1% 转化为蒸发量，42.78% 的降水形成地表水，13.17% 的降水入渗补给地下水，0.53% 的降水入渗存在土壤中，这其中有 11.58% 的水量为地表水和地下水的互相转化，即地表水和地下水的重复计算量，合计有 44.37% 的降水形成水资源。

我国多年平均水资源总量为 27 460.3 亿 m³，地表水为 26 478.2 亿 m³，约占水资源总量的 96.4%，地下水资源量中与地表水资源量中不重复计算的水量为 982.1 亿 m³，约占水资源总量的 3.6%。各省区多年平均水资源量见表 2-1。

表 2-1　各省区多年平均水资源量

地区	年均水资源总量/亿 m³	年均地表水资源量/亿 m³	年均地下水资源量/亿 m³	地表水与地下水重复资源量/亿 m³	年均产水模数/（万 m²/km²）
全国	27 460.3	26 478.2	8 149.0	7 166.9	29.5
北京	40.8	25.3	26.2	10.7	24.3
天津	14.6	10.8	5.8	2.0	12.9
河北	236.9	167.0	145.8	75.9	12.6
山西	143.5	115.0	94.6	66.1	9.2
内蒙古	506.7	371.0	248.3	112.6	4.4
辽宁	363.2	325.0	105.5	67.3	25.0

续表

地区	年均水资源总量/亿 m³	年均地表水资源量/亿 m³	年均地下水资源量/亿 m³	地表水与地下水重复资源量/亿 m³	年均产水模数/(万 m²/km²)
吉林	390.0	345.0	110.1	65.1	20.7
黑龙江	775.8	647.0	269.3	140.5	16.6
上海	26.9	18.6	12	3.7	43.5
江苏	325.4	249.0	115.3	38.9	36.9
浙江	897.1	885.0	213.3	201.2	88.1
安徽	676.8	617.0	166.6	106.8	48.5
福建	1 168.7	1 168.0	306.4	305.7	96.3
江西	1 422.4	1 416.0	322.6	316.2	85.1
山东	335.0	264.0	154.2	83.2	21.9
河南	407.7	311.0	198.9	102.2	24.4
湖北	981.2	946.0	291.3	256.1	52.8
湖南	1 626.6	1 620.0	374.8	368.2	76.8
广东	2 134.1	2 111.0	545.9	522.8	100.7
广西	1 880.0	1 880.0	397.7	397.7	79.1
四川	3 133.8	3 131.0	801.6	798.8	55.2
贵州	1 035.0	1 035.0	258.9	258.9	58.8
云南	2 221.0	2 221.0	738.0	738.0	57.9
西藏	4 482.0	4 482.0	1 094.3	1 094.3	37.3
陕西	441.9	420.0	165.1	143.2	21.5
甘肃	274.3	273.0	132.7	131.4	6.9
青海	626.2	623.0	258.1	254.9	8.7
宁夏	9.9	8.5	16.2	14.8	1.9
新疆	882.8	793.0	579.2	489.7	5.4

注：数字引自《中国水利统计年鉴》

　　水资源可利用量是指在一个历史阶段内，在维持健康的生态与环境的基础上，通过技术可行、经济合理的工程措施，在当地水资源中最大河道外取水和抽取地下水的数量。

　　中国科学院院士王浩主编的《中国水资源与可持续发展》中提出，全国水资源可利用约为 8 500 亿 m³，占水资源总量的 31%，在水资源可利用总量中，地表水资源可利用量为 7 900 亿 m³，占可利用总量的 92%，地下水可利用量占 8% 左右，见表 2-2。

表 2-2　水资源一级区水资源可利用量　　　　　　　　　　亿 m³

区域	水资源量		水资源可利用总量	
	地表水资源量	水资源总量	地表水资源可利用量	水资源可利用总量
松花江区	1 166	1 352	675	830
辽河区	487	577	216	287
海河区	288	421	108	232
黄河区	661	744	320	403
淮河区	741	962	276	430
长江区	9 513	9 613	2 960	2 960
东南诸河区	1 920	1 928	640	640
珠江区	4 685	4 708	1 300	1 300
西南诸河区	5 853	5 853	900	900
西北诸河区	1 164	1 302	500	567
全国	26 478	27 460	7 895	8 548

2.2　水资源分布

2.2.1　降水的全国分布

我国国土辽阔，地形地貌复杂多变，由东向西逐步增高，这种地形条件对降水和径流产生了重大影响，各地气象条件差异很大。全国降水主要受东南季风和西南季风影响，年际变化大，年内分布和区域分布严重不均衡，这种降水条件形成了水资源南多北少的总体格局，全国降水从东南向西北方向逐步减少。

降水空间分布是南方多，北方少，山区多，平原少。南方 15 个省份总面积为373 万 km²，占全国总面积的 39%，降水总量为 42 060 亿 m³，占全国降水总量的68%。北方 16 个省份占全国总面积的 61%，降水量为 19 830 亿 m³，降水总量占全国总量的 32%。新疆、青海、甘肃、宁夏、内蒙古五省区国土面积 408.6 万 km²，占全国面积的 42.6%，而降水总量仅为 9 130 亿 m³，占全国降水总量的 14.8%，单位国土面积降水仅是南方省份的 1/5。

降水的时间分布。受东南季风和西南季风气候的影响，我国降水年际变化大，地区之间差异很大，北方明显大于南方。东南地区年降深变差系数在 0.25 以下，西南地区在 0.2 以下，东北地区在 0.3 左右，华北地区大于 0.3，西北大部分地区大于0.4，几大盆地超过 0.6。年降水量最大值与最小值的比值，西南地区在 2.5 以下，南方地区在 2~3，北方地区在 3~6，西北地区最大可超过 10。

区域降水还普遍存在连丰和连枯现象，北方地区更普遍。北方地区连丰期为 2~6 年，连丰期降水为多年平均值的 1.2~1.7 倍；连枯期为 4~7 年，连枯期降水为多年平均值的 0.6~0.8。南方地区连丰连枯期为 3~7 年，连丰期降水为多年均值的 1.2 倍，连枯年为多年均值的 0.8 倍左右。

我国降水年内分配极不均匀，北方地区 4 个月的丰水期降水占全年 70% 左右，南方地区 4 个月的丰水期降水占全年的 60% 左右。我国无论是南方还是北方 1 年的降水主要分布在 4 个月内。

2.2.2　地表水分布

2.2.2.1　地表水空间分布状况

我国地表水资源量的地区分布基本同降水分布相同，其特点是从东南向西北递减。南方多，北方少，山区多，平原少。北方地区 16 省面积占我国的 61%，多年地表水资源量为 4 948 亿 m^3，占全国的 18.7%。南方地区面积占全国的 39%，地表水资源量为 21 531 亿 m^3，占全国总量的 81.3%。南方地区单位国土面积平均地表水资源量为北方地区的 6~8 倍。西北五省区国土面积占 42.6%，地表水资源量仅为 2 068.5 亿 m^3，占全国的 7.8%，单位面积平均地表水资源量仅是南方地区的 8.8%，相差 11 倍。

2.2.2.2　地表水时间分布状况

地表水的年际变化同降水量的年际变化，因地表水是由降水产生的。地表水的年际变化情况，北方大于南方，干旱地区大于湿润地区，北方地区最大年径流量是最小年径流量的 3~5 倍，南方地区为 2~4 倍。北方地区地表水连丰期为 3~5 年，连枯期为 3~8 年。

我国地表水年内分配主要集中在夏季，北方地区集中程度更高，北方地区多地连续 4 个月地表水占全年的 60%~80%，西北诸河可达 90%，南方地区全年平均连续 4 个月径流量占全年的 50%~70%。

2.2.3　地下水分布

2.2.3.1　地下水空间分布

我国地下水空间分布是山丘多，平原少，山丘约占 79%，平原约占 21%。山丘空间分布情况是南方多，北方少，南方约占 79%，北方约占 21%。平原地下水空间分布情况是，北方约占 79%，南方约占 21%。

2.2.3.2　地下水资源的时间分布

地下水资源主要是由降水转化而来，夏季降水多，降水补充地下水，雨季山丘地下水十分丰富，很大一部分又转化为地表水。在降水少的季节，山丘地下水大幅度减少。在平原雨季，地表径流的补给使地下水丰富、水位上升。

2.2.4　水资源时空分布不均的不利影响

2.2.4.1　水资源分布对国民经济的影响

我国水资源分布空间、时间极不均衡，北方16省区国土面积占61%，耕地面积占63%，人口占47.5%，GDP占49.4%（2018年），而水资源仅占21%，人均水资源约881 m^3，亩均耕地水量453 m^3。南方地区国土面积占39%，耕地占37%，人口占52.5%，GDP占50.6%，水资源占79%，人均占有量3 017 m^3，亩均耕地水量2 893 m^3。水资源数量与国土面积、耕地、人口、经济不相匹配，严重地制约了经济的发展。水资源是农业的命脉，我国农业耕地主要分布在北方地区，现代农业必须是灌溉农业，灌溉农业才能高产、稳产、高值。北方水资源太少，不能满足农业生产的需要，严重制约了农业生产的发展，影响我国的粮食安全。随着城市化进程的加快，北方城市多数缺水，部分城市缺水严重。

2.2.4.2　水资源分布状况对生态环境的影响

我国北方地区特别是西北地区降水稀少，蒸发强度大，降水量远低于生物最低需水量的下限，导致生态环境严重恶化，土地荒漠化、沙化主要在西北，全国荒漠化的面积已达261.16万 km^2，沙化面积已达172.12万 km^2。这里分布着面积居世界第三位的塔克拉玛干大沙漠及腾格里沙漠、巴丹吉林沙漠、毛乌苏沙漠、库姆塔格沙漠、古尔班通古特沙漠。

由于水资源总量不足和连年干旱，经济发展用水量不断增加，大量挤占生态与环境用水，导致很多地区河道断流，湖泊湿地萎缩，甚至干涸，草场大量退化、沙化，严重退化、沙化的草场已占1/3。

2.3　水资源水质状况

2.3.1　地表水水质

2017年对全国地表水1 940个水质监测中，Ⅰ~Ⅲ类水质断面1 317个，占67.9%；Ⅳ、Ⅴ类462个，占23.8%；劣Ⅴ类161个，占8.3%。

2.3.2　地下水水质

2017年，对分布在全国31个省、自治区、直辖市的5 100个水质监测点进行了监测评价，地下水质总体较差。其中，水质优良的占评价监测点总数的8.8%，水质良好的占23.1%，水质较好的占1.5%，水质较差的占51.8%，水质极差的占 14.8%。

地下水水质较差，而且水质近年来逐年下降，主要是农村面积污染源较广泛，每年未处理的畜、禽粪便约 100 亿 t。农田大量的化肥、农药通过渗透作用进入地下水，农田径流中含大量的病原体，悬浮物、化肥、农药的分解物等污染了地下水。农村乡镇小型企业废水未经处理直接排放和医院排放的污水中含有大量的病原体，这些污水渗入地下直接污染地下水。

2.3.3　湖泊（水库）水质

2017 年，对 112 个重要湖泊（水库）的水源进行了水质评价，Ⅰ类的湖泊（水库）有 6 个，占评价总数的 5.6%；Ⅱ类的 27 个占 24.1%。水质达到Ⅲ类的 37 个，占 33%；Ⅳ类的 22 个，占 19.6%；Ⅴ类的 8 个，占 7.1%；劣Ⅴ类的 12 个，占 10.7%。

2.4　我国水资源循环演化

2.4.1　大陆水资源循环总趋势

我国大陆为自西向东的水汽输送模式，水汽输送与西风环流密切相关。大陆上空全年偏西风时日多，西部、南部、西南部为水汽输入边界，东部沿海为水汽输出边界，各季节有很大的不同。

2.4.1.1　冬季

冬季的水汽输入主要有两个通道。一是来自北冰洋和大西洋的水汽从西北、青藏高原北侧，即新疆、青海等区，由于气流干冷，又远离北冰洋、大西洋，水汽含量少，水汽输送流量在 $200 \sim 500 \ g/(cm^2 \cdot s)$。我国北方冬季的雨雪带大多是自西向东移动。二是来自印度洋的水汽从青藏高原的南侧进入西南、华南、华东地区，由于气流温暖、湿润，水汽含量较多，水汽输送流量为 $600 \sim 1\ 500 \ g/(cm^2 \cdot s)$。这两股气流在江淮、黄淮上空汇合后，从东部沿海出境。此外，还有一股从南海的水汽进入华南地区，与来自印度洋的西南气流汇合。

2.4.1.2　春季

春季的水汽输入仍同冬季一样由西北、西南两股气流组成，但两股气流汇合带北移到 35°N 左右偏东位置，水汽增加，华北地区增至 $1\ 000 \ g/(cm^2 \cdot s)$，江南地区增至 $3\ 000 \ g/(cm^2 \cdot s)$。850 hPa 高的水汽输送流量比冬季增加 2~3 倍。

2.4.1.3　夏季

夏季东南季风和西南季风加强，暖湿气流北上，北方冷空气退缩。西北气流退缩至黄河以北；西南季风强盛，前锋到达黄淮之间；东南季风将南海水汽输送到华南、华北上空。30°N以南地区，向北的水汽输送增加，长江以南地区水汽流量达到4 000 g/(cm²·s)；长江以北地区达到2 000 g/(cm²·s)；西北气流退缩到40°N以北地区，从渤海湾输出；西南、东南气流前锋推进到华北和东北南部，从江浙一带输出。夏季水汽流通量加大，降水相应增加，占全年的60%~80%。降水量呈现从南向北、从东向西递减趋势。

2.4.1.4　秋季

秋季气候凉爽，东南季风和西南季风减弱，西北气流加强，但25°N附近的副高压带尚未消退，黄河以北地区恢复从西北向东南的水汽输送。在850 hPa的高度上形成西北、华北两个水汽辐射中心，因西北水汽输送流量小，所以降水明显减少。

2.4.2　水汽循环总量

我国水汽总输入量为182 150亿m³，按954万km²计算，平均1 909 m，水汽总输入量中有34%形成降水，降水为61 889亿m³，有120 261亿m³的水汽占总量的66%输出境外。多年平均蒸发量357 mm（其中有17%在国土上空小循环形成降水，约5 800亿m³，有83%输出境外），多年平均降水量为648 mm，总降水量为61 889亿m³，其中有90%由境外输入水汽形成，有约10%由境内蒸发形成。在水汽输出总量中过境水汽约占77%，境内蒸发约占23%。

3　我国主要河流、湖泊、湿地

3.1　河流

河流孕育了 5000 年的华夏文明，滋养着伟大的中华民族，养育了 14 亿中华儿女，在 960 万 km² 广袤的大地上，有流域面积 100 km² 以上的河流 5 万多条，流域面积大于 1 000 km² 的河流 1 500 多条，流域面积大于 10 000 km² 的河流 99 条，流域面积大于 10 万 km² 的河流 18 条。这些河流是中国主要地表水资源，河流水域面积为 5 278×10³ hm²，中国河流主要分为以下七大水系。

3.1.1　松花江水系

松花江南源第二松花江，发源于长白山脉白头山，河长 799 km；北源嫩江发源于大兴安岭支脉伊勒呼黑山，河长 1 369 km，两江于吉林省松原市三岔河附近汇合形成松花江干流。松花江干流长 939 km。松花江在黑龙江省同江市汇入黑龙江。松花江按南北源分别计算，河全长分别为 1 738 km、2 309 km，松花江流域面积为 557 180 km²，多年平均水资源量为 1 688.6 亿 m³。流域内有耕地 1.57 亿亩，每亩耕地平均地表水资源量为 485 m³/亩。2018 年松花江地表水利用量已达 479.2 亿 m³，开发利用率为 28.4%。嫩江多年平均径流量 225 亿 m³，流域面积 282 748 km²；第二松花江多年平均径流量 165 亿 m³，流域面积 78 232 km²。牡丹江河长 726 km，多年平均径流量 84 亿 m³，流域面积 37 023 km²。

3.1.2　辽河水系

辽河发源于河北省承德市七老图山脉，全长 1 390 km，流域面积 228 960 km²，年径流量 148 亿 m³。

在盘山县六间房处堵塞了外辽河，分成 2 个独立入海水系，一条经盘锦双台子河入渤海。辽河最上游为老哈河和西拉木伦河，两条支流汇合后称西辽河，西辽河长 403 km，东辽河发源于吉林辽源市，河长 360 km。西辽河与东辽河于昌图县福德店汇合后形成辽河干流，辽河干流全长 512 km。另一条是浑河、太子河水系。浑河发源于清原县滚马岭，河长 415 km，在三岔口与太子河汇合，太子河发源于新宾县，河长 413 km。浑河与太子河在三岔口汇合后称为大辽河，大辽河河长 94 km，在营口入渤海。

辽河多年平均径流量 148 亿 m³，流域内耕地 6 600 万亩，耕地亩均地表水资源 207 m³/亩。浑河河长 415 km，流域面积 11 481 km²，多年平均径流量 29 亿 m³。太子河河长 413 km，流域面积 13 883 km²。

大凌河西支发源凌源市，南支发源于建昌县。南支与西支于喀左县大城子汇流，于凌海市入渤海。大凌河河长 397 km，集水面积 23 549 km²，多年平均径流量 21 亿 m³。

3.1.3　海河水系

海河水系包括海河、滦河、徒骇马颊河三大水系。

海河流域总面积 2 655.11 km²，以卫河为源，河长 1 090 km，多年平均径流量 163 亿 m³，主要贯穿于河北，流域内耕地面积 1.7 亿亩，耕地亩均地表水资源量 96 m³/亩，是亩均水资源少的地区。海河水系分为北系和南系，南系包括漳卫河、子牙海、大清河，北系包括永定河和北三河，海河干流全长 73 km。漳卫河水系包括漳河、卫河和漳卫河运河，流域总面积 7.16 万 km²。子牙河水系包括子牙河、滹沦河、澄阳河，子牙河全长 751 km，流域面积 46 300 km²，多年平均径流量 44 亿 m³。大清河流域面积 39 244 km²，河长 483 km，多年平均径流量 44 亿 m³。永定河水系包括永定河、桑干河、洋河。永定河全长 681 km，流域面积 50 830 km²，多年径流量 20 亿 m³。北三河水系包括潮白河、北运河和蓟运河，流域总面积为 3.52 万 km²。

滦河发源于河北省丰宁县内，滦河干流全长 877 km，流域面积 44 750 km²，多年平均径流量 48 亿 m³，主要支流有小滦河、伊逊河、武烈河、老牛河、青龙河等。滦河修建了潘家口、大黑汀水库，修建了引滦入津、引滦入唐、引青济秦等水利工程，水资源开发利用率较高。

徒骇马颊河水系包括马颊河、徒骇河、德惠新河等平原排涝河道及若干独流入海的小河，流域总面积 2.9 万 km²。其中徒骇河长 417 km，流域面积 1.4 万 km²，马颊河长 428 km，流域面积 8 300 万 km²，德惠新河长 173 km，流域面积 3 200 km²，该河是平原地区主要排涝河道。

海河片年水资源总量为 338.4 亿 m³，2018 年用水量 371.3 亿 m³，利用率已达 109.7%，海河片用水严重超采。

3.1.4　黄河水系

黄河发源于青藏高原巴颜喀拉山北麓，流经青海、四川、甘肃、宁夏、内蒙古、山西、陕西、河南、山东9省（区），由山东利津入渤海。全长5 464 km，集水面积752 443 km²，多年平均径流量661亿 m³，黄河流域耕地面积1.82亿亩，耕地亩均水资源量363 m³/亩。从源头到内蒙古托克托县河口镇为黄河上游，河长3 472 km，流域面积38.6万 km²；从河口镇到河南省郑州的桃花峪为中游，河长1 206 km，落差891 m，流域面积34.4万 km²；从桃花峪到利津入海口为下游，河长786 km，落差93 m，流域面积为2.3万 km²。

黄河支流众多，流域面积大于1 000 km²的支流有76条，流域面积大于10 000 km²或年径流量大于10亿 m³的主要支流有14条。有白河、黑河、洮河、湟水、祖厉河、清水河、大黑河、窟野河、无定河、汾河、渭河、洛河、沁河、大汶河等14条。

洮河位于甘肃省南部，河长673 km，流域面积25 527 km²，年径流量53亿 m³。湟水河发源于青海省海晏县，河长374 km，流域面积32 863 km²，年径流量50亿 m³。大黑河在内蒙古境内，在托克托县河口入黄河，河长226 km，流域面积1.77万 km²，年径流量4.3亿 m³。窟野河发源于内蒙古东胜市境内，在陕西神木县入黄河，河长242 km，流域面积8 700 km²，年径流量7.5亿 m³。年输沙1.36亿 t，平均含沙量182 kg/m³，是黄河河水平均含沙量的5倍。汾河发源于山西省境内，在禹门口汇入黄河，河长694 km，流域面积39 471 km²，年径流量27亿 m³。渭河是黄河最大的支流，发源于甘肃省渭南县，于陕西潼关汇入黄河，河长818 km，流域面积134 766 km²，年径流量104亿 m³。洛河发源于陕西蓝田县华山东南麓，在河南省巩义市汇入黄河，河长477 km，流域面积18 881 km²，年径流量35亿 m³。沁河发源于山西平遥县太岳山脉，在河南武陵县入黄河，河长485 km，流域面积13 532 km²，年径流量18亿 m³。大汶河是黄河下游最大的支流，位于山东省境内，流域面积8 600 km²，年径流量18.5亿 m³，大汶河水全部注入东平湖，由陈山口闸出流入黄河。

黄河流经黄土高原面积达64万 km²，是我国水土流失最严重的地区，大量泥沙冲入黄河，多年平均输沙量达13亿 t，其中每年有4亿 t淤积在下游河床中，致使下游河床平均高出堤外5~7 m，最高达10 m以上。黄河下游已成为举世闻名的悬河。

黄河水资源总量为661亿 m³，2018年区域水资源开发利用量已达391.7亿 m³，开发利用率已达到59.3%，水资源开发利用率是全国河流中比较高的。

3.1.5　淮河水系

淮河发源于河南境内的桐柏山脉，流经安徽中部，河水注入江苏中部洪泽湖，出湖后向南向东分别注入长江和黄海。淮河河长1 000 km，流域面积268 957 km²，多年平均年径流量611亿 m³，淮河流域有耕地1.85亿亩，耕地地表水资源量322 m³/亩。淮河有流域面积1 000 km²以上的支流21条。较大的支流有颍河、史河、淠河、沂河、沭河。淮河是北方和南方湿润和半湿润地区的过渡带，有特殊的气候。

3.1.5.1 颍河

颍河是淮河最大的支流，河长 557 km，流域面积 39 890 km²，多年平均径流量 59 亿 m³。颍河水旱灾害严重，10 年来修建了 100 多座水库，灌溉面积已达 170 多万亩，水旱灾害有效地得到控制。

3.1.5.2 史河

史河发源于安徽省金寨县的大别山，河长 211 km，流域面积 6 850 km²，多年平均径流量 35 亿 m³。

3.1.5.3 淠河

淠河河长 248 km，流域面积 6 450 km²，多年平均径流量 39 亿 m³。几十年来，先后在史河、淠河上修建了佛子岭、响洪甸、梅山、龙河口等大型水库，总库容已达 66 亿 m³，兴利库容已达 28.4 亿 m³，是库容指数较高地区，有效地控制了两河洪水，为农业灌溉提供了有利条件，淠史杭灌区设计灌溉面积 1 120 多万亩，是全国三个特大型灌区之一。

3.1.5.4 沂河

沂河发源于山东沂蒙山区，沂源县鲁山南麓，向南流经临沂市后入骆马湖，骆马湖汇集沂河、中运河后，经新沂河注入黄海。河长 220 km，流域面积 10 315 km²，多年平均径流量 34 亿 m³。

3.1.5.5 沭河

沭河发源于山东沂蒙山区，沂水县向南至新沂市汇入沂河，入黄海，河长 206 km，流域面积 6 161 km²，多年平均径流量 19 亿 m³。

淮河流域地处平原，是我国重要粮食产区，高效农业区，以灌溉农业为主。2018 年农业用水已达 406.9 亿 m³，流域内总用水量已达 615.7 亿 m³，占水资源总量 1 028.7 亿 m³ 的 59.8%，是水资源开发利用较高的地区。

3.1.6 长江水系

长江是中国第一大河，河长 6 300 km，河长、水量都居世界第三位。长江发源于青藏高原唐古拉山脉格拉丹冬雪山，海拔 6 500 m，是世界上源头最高的一条大河。长江从江源到青海当曲口的河段称为沱沱河，全长 375 km，从当曲口至青海玉树附近巴塘河口称为通天河，全长 813 km。从巴塘河到四川宜宾岷江口称为金沙江，全长 2 920 km，从岷江口以下统称长江。

长江按上、中、下游划分，宜昌以上为上游，河长 4 500 km，流域面积约 100 万 km²，宜昌至江西湖口为中游段，河长 938 km，流域面积约 68 万 km²，江西湖口至长江口为下游，河长 862 km，流域面积约 13 万 km²，长江流域总面积

1 808 500 km²，多年平均径流量9 513亿 m³，占全国的34.6%，流域内耕地3.52亿亩，占全国的17.4%，耕地亩均地表水资源2 703 m²/亩。长江水系复杂庞大，其中流域面积1 000 km² 的支流437条，流域面积10 000 km² 以上的支流49条，流域面积8万 km² 以上的支流有8条，为雅砻江、岷江、嘉陵江、乌江、湘江、沅江、汉水、赣江。

3.1.6.1 雅砻江

雅砻江发源于巴颜喀拉山脉，青海省称多县清水河镇，河长1 150 km，流域面积12 844 km²，多年平均径流量586亿 m³。雅砻江发源地海拔4 500 m，是高原河流，因地势高，又靠近西北部，所以是理想的西北调水河流。

3.1.6.2 岷江

岷江发源于四川松潘县内，出岷江山区后流经成都平原，在宜宾入长江。河长711 km，流域面积135 868 km²，多年平均径流量921亿 m³。岷江在四川乐山市有大渡河汇入，岷江在中国水利史上占有重要地位，传说一是大禹出生地，二是战国晚期蜀郡太守李冰在岷江上修建了举世闻名的都江堰，促进了成都平原农业的发展，都江堰已运行了2 000多年，目前已成为1 200万亩的特大型灌区。

3.1.6.3 嘉陵江

嘉陵江发源于陕西省凤县，在重庆朝天门码头处入长江，河长1 120 km，流域面积137 928 km²，多年平均径流量696亿 m³。嘉陵江是成都平原的一条重要灌溉用水河流。

3.1.6.4 乌江

乌江发源于贵州省武宁县香炉山，在重庆嘉陵江入长江，河长1 020 km，流域面积87 241 km²，多年平均径流量530亿 m³。乌江水力资源丰富，是全国十二大水电基地之一。

3.1.6.5 清江

清江是长江出三峡后第一大支流，清江发源于湖北利川市，河长423 km，流域面积1.7万 km²，多年平均径流量141.9亿 m³。清江落差大，总落差1 430 m，水力资源丰富。

3.1.6.6 湘江

湘江是长江中游的重要支流，发源于广西灵川县境内，流经湖南省，在湘阴县芦林潭入洞庭湖，河长856 km，流域面积94 660 km²，多年平均径流量759亿 m³。

3.1.6.7 资水

资水位于湖南省，资水在益阳市其溪港入洞庭湖，河长653 km，流域面积28 142 km²，多年平均径流量239亿 m³。

3.1.6.8 沅江

沅江发源于贵州省东南部，在湖南德山入洞庭湖，河长1 033 km，流域面积

89 164 km²，多年平均径流量 667 亿 m³。沅江落差大，水力资源丰富。

3.1.6.9 澧水

澧水发源于湖南桑植县，在津市小渡口入洞庭湖，河长 388 km，流域面积 18 496 km²，年径流量 165 亿 m³。湘、资、沅、澧是湖南省的四大水系，四大水系年入洞庭湖水量高达 1 830 亿 m³。

3.1.6.10 汉江

汉江发源于秦岭山区，流经陕西、湖北两省，在武汉市入长江。汉江河长 1 577 km，流域面积 159 000 km²，年径流量 555 亿 m³。丹江口以上为上游，河长 925 km²，丹江口至钟祥市中山口为中游，中山口至汉口为下游，河长 382 km，上游河段总落差 1 860 m，水力资源丰富。

3.1.6.11 赣江

赣江是江西省最大的河流，发源于武夷山黄竹岭，在南昌以下注入鄱阳湖，河长 744 km，流域面积 80 948 km²，年径流量 664 亿 m³。

3.1.6.12 信江

信江发源于浙赣交界处的杯玉山，在江西余子县入鄱阳湖，河长 404 km，流域面积 1.76 万 km²，年径流量 170 亿 m³。

3.1.6.13 饶河

饶河两支流昌江和乐安河分别发源于安徽祁万县和江西婺源县，两河在鄱阳县汇合后注入鄱阳湖，流域面积 1.4 万 km²，年径流量 150 亿 m³。

3.1.6.14 修河

修河又名修水，发源于湘鄂赣交界处的幕阜山脉，河长 389 km，流域面积 1.47 万 km²，年径流量 123 亿 m³。赣、信、饶、修四大江河年入鄱阳湖水量 1 107 亿 m³。

3.1.6.15 皖河、青弋江、水阳江

皖河发源于皖西大别山，河长 192 km，流域面积 6 400 km²，年径流量 49 亿 m³。青弋江与水阳江分别发源于安徽省黄山和浙皖交界的天目山，河长分别为 275 km 和 254 km，流域面积 7 100 km² 和 10 380 km²。

2018 年长江流域水资源利用总量 2 017.6 亿 m³，其中地表水资源利用 1 994.9 亿 m³，水源开发利用率 21.7%，地表水资源利用率 21.5%，是全国水资源利用比例最低的区域。

3.1.7 珠江水系

珠江是中国南方最大的河流，珠江流域涉及云南、贵州、湖南、广东、广西等省区，河长 2 214 km，流域面积 453 690 km²，多年平均径流量 3 360 亿 m³。流域内耕地面积 7 000 万亩，耕地亩均地表水资源 4 800 m³/亩，是我国耕地亩均水量最多、水资源最丰富的地区。水资源总量 4 777.5 亿 m³，2018 年用水 826.4 亿 m³，利用

度 17.3%。

珠江由西江、北江、东江及珠江三角洲的水系组成。

3.1.7.1　西江水系

西江是珠江的主源，发源于云南沾益县境内与雄山麓，海拔 2 145 m，源头段称奇盘江，河长 914 km，流域面积 5.7 万 km²，至贵州望谟县双江口与北盘江汇合后称红水河，红水河到广西象州县石龙镇的三江口与柳江汇合后称黔江。红水河长 659 km，流域面积 5.26 万 km²，红水河落差大，水力资源丰富。黔江流至广西桂平汇合郁江后称浔江，到广西梧州汇合桂江后称西江，西江流至广东三水后与北江沟通，进入珠江三角洲，西江干流河长 2 075 km，流域面积 35.3 万 km²，年径流量 2 300 亿 m³，占全流域的 68.5%。北盘江发源于云南沾益县境内的马雄山，河长 444 km，流域面积 2.66 万 km²，年径流量 123 亿 m³。柳江发源于贵州独山县，河长 755 km，流域面积 5.84 万 km²，年径流量 410 亿 m³。郁江发源于广西西南，河长 1 152 km，流域面积 9.1 万 km²，年径流量 479 亿 m³。桂江发源于广西兴安县境内，河长 438 km，流域面积 1.87 万 km²，年径流量 144 亿 m³。上游段称大榕河，中游段称漓江，下游段称抚河。这里有沟通湘江和漓江的中国古代著名水利工程——灵渠。

3.1.7.2　北江水系

北江是珠江第二大支流，上游浈水发源江西信丰县，在广东韶关与支流武水汇合后称北江，到广东三水后与西江沟通。

3.1.7.3　东江水系

东江发源于江西寻乌县境内，源头至广东右川县合河坝段称寻乌水，合河坝以下称东江。在东莞市石龙镇流入珠江三角洲，河长 562 km，流域面积 35 340 km²，年径流量 331.1 亿 m³。

3.1.7.4　珠江三角洲水系

珠江三角洲东、西、北三面环山，总面积 18 640 km²，珠江三角洲由东江三角洲、西北江三角洲和独流入海的流溪河等诸水河流组成，三角洲内河道纵横，水网密布，年径流量 253.5 亿 m³。

3.1.8　东南诸河水系

东南诸河水系浙闽片诸河总流域面积为 239 803 km²，年径流总量 2 557 亿 m³，多年平均水资源量 2 592 亿 m³，平均降水量 1 758 mm，年径流深 1 066 mm，是降水量多，径流深大的流域，是我国水资源最丰富的地区。

2018 年本区域用水总量 304.6 亿 m³，其中地表水 297.2 亿 m³，用水量仅占水资源量的 11.8%。

3.1.8.1　钱塘江

钱塘江是浙江省第一大河，钱塘江分南北两源。北源新安江发源于安徽省休宁县境内，有横江、练江、寿昌江等支流；南源兰江也发源于安徽休宁县，有乌溪江、灵山港、金华江等支流，两江在浙江省建德市汇合后称富春江，沿程有分水江、壶源江、浦阳江等支流汇入后称钱塘江，在上海芦潮港与宁波市镇海外游山的连线处注入东海，河长 428 km，流域面积 41 647 km²，年径流量 364 亿 m³。

3.1.8.2　曹娥江

曹娥江发源于浙江省磐安县境内，在绍兴市新三江闸口附近入杭州湾，河长 182 km，流域面积 5 900 km²，年径流量 45 亿 m³。

3.1.8.3　瓯江

瓯江是浙江省第二大河流，发源于庆元、龙泉两县交界处，向东入温州湾，河长 428 km，流域面积 19 859 km²，年径流量 189 亿 m³。

3.1.8.4　闽江

闽江是福建省第一大河，发源于武夷山脉，有龙溪、古田溪、梅溪、大樟溪等支流，流经福州，在长东县注入东海，闽江全长 541 km，流域面积 60 992 km²，年径流量 586 亿 m³。

3.1.8.5　九龙江

九龙江发源于江西武宁县境内，流经三明、龙岩、录州、漳州、厦门后注入东海，河长 294 km，流域面积 1.47 万 km²，年径流量 137 亿 m³。

3.1.9　西北诸河

西北诸河主要为内陆河。

3.1.9.1　新疆内陆区

（1）塔里木河水系。塔里木河水系包括阿克苏河、塔什噶尔河、叶尔羌河、和田河、开都河、孔雀河、迪那河、渭子河与库车河、克里雅河、果尔臣河（且末河）等 9 水系 144 条河流。流域面积 102 万 km²，多年平均径流量 398 亿 m³，水资源总量约 429 亿 m³，受气候变化和人类活动影响，80 多年来地表水断断续续，地表水已不能和塔里木河直接连通，只是地下径流与塔里木河地下水连通，近 30 多年喀什噶尔河、渭子河与库车河、开都河—孔雀河明流已脱离塔里木河，现状仅有和田河、叶尔羌河和阿克苏 3 条河流入塔里木河。阿克苏河年径流量 95.3 亿 m³，叶尔羌河年径流量 75.6 亿 m³，和田河年径流量约 45 亿 m³，塔里木河全长 2 137 km。由于上中游大量取水，塔里木河干流水量由 20 世纪 60 年代的 51.8 亿 m³，减少到 90 年代的 42 亿 m³，塔里木河干流逐年缩短，到 1972 年已由 1 321 km 下降到 958 km，下游长期断流，生态严重恶化，地下水位由 1973 年的 7 m 下降到 1997 年的 12.65 m，两岸胡杨林大片死亡。中游胡杨林由 50 年代的 600 万亩，减少到 360 万亩，下游由 80 万亩下降到 11 万亩。国务院 2001 年批复了《塔里木河流域近期综合治理规划报告》，规划方案实施后塔里木河水量由 12.4 亿 m³ 恢复到 16.6 亿 m³，地下水位上升到 4~6 m，大片天然植被开始恢复，塔里木河水资源开发利用已达到极限。

（2）北疆内陆河水系。北疆地区有几十条内陆河，多数发源于天山山脉北坡，汇流入准噶尔盆地内陆湖泊或沙漠低地。

博尔塔拉河河长 2 204 km，流域面积 6 600 km²，年径流量 11.4 亿 m³，汇入艾比湖；精河长 87 km，流域面积 2 100 km²，年径流量 4.7 亿 m³，汇入艾比湖；古尔图河河长 604 km，流域面积 1 200 km²，年径流量 3.1 亿 m³，汇入奎比河；奎比河河长 240 km，流域面积 2 000 km²，年径流量 6.4 亿 m³，汇入艾比湖；玛纳湖河河长 420 km，流域面积 1.8 万 km²，年径流量 12.8 亿 m³；金沟河、巴音沟河、塔西河、三屯河、头屯河河长分别为 105 km、100 km、87 km、180 km、140 km，年径流量分别为 3.2 亿 m³、3.5 亿 m³、2.3 亿 m³、3.5 亿 m³、2.3 亿 m³；呼图河、乌鲁木齐河河长、流域面积、年径流量分别为 106 km、170 km、3 000 km²、2 000 km²、4.9 亿 m³、2.4 亿 m³。

3.1.9.2 内蒙古内陆区

内蒙古主要河流在东部，中西部河流水量少，主要是季节河流。

（1）乌拉盖河。乌拉盖河河长 360 km，流域面积 2 万 km²，水入乌拉盖水库，库容 2.2 亿 m³。

（2）锡林郭勒河。锡林郭勒河河长 268 km，流域面积 1 万 km²，水入锡林河水库，库容 1 900 万 m³。

（3）鄂尔多斯内流区。鄂尔多斯内流区流域面积 4.3 万 km²，年径流量 3 亿 m³。

3.1.9.3 河西内陆区

河西内陆区从甘肃与新疆交界处至贺兰山，北从中蒙边境南至祁连山，总面积约 49 万 km²，有三大水系。

（1）疏勒河。疏勒河河长 600 km，流域面积 4.13 万 km²，年径流量 10.31 亿 m³，疏勒河水系年径流量 16 亿 m³。

（2）黑河。黑河位于河西走廊中部，河长 821 km，流域面积 13.26 万 km²，年径流量 15.8 亿 m³，黑河水系年径流量约为 36.7 亿 m³。

（3）石羊河。石羊河位于河西走廊东部，由西大河等河流组成，下游至民勤县思的青士湖潜没于沙漠中，河长 250 km，流域面积 4.16 万 km²，年径流量 15.91 亿 m³。

河西内陆区年径流量 69 亿 m³。

3.1.9.4 青海内陆区

青海内陆区水系流域面积 319 286 km²，年径流量 72 亿 m³，青海内陆水系由柴达木水系、哈拉湖水系、茶卡—沙珠玉水系组成。

格尔木河河长 378 km，年径流量 755 亿 m³。

茶卡—沙珠玉水系流域面积 1.16 万 km²，年径流量 2.3 亿 m³。

3.1.9.5 羌塘内陆河区

羌塘内陆河水系流域面积 721 182 km²，年径流量 246 亿 m³，包括西藏的阿里、那曲，青海的可可西里和新疆的东南部，有侧曲、扎加藏布、水珠藏布、波仓藏布、措勒藏布、毕多藏布、阿毛藏布、麻嘎藏布等河。其中最大的河流为扎加藏布河，河长 409 km，流域面积 1.5 万 km²，年径流量 8.5 亿 m³。

西北诸河流域总面积 3 321 713 km²，占国土面积的 34.6%，水资源总量 1 302 亿 m³，占全国总水量 27 460.3 亿 m³ 的 4.7%。2018 年取水量 654.9 亿 m³，占水资源总量的 50.3%，地表水取水量 516.9 亿 m³，占地表水总量 1 064 亿 m³ 的 48.6%。有关资料确定西北诸河水资源可利用量为 567 亿 m³，2018 年利用率已达到可利用量的 116%，已超采利用 16%，实际挤占了生态用水，这一地区是严重缺水区。

3.1.10 西南诸河区

西南诸河流域面积 851 406 km²，年径流量 5 986.5 亿 m³，2018 年地表水开发利用量为 106.5 亿 m³，利用率仅 1.78%，是全国水资源开发利用率最低的地区，西南地区主要河流有雅鲁藏布江、澜沧江、怒江、红河、伊洛瓦底江等。

（1）雅鲁藏布江。雅鲁藏布江发源于西藏南部的喜马拉雅山北麓，流经印度、孟加拉国，注入孟加拉湾。雅鲁藏布江在中国境内河长 2 230 km，流域面积 24 万 km²，年径流量 1 665 亿 m³，大的支流有拉萨河、帕降藏布河、多雄藏布河、尼洋河、年楚河等。

（2）澜沧江。澜沧江发源于青海省唐克拉山北麓 5 224 m 的贡别木杂山，澜沧江在云南入老挝境内，经缅甸、老挝、泰国、柬埔寨、越南入太平洋。在中国境内河长 2 179 km，流域面积 16.4 万 km²，年径流量 765 亿 m³，落差大，水力资源丰富。

（3）怒江。怒江发源于西藏境内的唐古拉山南麓，经西藏、云南流入缅甸入印度洋。怒江在中国境内河长 2 013 km，流域面积 13.78 万 km²，年径流量 700 亿 m³。怒江河道比降大，天然落差 4 848 m，水流湍急，咆哮轰鸣，故称怒江，水力资源丰富。

（4）独龙江。独龙江发源于西藏察隅县境内，在云南贡山和缅甸称伊洛瓦底江。独龙江河长 250 km，流域面积 4 327 km²，年径流量 82 亿 m³。

（5）元江。元江在中国境内河长 680 km，流域面积 7.48 万 km²，年径流量 484 亿 m³。

西南诸河水资源丰富，但全部流出境外。

3.1.11 东北界河水系

（1）黑龙江。黑龙江有南北两源，南源额尔古纳河发源于大兴安岭西坡吉鲁契那山，额尔古纳河河长 1 609 km，流域面积 15.5 万 km²，在中国境内 11.49 万 km²，年径流量 46 亿 m³。北源石勒河，发源于俄罗斯境内，河长 1 590 km，流域面积 20.6 万 km²，年径流量 80.1 亿 m³。南源于洛古林汇合后称黑龙江，黑龙江河长 4 419 km，流域面积 184.4 万 km²，年径流量 3 430 亿 m³。中国境内流域面积 88.7 万 km²，占 48.1%，出境处河长 3 499 km，年径流量 2 709 亿 m³。结雅河口以上为上游段，河长 2 489 km，结雅河口至乌苏里江河口为中游段，河长 960 km，乌苏里江河口以下为下游段，下游段河长 970 km，下游段叫阿穆尔河，在布拉戈维申斯克市入海，布拉戈维申斯克市海拔仅几米。

黑龙江较大的支流有呼玛河、逊河、结雅河、布列亚河、松花江、乌苏里江、阿姆贡河等。

呼玛河在中国境内河长 526 km，流域面积 29 562 km²，年径流量 67.8 亿 m³。

逊河在逊克县境内，河长 279 km，流域面积 15 738 km²，年径流量 111.6 亿 m³。

结雅河发源于俄罗斯境内，河长 1 242 km，流域面积 23.3 万 km²，年径流量 590 亿 m³。

布列亚河发源于俄罗斯，河长 739 km，流域面积 7.07 万 km²，年径流量 296.4 亿 m³。

松花江河长 2 308 km，流域面积 55 718 km²，年径流量 733 亿 m³。

乌苏里江发源于俄罗斯，河长 907 km，流域面积 18.7 万 km²，中国境内 6.5 万 km²，年径流量 623 亿 m³。

阿姆贡河发源于俄罗斯境内，河长 723 km，流域面积 5.6 万 km²，年径流量 157.7 亿 m³。

黑龙江下游段为乌苏里低地和阿穆尔低地，海拔仅 8 m。黑龙江在中国出境处，年径流量为 2 709 亿 m³，扣除松花江水系入黑龙江径流量 1 166 亿 m³，仍有 1 543 亿 m³ 的径流量。

黑龙江入海口处布拉戈维申斯克市为低地平原，经常受洪水威胁，黑龙江在出境前的 1 543 亿 m³ 的水资源，虽然是界河，如果我国大幅增加利用量下游水灾将大量减少。

（2）图们江。图们江发源于长白山脉主峰白头山东麓，河长 525 km，流域面积 33 168 km²，其中中国境内 2.2 万 km²，年径流量 75.2 亿 m³，中朝界河长 498 km，以下为俄罗斯与朝鲜界河，最后注入日本海。

（3）鸭绿江。鸭绿江发源于长白山南麓，在丹东入黄海，河长 800 km，流域面积 6.5 万 km²，中国境内 3.3 万 km²，年径流量 327 亿 m³。

3.2 湖泊

3.2.1 概况

我国湖泊众多，全国共有 2 865 个面积大于 1 km² 的天然湖泊，其中淡水湖 1 594 个，咸水湖 945 个，盐湖 166 个，其他 160 个。湖泊总面积 78 007.1 km²，其中淡水湖面积 35 149.9 km²，咸水湖面积 39 205 km²，盐湖 2 003.7 km²，其他资料不明的 1 648.6 km²。湖泊储水总量 7 510 亿 m³，其中淡水储量 2 150 亿 m³。全国最大的咸水湖是青海湖，湖泊面积 4 200 km²，蓄水量 742 亿 m³，全国最大的淡水湖是鄱阳湖，湖泊面积 3 960 km²，蓄水量 259 亿 m³。西藏纳木错湖蓄水量最大 768 亿 m³，水位最高 4 718 m，面积较大 1 961 km²，新疆吐鲁番盆地最低的艾比湖，水位 −155 m，面积 522 km²，蓄水 9 亿 m³。

3.2.2 湖泊分布

湖泊分布有显著的地理特征，主要集中在青藏高原、蒙新地区、长江下游平原与淮河平原区及东北地区。

3.2.2.1 青藏高原地区

本区面积大于 1 km² 以上的湖泊总面积 45 053 km²，占全国面积的 52.4%，其中西藏 30 352 km²，青海 14 701 km²。

3.2.2.2 蒙新地

内蒙古与新疆湖泊总面积 13 407 km²，占全国的 15.6%，新疆湖泊面积 7 995 km²，内蒙古湖泊面积 5 662 km²。

3.2.2.3 长江下游及淮河平原区

本区域受长江及淮河水系作用的影响，湖泊面积也较大，湖泊总面积 19 404 km²，占全国的 22.6%，其中江苏 5 367 km²、安徽 3 611 km²、上海 58 km²、江西 3 741 km²、湖北 2 769 km²、湖南 3 856 km²。

3.2.2.4 东北地区

东北地区湖泊总面积 4 709 km²，占全国的 5.5%。其中黑龙江 3 560 km²，吉林 1 120 km²。

3.2.3 湖泊资源

3.2.3.1 淡水资源

我国淡水湖泊蓄水量约 2 150 亿 m³，蓄水总量很大，有一定的灌溉和供水效益。

因多数湖泊入湖，出湖数较小，换水时间长，灌溉和供水开发利用量有一定的限量。

防洪效益显著，鄱阳湖、洞庭湖、太湖、洪泽湖、巢湖五大淡水湖与长江和淮河水系相通，每年进出湖泊的水量都在 4 500 亿~5 000 亿 m³，是天然的调节水库，对长江、淮河防洪有很大的作用。

3.2.3.2 生物资源

（1）浮游生物。湖泊内有大量的浮游绿藻、硅藻等藻类植物和其他水生植物，这些水生植物是浮游动物的饵料，又是工业原料。湖泊中有长肢秀蚤、脆弱象鼻、桡足类剑蚤、猛蚤等 1 000 多种浮游动物。浮游动物是更高一级水生动物的食物，如鲚鱼、银鱼、马口鱼等一些经济鱼类都是以浮游动物为食的。

（2）底栖动物。大部分时间栖息于水底的水生动物，这个种群包括蚌、螺、蛭、虾、寡毛类水丝蚓、尾鳃蚓等，底栖动物大多是可食用的水产品。2017 年我国湖泊虾蟹、贝类产量已达 367.5 万 t。

（3）水生植物。我国湖泊中的水生植物比较丰富，有伞形科、里三棱科、眼子、水鳖科、禾本科、莎草科、浮萍科、雨久花科、苋科等几十科，中华水芹、里三棱、小车前、稗子、苔草、同眼莲等 100 余种。许多水生植物如莲藕、艾白、海菜花等都是众人所喜欢的，水生植物如建心、蒲荑、芦根、泽泻，藕的根、茎、叶、籽等都是常用中药，芦苇等又是造纸原料。

（4）鱼类。鱼类是湖泊中的生物资源，特别是东部平原地区的湖泊，由于水温高，水中浮游生物多，鱼类资源十分丰富，各种鱼类有 23 科 150 余种，有鲤、青、草、鲍、鳙、鳊、鲌等。北方地区、西北高原地区湖泊由于水温低，水中浮游生物少，鱼类品种、数量相对要少一些，湖泊中的鱼类产品已成为我国重要渔业经济，2017 年我国淡水鱼产量 2 702.6 万 t。

（5）旅游资源。星罗棋布的湖泊是祖国大好河山的明珠，早已成为旅游胜地。碧波浩瀚、景色壮美秀丽，令人心旷神怡。名城与湖泊的自然风兴交融为一体，交相辉映，是富裕起来的国人休闲观赏之地，旅游资源经济已超越鱼类收入。

3.3 湿地资源

3.3.1 湿地资源数量

本书提出的湿地包括天然沼泽和人工湿地，人工湿地不包括水田。根据全国第二次湿地资源调查结果，我国共有湿地 284 788 km²，其中沼泽地 217 329 km²，人工湿地 67 459 km²。湿地不仅是水资源，而且是生物资源、泥炭资源等。

3.3.1.1 水资源

湿地质地疏松多孔，湿地有大量的水生植物，因而持水能力强，湿地涵蓄大量的水资源，增加可利用水资源数量。

湿地有涵蓄水源的功能，在河流水系中起着径流调节作用，在汛期迟滞或拦蓄一部分洪水，起到消减洪峰作用，有助于防洪减灾。

湿地植物生长消耗大量氮、磷等营养物质，有利于营养平衡，防止水体富营养化，湿地植物吸附大量重金属等有害物质，起到对水体的净化作用。

3.3.1.2 生物资源

（1）植物资源。湿地植物资源丰富，有大量纤维植物，如芦苇、大叶草等，芦苇是造纸工业原料。

①药用植物。湿地有香蒲、泽泻、金莲花、千屈菜、芦根、荷叶等100多种，其根、茎、叶是中医的良好药材。

②食用植物。一些湿地植物的根、茎、叶、果实是优良蔬菜或滋补食品，如莲藕、莲籽、菱白、芋头、黄花菜、菱等。

③观赏植物。湿地植物中有漂浮植物、浮叶植物、挺水植物，茎叶形状千姿百态，鲜花争奇斗艳，五彩缤纷，如浮萍、荷花、浮叶，黄色的金莲花、蓝色的龙胆、紫色的紫鸢尾，号称江海洋的红色莲子等，有很高的观赏价值。

（2）动物资源。

①水禽。我国水禽种类有250多种，主要包括鹤类、雁鸭类、鹭类、鸥类、鹳类、鸣禽，其中属于国家一、二级保护的鸟类有57种，如丹顶鹤等。

②珍稀物种。如黑颈鹤、丹顶鹤、白鹳、白头鹤、中华沙秋鸭、大鸨等，其中黑颈鹤是我国特有的水禽。

③鱼类，湿地鱼类有200多种，如鲤鱼、鲢鱼、青鱼、草鱼、鲫鱼、鳊鱼、鲶鱼、银鱼等。

④两栖动物，有两栖动物11科250余种，如大鲵、蛙、北鲵、蝾螈等。

⑤爬行类动物，有320多种，如龟鳖、鳄、鳄蜥等。

⑥兽类。水獭、水貂、獾、狼、狍等。

3.3.1.3 泥炭资源

湿地中的泥炭含有丰富的有机质，腐殖酸的含量也很高，用它可以制作腐殖酸复合肥，也可以用来改良土壤。泥炭富含有纤维，加工后，可制成纤维板、隔音板、保温材料、耐火材料等。泥炭结构疏松、孔隙多，可作放射性及有毒物质的吸附剂等，经加工可做除臭剂、吸附 SO_2、NO_x 等。

3.3.2 湿地功能

3.3.2.1 调蓄江河径流，调节气候

湿地能滞蓄水量，雨季涵蓄水量，削减洪峰，旱季排泄水量。俗话讲，"雨多它能吞，雨少它能吐"，湿地调蓄水量作用十分明显，湿地能提高抗旱能力，减少洪涝，调节气候作用显著。

3.3.2.2 固碳释氧

沼泽地植物茂盛，植物通过光合作用释放 O_2，吸收 CO_2，植物还能吸收粉尘及菌类，起到净化空气作用。

3.3.2.3 净化水质

湿地植物有吸收降解有毒有害物质的作用，滞留沉积物，净化水质作用，被称为地球之肾。世界很多国家利用湿地处理污水，起到过滤作用。

3.3.2.4 水禽栖息地

湿地是水禽生存的栖息地、繁育地、越冬地、候鸟迁徙途中的休歇地方，是水禽保护、繁养基地。

3.3.3 湿地分布

我国沼泽地 21.73 万 km^2，占世界沼泽地 350 万 km^2 的 6.3%。我国沼泽地主要分布在西北、青藏高原、内蒙古和东北，其他地区相对少一些。根据第二次全国湿地调查数据，青海省沼泽地面积为 56 454 km^2，占全国面积的 26%；依次为内蒙古 48 469 km^2，占 22.3%；黑龙江 38 643 km^2，占 17.8%；西藏 20 543 km^2，占 9.5%；新疆 16 874 km^2，占 7.8%；甘肃 12 448 km^2，占 5.7%；四川 11 759 km^2，占 5.4%；吉林 5 274 km^2，占 2.4%，8 省区占全国面积的 96.9%。

人工湿地主要分布东部地区，江苏 8 740 km^2，占全国的 13%；湖北 6 808 km^2，占 10.1%；山东 6 348 km^2，占 9.4%；广东 5 943 km^2，占 8.8%；安徽 3 282 km^2，占 4.7%；辽宁 3 171 km^2，占 4.7%；新疆 2 699 km^2，占 4%；浙江 2 608 km^2，占 4%；河北 2 473 km^2，占 3.7%。9 省区人工湿地总面积为 42 132 km^2，占全国比重的 62.5%。

4 我国水资源开发利用现状

4.1 水利建设设施情况

水利作为农业的命脉和国民经济的基础，近 70 年不断加大投入力度，使水利基础设施建设有了跨越式的发展，取得了举世瞩目的巨大成就。

4.1.1 水库建设

1949 年，全国只有 6 座大型水库、17 座中型水库和一批小型水库，总库容 300 亿 m^3。截至 2018 年年底，全国已有大中小型水库 98 822 座，总库容 8 953 亿 m^3，为 1949 年的 30 多倍。其中大型水库 736 座，总库容 7 117 亿 m^3，占全国总库容的 79.5%，中型水库 3 954 座，总库容 1 126 亿 m^3，占全国总库容的 12.6%；小型水库 94 132 座，总库容 710 亿 m^3，占全国总库容的 7.9%。1949 年以前，海河、黄河、淮河、长江、钱塘江、闽江、珠江、辽河、澜沧江、塔里木河等主要河流上都没有任何控制性工程，目前这些河流上都有多座控制性水利枢纽，兴利除害能力大幅度提高。

4.1.2 江河堤防

1949 年，全国只有各级堤防 4.2 万 km，且年久失修、千疮百孔。到 2018 年年底，全国已有各级堤防 311 932 km，共保护耕地 41 409 万亩，保护人口 62 837 万人。国家对长江、黄河、淮河、珠江、松花江、辽河、海河等主要江河的堤防进行加高加固，防洪标准进一步提高。

4.1.3 水闸

截至 2018 年年底，我国累计建成各类水闸 104 403 座，其中大型水闸 897 座、中型 6 534 座、小型 9 697 座。在各水资源一级区分布上，长江区最多，为 41 636 座（大型 268 座）；珠江区次之，为 1 079 座（大型 203 座）；东南诸河区 7 436 座（大型 203 座）；淮河区 2 395 座（大型 182 座）；海河区 7 297 座（大型 60 座）；辽河区

2 071 座（大型 42 座）；西北诸河区 6 128 座（大型 29 座）；松花江区为 1 881 座（大型 24 座）；黄河区 2 846 座（大型 23 座）；西南诸河区为 301 座（大型 1 座）。

4.1.4 机电井

机电井是开发利用地下水的主要工程设施。截至 2018 年年底，我国共有机电井 510.09 万眼。

4.1.5 灌区建设

1949 年，全国总灌溉面积为 2.4 亿亩，2018 年年底已扩大到 11.18 亿亩，增加了近 3.6 倍。全国共有万亩以上的灌区 7 881 处，灌溉面积约 49 986 万亩。其中 30 万亩以上的大型灌区 286 处，有效灌溉面积约 5 400 万亩。50 万亩以上的大型灌区 175 处，灌溉面积 12 399 万亩，其中四川都江堰灌区 1 086 万亩，安徽淠史杭灌区 1 000 万亩，内蒙古河套灌区 860 万亩，是全国最大的 3 个特大型灌区。

近 30 年来，全国各地大力发展节水灌溉，已建成各类工程节水灌溉面积 54 202 万亩，其中低压管道灌溉面积 15 848.7 万亩，喷灌面积 6 615.8 万亩，微灌面积 10 390.5 万亩，其他工程节水灌溉面积约 21 347.1 万亩。

4.1.6 跨流域调水工程

2018 年，水资源一级区之间跨流域调水量为 376.1 亿 m³。主要调水工程有南水北调、引滦入津、引黄济青、引碧入连、引大入秦、西安黑河引水等。

4.2 水资源开发利用现状

4.2.1 利用水量与用水结构

2018 年，全国用水量已达到 6 015.5 亿 m³，其中地表用水量 4 952.7 亿 m³，地下水用量 976.4 亿 m³，其他 86.4 亿 m³。

全国总用水量 6 015.5 亿 m³ 中，其中农业用水 3 693.1 亿 m³，占总用水量的 62.3%；生活用水 859.9 亿 m³，占总用水量的 14.3%；工业用水 1 261.6 亿 m³，占总用水量的 21%；生态用水 200.9 亿 m³，占总用水量的 2.7%；全国人均用水量 432 m³。

4.2.2 水资源利用程度

我国多年平均水资源总量为 27 460.3 亿 m³，2018 年总用水量为 6 015.5 亿 m³，开发利用程度已达到 21.9%，地表水开发利用程度已达到 18.6%。在全国水资源一级区中，海河水资源开发利用程度已达到 135.9%，其次为辽河、淮河、黄河、西北诸河，分别为 64.8%、64.3%、60% 和 41.4%。开发利用程度最低的是西南诸河，仅 1.7%。

辽河、海河、淮河、西北诸河和黄河水资源开发利用程度远超过国际上多数国家采用的开发利用程度 40% 的数值，这 5 个水系区域早已挤占生态用水，对生态环境造成很大的影响，尤其是西北诸河水系。

在各省级行政区中，开发利用程度最高的是宁夏 667.7%；其次是上海 389.6%，江苏 181.9%，天津 194.5%，北京 96.3%；开发利用程度最低的是西藏、青海，仅 0.7%、4.2%。

4.2.3　现状用水指标

用水指标反映出用水效率，各地区用水指标与自然条件和经济社会发展水平有密切关系。

2000 年全国人均综合用水量为 435.4 m^3，2010 年为 450.2 m^3，2018 年为 432 m^3，处于相对稳定状态。万元 GDP 用水由 2000 年的 561.4 m^3 下降到 2018 年的 66.8 m^3。万元工业产值用水由 2000 年的 282.9 m^3 下降到 2018 年的 41.3 m^3。农业灌溉用水由 2000 年的 468.7 m^3/亩下降到 2018 年的 330.3 m^3/亩。居民生活用水由 2000 年的 53.5 m^3/a 上升到 2018 年的 61.6 m^3/a。

有关数据显示，因欧洲是世界发达国家，很多产品是高科技产品，价格高，所以 GDP 和工业增加值高，而我国科技水平正处于提高阶段，工业产品附加值低。我国大部分产品产量居世界第一位，远超过美国，但工业增加值却远低于美国。我国万元 GDP 用水量低于世界平均值 19.6%，万元工业增加值用水量低于世界平均值 24.8%，与日本、德国、韩国等工业发达国家仍有一定差距，有一定的节水空间。我国农业单位灌溉用水量低于世界平均值 51.6%，但高于法国、以色列。我国农业灌溉亩均用水量难于大幅下降，今后灌溉面积的增加重点在北方，北方降雨量小，灌溉用水量偏多。

我国人均生活用水量低于世界均值 5.2%，与发达国家相比，低很多，随着经济的发展，居民生活水平的提高，人均生活用水会大幅提高。

5 我国水资源供应形势

5.1 水资源数量

5.1.1 资源性缺水

资源性缺水是一个地区人均水资源量低于衡量标准，不能满足生活、生产、生态用水。按国际社会的通行水资源衡量标准，当人均水资源超过 3 000 m³ 时，属于丰水，3 000~2 000 m³ 属于轻度缺水，2 000~1 000 m³ 属于中度缺水，1 000~500 m³ 属于重度缺水，低于 500 m³ 属于极度缺水。

我国水资源禀赋条件差，人均、亩均水资源低于世界均值。我国多年平均水资源量为 27 460.3 亿 m³，2018 年全国人均水资源量为 1 968 m³，亩均水资源为 1 357 m³。2014 年世界人均水资源量为 5 938 m³，亩均水资源为 2 013 m³，我国属于中度缺水。新疆虽然人均水资源量超过 3 000 m³，内蒙古人均水资源量超过 2 000 m³，甘肃人均水资源量超过 1 000 m³，但这三省区地广人稀，雨水较少，生态环境脆弱，荒漠化面积大，是极度缺水区。全国 31 个省市区，有 24 个缺水，北方省份全部缺水（表 5-1）。严重缺水和极度缺水的省区有 13 个，其人口占全国的 42.4%，国土面积占 45%，耕地占 42%，水资源占 11.4%。这是我国资源性缺水的基本国情，而且资源性缺水越来越严重，到 21 世纪中叶，我国人口将达到 16 亿，人均水资源将下降

表 5-1 部分省区水资源短缺状况　　　　　　　　　　　　　　m³

省份	人均水资源	亩均水资源	省份	人均水资源	亩均水资源	省份	人均水资源	亩均水资源
北京	190	1 240	辽宁	827	486	甘肃	1 058	340
天津	96	222	上海	111	940	宁夏	150	51
河北	321	242	江苏	409	474	陕西	1170	737
山西	393	235	山东	342	293			
内蒙古	2 022	365	河南	432	355			

到 1 716 m³。随着全球温室气体的上升，气候将发生变化，水利部水利水电规划设计总院与南京水利科学研究院共同开展了气候变化对中国水资源影响的对策研究，李原园、文康等编著了《气候变化对中国水资源影响及应对策略研究》一文。文章提出，经气候模式预测趋势综合分析，得知未来（2011—2050 年）径流减少的地区主要是辽河、海河、淮河与黄河等北方地区。根据多数模式预测，黄河、淮河、海河 3 个分区在 2011—2030 年，径流减少分别为黄河（-4.6%）、淮河（-15%）、海河（-10.6%），在 2031—2050 年，径流减少分别为黄河（-4.3%）、淮河（-21.5%）、海河（-13.2%）。在 2011—2030 年，减少的水量分别为黄河（65.7 亿 m³）、淮河（109.6 亿 m³）、海河（47.5 亿 m³），在 2031—2050 年，减少的水量分别为黄河（61.4 亿 m³）、淮河（156.3 亿 m³）、海河（59.1 亿 m³）。

按上述预测分析，华北地区到 2030 年每年减少地表水资源 222.2 亿 m³，到 2050 年，减少量增加到 276.8 亿 m³，基本接近于南水北调中线和东线的调水量。华北水资源属于极度缺水区，未来几十年受气候影响，水资源逐年减少，对华北地区可持续发展将造成严重影响。

5.1.2　工程性缺水

工程性缺水是指水资源总量相对丰富，由于供水工程及配套设施建设滞后，造成供水能力不足，生活、生产、生态用水不能满足需要。

我国几十年来修建了大批的蓄水、引水、提水、调水工程和地下水开发工程，到 2018 年供水能力已达到 6 015.5 亿 m³，灌溉面积已达到 11.18 亿亩，人均供水量已达到 432 m³。但我国水利工程建设不平衡，在西南地区各省的大山区，自然条件差、地形复杂、高山深谷，人口、耕地分布分散，水利工程单位比投资高，供水工程供应能力低，有水用不上。在云南、四川等省非常明显，2018 年云南供水 155.7 亿 m³，四川 259.1 亿 m³，四川水资源总量 3 133.8 亿 m³。2014 年四川旱灾面积达865.2 万亩，云南水资源 2 221 亿 m³。2012 年，云南持续干旱，造成云南 15 个州 2 720 多万人受灾，319 万人、158 万头大牲畜存在饮水困难，农作物受旱面积 822 万亩，林地受灾 200 多万亩，273 条中小河流断流，部分城镇供水紧张，部分企业厂矿处于停产半停工或半停产状态。2014 年云南省旱灾面积 498 万亩，云南的教训是水利工程少，如果云南有大量水库蓄水，大批的水利配套设施，干旱对生产不会有多大影响。工程性缺水是我国一些边远地区、山区比较普遍性的问题，工程性缺水改变的途径就是通过工程措施，将分布不均的降雨径流转变为可持续利用的水资源。

5.1.3　水质性缺水

水质性缺水是指地表水和地下水水体受到污染，水质不符合供水标准，水资源不能利用所引起的水资源短缺。水污染主要是人的因素造成。工业污水、生活污水未经处理自行排放，造成化学需氯量、氮、磷超标，有的重金属铅、汞、铬、砷等物质超标。

主要发生在经济发达地区的城市周边的河流及地下水等。根据 2018 年中国生态环境状况公报，31 个省份、223 个地市级行政区 10 168 个监测点，地下水 I 类水质占 1.9%，II 类水质占 9.0%，III 类水质占 2.9%，IV 类占 70.7%，V 类占 15.5%，V 类 15.5% 是不能用于工业、农业、灌溉，更不能用于生活。地下水质受化肥大量施用、畜禽养殖大量污水排放的影响，处于富营养状态的湖泊（水库）劣 V 类水质占 8.1%，劣 V 类水质是不能利用的水资源。

5.1.4　水资源可利用量不足

我国虽然水资源总量 27 460.3 亿 m³，但大部分不能利用。大部分地区天然水资源量中可供经济社会利用的水资源利用量有限，理论可利用量仅占水资源总量的 40%，经济可利用量仅占水资源总量的 24.8%，其余的水不能利用而流入大海。中国科学院院士王浩在《中国水资源问题可持续发展战略研究》一书中提出，中国水资源理论可利用总量为 11 170 亿 m³，经济可利用总量 8 500 亿 m³（表 5-2）。提出我国近期水资源经济可利用总量约为 6 800 亿 m³。南水北调工程全部建成通水以后，黄淮海地区地下水超采量将显著减少，按照地下水资源保护的总体目标，要求在 20 年

表 5-2　我国近期水资源可利用量估算　　　　　　　　　　　　　　　　　　亿 m³

水资源一级区	1956—2000 年多年平均水资源总量	水资源理论可利用量			水资源经济可利用量		
		总量	地表水	地下水	总量	地表水	地下水
松花江	1 500	890	650	240	570	480	120
辽河	500	370	250	120	240	150	90
海河	370	290	130	160	280	130	150
黄河	710	510	350	160	450	350	100
淮河	920	690	410	280	550	410	140
长江	9 960	3 210	2 960	250	2 430	2 360	70
东南诸河	2 680	860	800	60	410	400	10
珠江	4 730	1 500	1 420	80	960	920	40
西南诸河	5 770	1 730	1 730	—	230	230	—
西北诸河	1 270	1 120	700	420	680	600	80
合计	28 410	11 170	9 400	1 770	6 800	6 000	800

注：数字引自王浩主编的《中国水资源问题与可持续发展战略研究》

左右的时间内，使平原地下水基本实现采补平衡，地下水水质基本达标。地下水经济可利用量有望在 2030 年前后达到 1 000 亿 m³，届时地表水经济可利用量预计可增加到 6 500 亿 m³ 左右，全国水资源经济可利用总量将达到 7 500 亿 m³ 左右。对于水资源可利用总量有几种不同的论断，水利水电规划设计总院与长江水利委员会编著的《中国水资源及其开发利用调查评价》文献中提出，在全国水资源总量中，水资源可利用总量约为 8 140 亿 m³，水资源可利用率为 29%，在全国水资源总量中，剩余的 71% 为河道和地下水生态环境系统的总用水量。在全国水资源可利用总量中，地表水资源可利用量约为 7 524 亿 m³，占可利用总量的 92%，不重复的地下水量约占 8%。

2007 年，中国科学院组织编著的《中国水资源与可持续发展》一书中提出，据初步估算，全国水资源可利用量约为 8 500 亿 m³，占水资源总量的 30%。在水资源可利用总量中，地表水资源可利用量约为 7 900 亿 m³，占可利用总量的 92%，地下水可利用量占 8% 左右。

5.1.5 水资源短缺的经济损失

5.1.5.1 缺水对农业的损失很大

农业是用水第一大户，缺水对农业产业影响最大。我国每年因干旱缺水对农业产量造成严重的影响。2014 年全国旱灾面积 1.84 亿亩，绝收面积 0.223 亿亩，因旱灾直接经济损失约 1 450 亿元。2018 年旱灾面积 1.11 亿亩，成灾面积 0.55 亿亩。制约农业生产的主要因素是水，全国旱作耕地面积占耕地面积的 49.4%，农业产量仅占 25%，单产仅是水浇地的 1/3。因缺水，全国耕地 49.4% 的旱作耕地产量低而不稳。

5.1.5.2 缺水影响工业的发展

因缺水使一些工业项目不能发展，因缺水造成工业直接经济损失每年在 2 000 亿元左右。

5.1.5.3 城市缺水

全国 660 个城市中有 420 个城市缺水，其中有 110 个城市严重缺水，缺水使我国城市化进程放慢，缺水城市不得不远距离跨流域调水；远距离调水大幅度提高了用水成本。

5.1.5.4 缺水的生态危害

我国有 39% 的区域为干旱、半湿润地区，水资源是维系生态系统的基本因素，由于缺水使生态环境恶化，全国荒漠化面积已达到 261.2 万 km²。全国 58.4 亿亩天然草场，有 2/3 的草场因干旱处于沙化、半沙化状态，草场产草量低，严重影响畜牧业发展。由于缺水导致河流断流，湖泊湿地萎缩，甚至一部分湖泊已干涸，地下水位下降，天然植被衰退，土地沙化加剧，沙暴危害加剧。生态环境问题已制约中国经济可持续发展，已成为中国最大的社会问题。

5.2 生活用水

生活用水量有两个基本因素，一是人口数量，人口数量越多，用水量越大；二是人均用水标准，人均用水标准是随着生活水平的提高而增长。

5.2.1 人口数量发展预测

我国人口数量一直在增长，实行严格的计划生育政策 30 多年来人口总量虽然一直上升，但是人口自然增长率逐年下降。1990 年人口自然增长率为 14.39‰，2010 年、2011 年连续 2 年自然增长率为 4.79‰，2012 年、2013 年又上升到 4.92‰。2014 年放开单独二孩政策，2016 年又放开二孩政策，人口自然增长率逐年上升，2017 年人口自然增长率上升到 5.32‰。

对于未来我国人口数量专家的意见不一致。一部分专家认为，放开二孩政策后，人口会一直增长，到 2035 年后，增长放慢，到 2050 年全国人口数量在 15.5 亿~16 亿；一部分专家认为，随着经济的增长，居民生活水平的提高，人的生育观念改变，2035 年为中国人口高峰年，人口为 14.5 亿人，以后逐年下降，到 2050 年全国人口下降到 14 亿左右。

随着经济发展，人民生活水平提高，确实不存在"养儿防老"问题，但中国人口还是长期增长，"传宗接代""多子多福"观念在很多中国人心中还是根深蒂固的。经济水平很高时并不是居民就不想生育了，仅是增长率低一些。世界上高收入的多数国家人口自然增长率高于我国现状，仅日本一个国家，在 2010 年后，全国的人口呈负增长。

我国 2018 年人口已达到 13.953 8 亿人。我国经济 2018—2035 年仍处于中、高速增长阶段，居民生活水平处于同一增长速度。2018—2035 年人口自然增长率按一孩政策最后一年的 2013 年的 4.92‰增长率计算，2035 年全国人口将达到 15.68 亿人。2035—2050 年经济处于中、低速增长阶段，完成城市化进程，经济达到发达国家水平，2035 年后人口自然增长率随着收入的增长将缓慢下降，到 2050 年前按 3.6‰计算，2050 年全国人口预测将达到 16.008 亿人。2050—2075 年经济缓慢增长，长期处于高经济水平社会，人口自然增长非常缓慢。2050—2075 年年均增加长率按 1‰计算，2075 年增长率为 0，2075 年人口将达到 16.4 亿人，为高峰年。从民意测验上显示，我国现状多数家庭选择两个孩的家庭人口结构，在中长期内我国人口将保持增长趋势，21 世纪中叶前，人口不会下降。

5.2.2 人均生活用水标准预测

随着经济的发展，居民生活水平的提高，人均生活用水也将随着增加。一些高收入国家人均生活用水普遍高于我国，多数国家人均生活用水在 100 m³ 以上。表 5-3 是世界部分高收入国家生活用水标准。

表 5-3 世界部分高收入国家生活用水标准   m³/a

国家	日本	美国	法国	意大利	英国	以色列	韩国
用水	120.8	205.8	83.3	148.3	98.6	86.4	137.2

注：数字来源《国际统计年鉴》2014 年数字

表 5-3 显示，水资源最匮乏的以色列人均年生活用水也达到 86.4 m³，比我国高出 40.3%，美国是我国的 3.34 倍，说明我国有很大的增长空间。

我国居民的生活用水随着生活水平的提高呈上升趋势。2000—2018 年人均用水年均增长率为 1%，见表 5-4。

表 5-4 2000—2018 年全国生活用水情况

年份（年）	2000	2005	2010	2015	2016	2017	2018
全国用水量/亿 m³	574.9	675.1	765.8	794.2	821.6	844.6	859.9
人均用水量/m³	45.4	51.6	57.1	57.8	59.4	60.8	61.6
人均用水增长率/（%）	—	2.60	5.00	0.45	2.80	2.40	1.32
2000—2018 年人均用水增长率/（%）	—	—	—	—	—	—	1.70

根据十九大报告精神，我国将在 2050 年达到世界发达国家水平，届时我国人均收入水平将同日本、韩国水平基本相同。中、日、韩同为东亚国家，同为邻国，几千年来，民族间频繁交流，互相影响，生活习惯有很多相似之处，未来人均日常生活用水相差较小。按我国 2000—2018 年人均生活用水增长率 1.7% 计算，到 2035 年我国人均生活用水将达到 82.9 m³，到 2050 年将达到 107.4 m³，低于韩国现状，同日本接近。2050—2075 年人均生活用水标准增长率较 2035—2050 年水平降低 70%，为 0.52%，2075 年人均生活用水标准为 122.3 m³，微超日本 2014 年 120.8 m³ 的标准，仍低于美国 205.8 m³ 的 40.6%，2075 年标准为高峰年（表 5-5）。

表 5-5 中显示，到 2035 年全国生活用水总量达到 1 258.8 亿 m³，到 2050 年达到 1 718.6 亿 m³，到 2075 年达到 2 004.1 亿 m³。2075 年为人口高峰年、人均年生活用水量高峰年，也是全国生活用水总量高峰年。2075 年后一段时间为生活用水短期平衡年，以后生活用水随人口总量缓慢下降而开始缓慢下降。

表 5-5　全国生活用水中长期发展预测

年份（年）	2018	2035	2050	2075
全国人口数/亿人	13.954	15.168	16.002	16.40
人均年用水/m³	61.6	82.9	107.4	122.2
人均年用水增长率/(%)	1.32	1.76	1.74	0.52
全国生活用水总量/亿 m³	859.9	1 258.8	1 718.6	2 004.1

5.3　工业用水

5.3.1　工业增加值预测

我国工业改革开放以来一直呈快速发展之势，工业增加值增长速度同国内经济增加值增长速度按一定比例同步增长。1995—2000 年国内 GDP 年均增长率为 10.3%，2000—2005 年为 13.3%，2005—2010 年为 17.1%，2010—2018 年为 10.26%。同时工业增加值年均增长率分别为 9.9%、14.1%、16.2%、7.9%。根据十九大工作报告，到 2035 年实现现代化，到 2050 年达到社会主义现代化强国，我国经济在 2035 年前还会保持中高速增长，同比工业增加值也会保持中高速增长，2035 年以后经济增长率有所降低，仍会保持中速增长。工业增加值也会保持中速增长，预测到 2035 年前国内 GDP 年均增长率为 4.8%，工业增加值年均增长率 3.52%。到 2030 年中国 GDP 将超过美国成为世界第一大经济体，到 2035 年中国基本实现现代化，经济增长率将放慢。2035—2050 年国家经济将保持中低速增长，GDP 年均增长率 3%，工业增加值年均增长率约 2.8%，到 2050 年中国成为现代化强国，走到世界发达国家行列。2050—2075 年经济处于低速增长期，预测将保持同世界发达国家现状水平，年均增长率约 1.5%，工业增加值同样保持 1.2% 的年均增长率。

我国到 2035 年人均 GDP 将达到 1.9 万美元，同韩国现状相同，仍远低于西方国家。工业增加值占 GDP 的 27.8%，明显下降，接近世界发达国家比例水平。到 2050 年我国人均 GDP 达到 2.81 万美元，步入发达国家行列，工业增加值占 GDP 的 26.8%。这一结构同发达国家处于同一比例水平，到 2075 年人均 GDP 达到 3.69 万美元，同现在欧洲大多数发达国家人均水平。

5.3.2　工业用水标准

工业用水指标采用万元增加值用水定额，以此来衡量用水效率。我国工业用水效率长期以来总体偏高。近年来，我国经济向高质量发展，工业企业正向高端迈进，虽然工业增加值以中高速度增长，但由于节水效果显著，万元工业增加值用水标准下降速度较快，下降速度高于工业增加值增长率，全国工业用水总量却逐年减少（表5-6）。

表5-6 工业现状用水情况

年份 （年）	全国用水量/亿 m³	年均增长率/（%）	工业增加值水 用量/（m³/万元）	年均增长率/（%）
2000	1 139.1	—	283.3	2.0
2005	1 285.2	2.4	165.2	−7.2
2010	1 447.3	2.4	87.6	−8.0
2015	1 334.8	−1.5	56.5	−6.3
2018	1 261.6	−1.8	41.3	−8.2

目前，世界各国都很注意工业节水，发展中国家工业用水定额偏高，经济发达国家工业用水定额较低。2014 年全世界平均万元工业增加值用水 50.3 m³，美国为 14.9 m³、日本为 13.9 m³、韩国为 11.8 m³、德国为 34 m³、英国为 8.9 m³。我国工业用水定额与世界一些发达国家相比显然仍偏高，工业节水潜力很大。我国在 2000 年以前工业用水定额非常高，2000 年以后大力开展工业节水，工业用水定额快速下降，2018 年较 2000 年已下降 85.4%，高耗水、高定额下降到一定程度后，节水潜力变小，下降速度不会太快，将相对缓慢。

2018—2035 年年均增长率按−2.2%计算，万元工业增加值用水定额为 22.8 m³，2035—2050 年年均增长率按−1.9%计算，2050 年万元增加值用水定额为 15.2 m³，2050—2075 年万元工业增加值用水定额年均增长率按 0.7%计算，2075 年万元工业增加值定额为 12.3 m³。

5.3.3　工业用水预测

根据中央经济发展方针，国民经济向高质量发展，依靠科技进步，构建资源节约型社会，节水已形成全民共识，今后一段很长时期工业增加值不断增加，但工业万元增加值用水定额不断在下降。到 2035 年，工业万元增加值用水定额将达到中等发达国家水平，到 21 世纪中叶达到世界高水平，同美国、日本、韩国、英国等工业节水比较好的国家处于同一水平。工业万元增加值用水处于稳定状况，工业用水总量基本保持现状水平，年际之间有波动，但幅度很小。

到 2050 年，工业增加值增长 1.95 倍，但用水总量并没有增加。到 2075 年后，工业用水定额处于稳定状况，工业用水总量随工业增加值增加而增长。到 2075 年工业增加值增长 2.89 倍，但工业用水总量仅增加 5%，工业节水靠科技进步。

今后工业用水将低于生态用水、农业用水、生活用水，退居第四位。

5.4　农业用水

5.4.1　我国长期的粮食安全形势

我国人均耕地仅是世界人均值的 40%，而且受水资源短缺、土壤有机质低下等多种因素制约。粮食供应安全是中国社会的长期战略。

我国耕地资源是 20.232 亿亩。2017 年粮食总产量 66 160.7 万 t。2018 年净进口谷物 1 798 万 t，净进口大豆 8 791 万 t。粮食消费总量 76 749.7 万 t，人均 551 kg，人均肉类消费为 61.8 kg，奶类消费为 22 kg，奶类消费远低于世界平均 109 kg 的水平，肉类远低于工业化国家。世界发达国家肉奶类消费较高。2014 年，美国、德国、加拿大、法国、阿根廷人均年消费奶、肉分别为 293.1 kg、133.5 kg、395.8 kg、103.3 kg、236.4 kg、323.0 kg、395.8 kg、83.0 kg、263.4 kg、124.2 kg。到 21 世纪 50 年代，人均国内生产总值将达到西方工业化国家的水平，人民生活水平将处于世界上等水平，接近发达国家水平，肉类、奶类消费将大幅增长。人均肉类消费按低于美国 20% 的水平，奶类消费按美国 2016 年的 45% 的水平计算，人均肉类消费将达到 110.4 kg，增加 48.6 kg；奶类消费将达到 145 kg，增加 123 kg。肉料比按 1∶3∶5 计算，肉类消费增加粮食消费170.1 kg，奶料比按 2∶1 计算，奶类消费增加粮食消费 61.5 kg，两项增加231.6 kg粮食（饲料粮）消费。人均增加粮食消费 231.6 kg，由 2018 年的 551 kg 上升到 782.6 kg。2050 年全国人口将达到 16 亿，粮食消费将达到 12.52 亿 t。

到 2075 年，中国将成为一个高收入国家或接近于高收入国家水平，居民的消费水平将有很大的提高。在食品方面，人均肉类消费保持 2050 年的水平即 110.4 kg，比美国 2016 年低 20%。奶类消费提高到美国 2016 年 50% 的水平，较 2016 年世界平均消费奶类 107.3 kg 水平高 50%，人均奶类消费将达到 161.5 kg，较 2050 年 145 kg 提高 16.5 kg。增加饲料粮消费 8.3 kg，人均粮食消费 790.9 kg，全国粮食消费将达 12.97 亿 t，粮食缺口 4.81 亿 t。届时人均耕地将下降到 1.26 亩，全国满足农产品需求、粮食安全需求，需增加 10.35 亿亩播种面积，18.42 亿亩耕地的农产品，全国需 32 亿亩耕地，人均 1.75 亩。到 2075 年世界人均耕地已下降到 1.7 亩，全世界进入农产品、粮食供应安全危机时期。世界没有能力供应中国这么大量的农产品，如果没有有效的应对战略，中国同世界一样将进入粮食供应危机时代。如果国家经济发展速度慢一些，上述形势出现也要慢一些年；如果国家经济发展速度比预测要快一些，则上述形势出现要早一些年。

我国每年进口粮食量已高达 1 亿 t 以上。2018 年净进口谷物 1 798 万 t，净进口大豆 8 791 万 t，净进口棉花 152.3 万 t，净进口食糖 260.4 万 t，净进口食用油 599.5 万 t。这几项合计为 8.121 9 亿亩的播种面积的产量，按当年复种指数 1.23 计算，折合为 6.603 2 亿亩耕地。

2018 年净出口牛肉 0.04 万 t，猪肉及罐头 9.17 万 t，冻鸡 10.9 万 t，家禽 240 万只，禽蛋 11.7 亿枚，花生 20 万 t，蔬菜 948 万 t，干辣椒 7.72 万 t，中药及药材 12.8 万 t，烤烟 12.7 万 t，苹果、橘、橙 196.3 万 t，活猪 158 万头，出口的农产品需要用 1 343.2 万亩播种面积、1 092 万亩耕地生产。2018 年净进口农产品需播种面积为 79 876 万亩、64 949 万亩耕地，中国需 26.726 亿亩耕地人均 1.92 亩，才能满足农产品供应自给自足。2018 年我国粮食单产为 371.7 kg/亩，79 876 万亩播种面积可生产粮食 2.97 亿 t。

如果我国耕地满足其他农产品需求，则缺少粮食 2.97 亿 t，按耕地单产综合计算，现状是我国主要农产品自给率为 75.7%，这种形势对我国是非常严峻的。根据现状耕地，我国未来粮食单产达到世界最高水平计算，目前美国谷物单产已达到 509.1 kg，是世界最高水平。我国 2018 年粮食单产为 371.7 kg，谷物单产为 408 kg，我国单产高于世界平均水平的 53%，但比美国低 20.1%。美国耕地土壤有机质含量是 4%，美国人均耕地多，而且是休耕，休耕能使土壤恢复地力。美国农业高度机械化，每个农业劳动力平均耕种 902.5 亩耕地，农业从业人员基本是大学文化，我国耕地土壤有机质平均仅 2.05%，一家一户几条垄的经营方式，农民多数为小学或初中文化，我国粮食单产达到美国单产水平是很难的。我国 2013—2018 年 6 年谷物单产为 393.8 kg、395.1 kg、397.4 kg、400.3 kg、407 kg、408 kg。2013 年后处于稳定增长趋势，年均增长率为 0.7%，按此增长率，2050 年我国谷物单产为 510 kg。同美国 2014 年水平，按到 2050 年我国谷物单产达到美国谷物单产水平，粮食单产为 464.6 kg，耕地保持 20.232 亿亩不变，粮食作物播种面积保持 2018 年 17.556 亿亩水平，则粮食总产量为 8.16 亿 t，距需求 12.52 亿 t 仍有 4.36 亿 t 的缺口。在事实上城市化进程推进，高铁、高速公路大发展，工业企业不断增加的形势下，很难确保耕地 20.232 亿亩不减少 4.36 亿 t 粮食需要 9.38 亿亩播种面积，7.63 亿亩的耕地，到 2075 年粮食缺口 12.97 亿 t，耕地缺口 8.42 亿亩。

我国粮食供应应该依靠自己。全球 190 个国家和地区中，只有美国、加拿大、法国、阿根廷、澳大利亚、乌克兰、巴西、埃及出口粮食，而世界粮食市场贸易总量仅 3.7 亿 t 左右，即使把粮食贸易总量全部买进来，也只能够我国供应 4 个月。

解决我国粮食供应安全的途径有 3 个。一是扩大灌溉面积，改造中低产量，提高粮食单产。粮食单产达到世界第一，将增加 2.41 亿 t 粮食，仍有很大缺口。扩大灌溉面积，依靠科技提高单产是我国农业首要任务。二是扩大耕地面积，再增加 8.42 亿亩耕地，这是一项非常难的任务。我国宜农耕地已基本全部开垦，未来增加耕地地方是光热条件很好的新疆，在新疆沙化土地调水，开垦 8.42 亿亩耕地。调水量也是很大的。根据新疆质量技术监督局发布的新疆地方标准 DB 65/301—2014 行业用水定额，春玉米喷灌溉定额为 266.7 m³/亩，灌溉渠系水利用系数取 0.54，毛定额为 499 m³/亩，灌溉 8.42 亿亩土地，复种指数按 1.23 计，播种面积为 10.35 亿亩，灌溉用水总量为 5 165 亿 m³，沙漠造地 8.42 亿亩，而且上面要覆土至少 0.6 m 厚，是一项很难的任务，也是世界奇迹。三是走中央提出的"粮经饲"的农业发展战略，走草地农业道路，利用好现有 58 亿亩草地资源。现有的草地资源丰富，但草场主要在内蒙古、新疆等西北地区，降水量少，沙化退化严重，产草量很低，灌溉 10 亿亩人工草场，提高牧草饲料产量，扩大肉、奶产量，解决因为肉类、奶类消费增加而带来的大豆安全、粮食安全等问题，实施生态补水，灌溉沙化草场，保证大豆供应安全，在生态修复一章有详细的论述。

5.4.2　农业用水现状

我国农业一直是第一用水大户，农业用水总量从 2000 年起基本处于稳定状态，保持在 3 770 亿 m³ 左右，同期灌溉面积有较大的增长。2000 年农业灌溉总面积为 8.9 亿亩，2018 年增长到 11.18 亿万亩，增长 25.6%。2018 年农业各项灌溉面积和用水情况见表 5-7。

表 5-7　2018 年农业各项灌溉面积和用水情况

年份	灌溉面积 /万亩	其中				农业用水 /亿 m³
		耕地	林地	果园	牧草	
2000	89 012	82 520	1 609	2 402	1 502	3 785.5
2005	92 847	84 378	2 445	2 792	1 758	3 580.0
2010	99 528	90 505	2 732	3 227	1 886	3 689.1
2018	111 813	102 407	3 765	3 968	1 672	3 693.1

注：数字来源《中国水利统计年鉴》

5.4.2.1　畜牧用水

2017 年年底大牲畜（牛、驴、马、骡、骆驼）存栏 12 195.7 万头，猪存栏 45 112.5 万头，羊存栏 31 099.7 万只。大牲畜、猪、羊用水定额分别为 150 L/（头·d）、50 L/（头·d）、25 L/（头·d），用水量分别为 66.8 亿 m³、82.3 亿 m³、28.4 亿 m³。家禽数量由于受市场影响，不太稳定，有一定的起伏，2018 年以来年底存栏基本在 56 亿只左右，出栏为 124 亿~129 亿只。按 56 亿只计算，以日用水 2 L/（只·d）计算，年用水为 40.88 亿 m³。上述几个日用水定额不高，现在以机械化、半机械化饲养为主，用水冲洗饲养场，用水量约 95 亿 m³，畜牧业用水量约 313.8 亿 m³。

5.4.2.2 农田灌溉用水

2018 年农业灌溉面积包括林业、果树、牧场、药材等，总灌溉面积为 11.18 亿亩。其中农田灌溉面积为 10.24 亿亩，包括粮食作物、蔬菜等，农田灌溉用水量约为 3 255 亿 m³。

5.4.2.3 林业、果园用水

2018 年林业灌溉面积 3 765 万亩，林业灌溉面积主要是育苗地。林业灌溉用水约 70 亿 m³。2018 年果园灌溉面积为 3 968 万亩，果园灌溉中，浆果类果园灌水定额高于农田灌水定额，其他果类灌水定额低于农田灌水定额，果园灌水定额综合计算仍按农田灌水的 0.71 计算，果园灌水约为 94.7 亿 m³。

5.4.2.4 牧场用水

2018 年牧场灌溉面积 1 672 万亩，根据 12 个省份的地方标准，牧场灌水定额平均约为 200 m³/亩，牧场灌溉用水约为 33 亿 m³。

5.4.3 农业灌溉用水效率同国外比较

我国近 20 多年来，大力采取农业灌溉节水措施，农业灌溉用水效率与世界一些国家相比处于较好的状况。全世界农业灌溉面积为 40.65 亿亩，世界各国农业灌溉单位面积用水量平均为 683 m³/亩，比我国平均 330.3 m³/亩高出很多，与世界上农业比较发达国家相比，也处于较先进状况。美国农田单位面积灌溉用水量为 460 m³/亩，比中国高出 39.3%，美国国土面积与中国相近，在地球上的地理位置和中国处于北半球同一纬度，中美两国降水量基本相同，水资源总量也很相近。印度单位面积灌溉用水量为 735.5 m³/亩；巴基斯坦为 614.9 m³/亩；埃及为 1 150 m³/亩；以色列为 170.3 m³/亩，以色列是世界节水比较好的国家；法国为 174 m³/亩，法国单位面积用水量较小，主要原因是欧洲降水量比我国高，从作物结构上看，欧洲国家很少种植用水量高的水稻，次要因素是法国灌溉以喷灌为主，喷灌较节水。埃及灌溉定额很高，主要原因是气候因素，埃及地处荒漠地区，同我国西北地区相似，降水量很小，灌水次数多，作物生长需水以灌溉为主，以降水为辅。根据世界各国的灌溉定额情况分析，说明我国灌溉节水较好，灌水定额较低。我国农业结构上有较大面积的水稻占总播种面积的 18.5%，用水较多的蔬菜占总播种面积的 12%。2018 年水稻播种面积为 45 283.5 万亩，蔬菜播种面积为 30 658.5 万亩，两种作物播种面积为 75 942 万亩，占灌溉总面积的 67.9%。稻谷单位面积灌溉用水量在 750 m³/亩以上，蔬菜单位面积灌溉用水量在 500 m³/亩左右，全国综合平均单位面积灌溉用水量 330.3 m³/亩。根据我国农作物结构，耕地综合用水定额很难大幅下降，只有微小的下降。现状农业种植结构存在一定问题，长江以南是我国丰水区，但高耗水作物水稻种植面积 2018 年为 21 192 万亩，占全国水稻面积的 46.8%，而长江以北各省区水资源相对不足或严重短缺，但 2018 年却种植高耗水的水稻 24 091.5 万亩，占全

国水稻种植面积的 53.2%。水稻在北方种植耗水定额高，北方干旱、蒸发量大。

5.4.4　农业用水分析预测

农业用水主要包括耕地灌溉、林地灌溉、果园灌溉、牧场灌溉和其他类灌溉。耕地灌溉主要包括粮食作物、蔬菜，畜牧用水在国家统计中包括在耕地灌溉之中。林地灌溉包括育苗地灌溉和林地灌溉，目前，林地灌溉数量极少。果园灌溉主要是各种果树灌溉。牧场灌溉主要人工草场灌溉，目前数量很少，正在迅速发展之中。其他类灌溉主要包括中药材、花卉等。

到 2035 年，农业灌溉用水量为 4 362.1 亿 m³，到 2050 年农业灌溉用水量为 4 454.8 亿 m³，2075 年农业灌溉用水保持 2050 年的水平。

5.5　生态用水

习主席提出："良好生态环境是提高人民生活水平，改善人民生活质量，提升人民安全感和幸福感的基础和保障，是重要的民生福祉。老百姓的生态要求是最基本的民生需求，没有良好的生态环境，我们生活所需要的食物、水、燃料、木材和纤维等无以获取；没有生态安全，就不会有水的安全、大气安全、粮食安全、木材安全、能源安全，甚至会危及人民群众的生命财产安全。"

《全国国土规划纲要（2016—2030）》提出，全国水土流失面积 295 万 km²，沙化面积 173 万 km²，石漠化面积 12 万 km²，全国中度和重度退化草原面积仍占草原总面积的 1/3 以上。全国每年因水土流失造成流失土壤总量达 50 多亿吨，所流失的土壤养分相当于 4 000 万 t 标准化肥。根据全国荒漠化和沙化土地公报，全国荒漠化面积 261.16 万 km²，因沙漠化造成的直接经济损失每年超过 540 亿人民币。

我国的不良生态已严重威胁国家安全，生态建设已是国家最重要的、最迫切的任务。我国到 21 世纪 50 年代经济将达到发达国家水平，但不是全面的现代化国家，现代化国家必须是各领域走在世界前列。党的十八大提出，将生态文明建设纳入中国特色社会主义事业、"五位一体"总体布局，融入经济建设、政治建设、文化建设、社会建设各方面和全过程。

生态的基本条件是水，有了水才能生长生物。我国降水量低于 400 mm 的地区总面积为 73 亿亩，占国土总面积的 51%，其中难于利用的占 33.45 亿亩，热量足够仅因降水量过少而不能生长树木的面积约 50 亿亩，这 50 亿亩国土是我国生态建设任务。本书在第十二章提出，到 2075 年完成沙化草场生态补水修复 10 亿亩，沙化土地生态补水治理造林 14.5 亿亩。沙化草场生态补水是中国重大的生态建设措施，又是草地农业可持续发展之路，通过草饲畜牧解决中国肉类、奶类供应问题，解决中国大豆供应安全问题。10 亿亩沙化草场灌溉用水为 1 753.3 亿 m³。沙化土地生态补水治理是中国历史以来重大荒漠化治理措施，也是世界最宏伟的生态治理工程。通过调水 3 780.5 亿 m³，灌溉 14.5 亿亩沙化土地营造能源林，沙化土地全部得到治理。根据第五次《中国荒漠化和沙化状况公报》，全国沙化土地面积为 25.818 亿亩，治理面积将达到 61.2%，沙化土地治理有重大的生态意义，又有重大的能源意义，基本解决了生物柴油问题，生物乙醇替代化石石油，解决了我国能源安全问题，我国的能源安全核心是石油安全。两项生态治理措施治理总面积为 24.5 亿亩，由于调水，改变了干旱区降水条件，使全国降水量低于 400 mm，不能实现生态自然修复的 73 亿亩土地，其能够达到生态自然修复，它是我国最大的生态治理工程、能源安全工程、草地农业可持续发展工程，肉类、奶类供应工程、大豆供应安全工程、西部大开发工程、丝绸之路发展工程、大就业工程。

5.6　能源用水

能源是关系国家经济命脉和国家安全的重要战略物资，能源安全与粮食安全一样重要，随着经济的发展，能源需求的增加，能源用水将达到 3 780.5 亿 m³，能源用水将超过工业用水、生活用水、水文化用水，成为仅次于农业用水的第二用水大户。

5.6.1　全球能源安全形势

5.6.1.1　世界石油能源资源

石油是世界一次能源消费中第一大能源种类。2018 年年底，世界已探明石油储量为 2 441 亿 t，按 2018 消费水平可满足 50 年需要。

世界石油资源空间分布不均，主要集中在委内瑞拉（480.0 亿 t，占 17.5%）、沙特阿拉伯（409.0 亿 t，占 17.2%）、加拿大（271.0 亿 t，占 9.7%）、伊朗（214.0 亿 t，占 9.0%）、伊拉克（199 亿 t，占 8.5%）、俄罗斯（146.0 亿 t，占 6.1%）、科威特（140.0 亿 t，占 5.9%）、阿联酋（130.0 亿 t，占 5.7%）。八国石油资源占世界总量的 81.5%。

5.6.1.2　世界石油能源生产

全球 2018 年生产石油 44.74 亿 t，世界石油生产大国美国（6.69 亿 t）、沙特阿拉伯（5.78 亿 t），然后为俄罗斯（5.63 亿 t）、加拿大（2.56 亿 t）、伊拉克（2.26 亿 t）、伊朗（2.20 亿 t）、中国（1.89 亿 t）、阿联酋（1.78 亿 t）、科威特（1.47 亿 t）。2018 年世界石油产量增长 2.2%。

世界石油消费主要在发达国家，经合组织国家 2018 年占世界人口的 16%，却消费石油 22.05 亿 t，占世界石油消费总量的 47.3%，人均消费石油 1.75 t，是非经合组织国家人均消费的 4.5 倍，而非经合组织国家占世界人口的 84%，消费石油 24.57 亿 t，占世界石油消费总量的 52.7%，人均消费石油仅 0.388 t。今后世界石油消费增长的潜力非常大，主要在人口众多的发展中非经合组织国家。

世界石油资源主要集中在委内瑞拉、沙特阿拉伯、加拿大、伊朗、伊拉克、科威特、阿联酋等国家。目前世界纯石油出口国共有 23 个国家，这 23 个国家石油探明储量为 2 243 亿 t，占世界石油探明储量的 91.9%；这 23 个国家石油产量为 30.68 亿 t，占世界石油产量的 68.6%，国内石油消费 8.77 亿 t，占世界石油消费的 18.8%，出口石油 21.91 亿 t。预测到 2040 年，世界石油出口国产量年均增长率按 0.3% 计算，较 2018 年增长 6.8%，国内石油消费量年均增长率按 1.5% 计算。这 23 个国家中只有 13 个国家还能出口石油，其余 10 个国家进入资源枯竭期，已不能出口石油或进口石油。到 21 世纪 50 年代，俄罗斯、卡塔尔、尼日利亚、哈萨克斯坦、厄瓜多尔五国资源进入枯竭期，已不能出口石油。

到 2040 年，世界石油出口国石油产量为 32.8 亿 t，国内石油消费为 13.6 亿 t，可出口 19.2 亿 t。石油进口国现状为美国、中国、日本、英国、印度尼西亚、印度、埃及 7 个国家。

这 7 个国家 2018 年产石油 10.28 亿 t，消费 21.79 亿 t。

根据英国 BP 石油公司数字，到 2040 年，各石油进口国资源进入枯竭期，石油产量开始明显下降，产量至少下降 30%，由 2018 年的 10.28 亿 t 下降到 6.5 亿 t。而需求达到 41.8 亿 t，缺口 35.3 亿 t。世界石油出口国可出口石油量仅为 19.2 亿 t，世界石油供需差距为 16.1 亿 t，缺口只能通过石油替代来解决。2050 年，世界石油需求为 56.6 亿 t。世界石油出口国中，只能有 12 个国家生产石油，石油产量为 35.7 亿 t，世界非石油出口国石油产量数较 2018 年下降 50%，总产量约为 4.6 亿 t，世界石油总产量为 40.3 亿 t。世界石油缺口 16.3 亿 t。2050 年以后，世界石油产量每年以 1.5% 的速度下降，到 2075 年，世界石油产量下降到 23.5 亿 t。世界石油需求为 75.5 亿 t，缺口 52.0 亿 t。2075 年以后，世界只有沙特阿拉伯、委内瑞拉、伊朗、伊拉克、科威特、阿联酋、加拿大 7 个国家生产石油。世界石油产量以 2% 的速度下降，到 2090 年，世界石油产量下降到 15.4 亿 t。世界只有沙特阿拉伯、委内瑞拉、伊朗、伊拉克、加拿大 5 个国家生产石油。世界石油需求从 2075 年以后缓慢下降，2090 年，世界石油需求为 74.0 亿 t，缺口为 58.6 亿 t。世界石油需求是刚性需求，世界石油形势十分严峻。

5.6.2 我国石油安全形势

5.6.2.1 石油资源

（1）常规石油。国土资源部公布的《全国油气资源动态评价 2010》和《全国油气资源动态评价 2012》报告显示，最新的石油地质资源量 1 037 亿 t，可采资源 263 亿 t。

海上石油资源初步测算 581 亿 t，属于我国传统疆域内的石油资源 372 亿 t，有待于进一步勘测。

目前已探明的石油技术可开采资源量可开采石油 52 亿 t，按年产石油 2 亿 t 计算，可开采 15 年。产量降到 1 亿 t 以下，还能开采 20 年。

（2）页岩油。根据 2012 年 11 月 1 日国土资源部发布《东北地区油气资源动态评价成果》显示，截至 2011 年年底，页岩油地质资源为 5 943 亿 t。如果按 20 世纪 50—60 年代我国页岩油的提炼技术，33 t 页岩渍可提炼出 1 t 石油，采矿率按 0.2 计算，可回收原油 14.4 亿 t。

（3）油砂矿。我国共有油砂矿地质资源量 60 亿 t，可开采资源量为 220 亿 t 以上。含油率大于 6% 的油砂矿，可采资源量为 11 亿 t，含油率大于 10% 的油砂矿，可采资源量为 0.4 亿 t。

5.6.2.2　石油生产

我国石油生产 2008—2018 年依次为 1.9 亿 t、1.89 亿 t、2.03 亿 t、2.03 亿 t、2.08 亿 t、2.1 亿 t、2.11 亿 t、2.15 亿 t、2 亿 t、1.92 亿 t、1.89 亿 t。从 2008 年的 1.9 亿 t 缓慢地上升到 2015 年的 2.15 亿 t，以后又开始缓慢下降。

5.6.2.3　石油消费现状

我国的石油消费随着经济的发展一直呈快速增长趋势，2008—2018 年依次为 4.01 亿 t、4.17 亿 t、4.43 亿 t、4.9 亿 t、5.13 亿 t、5.35 亿 t、5.55 亿 t、5.93 亿 t、6.06 亿 t、6.3 亿 t、6.4 亿 t。10 年上升 60%，年平均增长率为 4.8%，是世界第二大石油消费国。2018 年石油消费占世界的 13.7%，2018 年石油对外依存度已达 70.5%。

5.6.2.4　石油中长期消费预测

我国石油消费今后几十年也将保持较快的消费增长速度，石油已成为经济发展不可或缺的重要战略物资和国民经济的"血液"。我国石油资源匮乏，石油需求刚性增长，进口量逐年增加。石油对外依存度逐年提高，到 2030 年石油消费将达到 9.0 亿 t，缺口达 6.8 亿 t，对外依存度将达到 75.7%。英国 BP 石油公司在《世界能源展望》中预测："到 2035 年，中国石油对外依存度为 75.0%，进口石油 7.0 亿 t。"我国到 2031 年将进口石油 7.0 亿 t，比英国 BP 石油公司预测要提早 4 年。到 2040 年进入石油消费高峰年，年消费石油将达到 10.3 亿 t。需进口 8.8 亿 t，形势更加严峻。我国的石油进口最大值不应超过 4.0 亿 t 为宜。如果进口石油超过 4.0 亿 t，对我国经济发展有很大的不确定性。我国最大缺口 8.8 亿 t，对外依存度达 85.5%（在没有石油替代的情况下），全部依靠进口石油是做不到的。

美国历史上进口石油最高的一年为 2005 年，达到 6.6 亿 t。中国是一个发展中国家，没有美国那样的经济实力和军事实力，做不到而且也不会像美国那样去控制世界，中国没有能力购买到这么多石油，如果没有很好的对策，2030 年以后中国将陷入石油危机。

5.6.2.5　石油替代

石油安全严重影响国家经济安全，我国能源安全的核心是石油安全，大力发展生物质液体燃料，把生物质液体燃料作为石油的替代品，有长远的战略意义。生物质燃料是可再生能源，站在国家战略高度来看，世界各国生物质燃料生产政策的实施，生物质燃料生产规模将迅速扩大，将使世界能源供应与消费产生变化。应对挑战，人类社会必须把生物质资源的可持续利用和保护生态环境放在首位，建设可持续发展的生物资源可利用的体系，已经成为世界各国高度关注的焦点和重大战略。

（1）生物液体燃料乙醇。乙醇燃料是一种不含硫分及灰分的清洁燃料，与汽油混合后用作车用燃料。少量应用乙醇可以替代四乙基酰胺和甲基丁基醚（MIBE）作汽油的抗爆剂，大量应用乙醇与汽油混合物作为汽油醇成为汽车燃料。

（2）第二代生物乙醇——纤维素乙醇。纤维素原料在自然界中大量存在，任何植物体内部都含有大量纤维素，纤维素制乙醇最廉价、最现实、前景最广阔。纤维素是一种线形葡萄糖天然高分子化合物，为提高水解剂对纤维素的可行性和催化效率，对纤维素的原料进行预处理。预处理后，纤维素原料已经大部分转化为能被纤维素酶直接利用的纤维素，通过水解将纤维素转化为单糖，再对纤维素降解物进行酒精发酵，生成丙酮酸，再脱羧成乙醛，在脱氢酶的作用下还原成乙醇。

（3）生物质柴油。生物质柴油为清洁燃料，几乎不含硫、无芳烃，含氢约 10%。生物质油与矿物柴油相比，CO_2 排放减少 50.0%，生物柴油和矿物柴油调和使用，调和后的油含硫低、十六辛烷值高，可以减少未燃尽的烃类。生物柴油技术已经成熟。现在世界各国转向研发第二代生物柴油，用植物纤维素生产柴油。生物质柴油越来越受到各国的重视。

5.6.2.6　能源生物

能源生物是指能够提供生物能源原料的草本和木本植物。我国能源植物的种类十分丰富，包括一年生草木、多年生灌木以及速生乔木等。我国现已查明的油料植物（种子植物）种类为 151 科 697 属 1 554 种，其中种子含油量在 40.0% 以上的植物有 154 种。

5.6.2.7　生物质能源发展

生物质能源十分广阔，生物质能源主要包括农作物、林木、草类、微藻等，各类废弃物，如农业废弃物、林业废弃物、生活废弃物和工业废弃物。目前利用较多的是农作物秸秆、林木生物质、畜粪等。

我国生物质能源利用技术已经很成熟，核心问题是生物质资源量问题。目前，我国生物质可利用量仅 7.8 亿多吨，远远不能满足需求。今后重点工作是大力发展生物质种植。我国有大力发展生物质的条件，有可供开发的后备土地 6 189.13 万 hm²，折合 9.3 亿亩，后备可垦土地 631.15 万 hm²，折合 0.95 亿亩，待垦复的后备土地 400 万 hm²，折合 0.6 亿亩。我国降水量低于 400 mm 的地区总面积为 4.867 万 hm²（73 亿亩），占国土面积的 51%，其中热量足够，仅因降水量过少而不能生长乔木树的面积约 3.43 万 hm²（50 亿亩），占全国土地面积 34.7%。上述土地只要调水使其灌溉，便是优良的能源植物基地。

上述 73 亿亩土地中，沙漠、戈壁、沙地、裸地、石山、高寒荒漠、盐碱地等难以利用的土地共约 33.45 亿亩，占全国土地面积的 25.39%，这部分土地难以利用，但不是不可以利用，其中有很大面积经改造、灌溉仍能成为能源植物基地。

我国北部、西部，大面积的未开垦的后备土地，沙化草场、沙地、荒漠、戈壁、盐碱地等将成为我国生物质能源基地。必要条件是从南方向西北大规模调水，解决植物生存的基本条件水。本书在第十二章论述了沙化土地生态补水，如果灌溉 14.5 亿亩沙化土地，营造生物质能源林，解决中国石油供应，生态补水用水量为 3 780.5 亿 m³。

5.7 景观用水

辽阔壮观的锦绣江山，自古以来就为广大人民群众提供了众多的风景名胜和休闲旅游场所，进入现代社会以后，人们的亲水情结更加浓厚，水景观的价值不断提升，水景观与水生态环境的建设已成为提高人民生活质量和经济社会可持续发展的迫切需求。开发水景观，改善美化生活环境，发展水景观旅游产业，为广大人民群众提供更多的休闲旅游场所，已成为我国经济社会发展的一个新的增长点。

城市水景给城市带来了活力和灵气。在新的治水思路的指导下，重视城市水系建设、整治、生态保护，使城市河湖水系可以美化市容、改善环境、提升房地产价值、提供休闲娱乐场所、打造旅游产业等综合效益。水景观是水文化的重要内容，历史以来我国文学家、诗人用大量诗书歌颂水文化、水景观。随着经济发展，人民生活水平的提高，全国大部分市、县都建设了水景观工程，人工湖、水上乐园、音乐喷泉……但数量尚不多，场面尚不十分壮观，各地建设的景观工程多数单一。

按照"以人为本、人水和谐"的理念，结合各地水资源状况，因地制宜开展水利风景区的建设，提高城市品位，增加人民福祉。水景观用水本着逐步发展、逐步增加的原则，初步构想，在 2035 年前实现人均 1 m² 的水景观面积，到 2050 年实现人均 2 m² 的水景观面积，到 2075 年实现人均 3 m² 的水景观面积。到 2035 年水景观用水 51.6 亿 m³，2050 年水景观用水 108.8 m³，2075 年水景观用水 167.3 亿 m³。

5.8 我国中长期用水预测

5.8.1 中长期用水预测

根据生活水用预测、农业用水预测、工业用水预测、能源用水预测、生态用水预测、景观用水预测，作为我国中长期经济发展用水预测（表5-8）。

表5-8　中长期经济发展用水预测　　　　　　　　　　亿 m³

年份	生活用水	农业用水	工业用水	景观用水	生态补水			合计
					沙化土地补水	沙化、草场补水	生态环境补水	
2018	859.9	3 693.1	1 261.6	—	—	—	200.9	6 015.5
2035	1 258.8	4 362.1	1 252.7	51.6	—	374.0	200.9	750.0
2050	1 718.6	4 454.1	1 261.8	108.8	990.0	860.0	200.9	9 594.2
2075	2 004.1	4 454.1	1 409.0	167.3	3 780.5	1 753.3	200.9	13 769.2

表5-8显示，我国未来生活用水随着人口增加和生活水平的提高用水标准。到2035年生活用水总量将提高50%，到2050年将提高105%，到2075年将提高139%，工业用水基本保持现状水平。农业用水到2050年较2018年增加761亿 m³，主要增加地区是长江以南11省区，农业用水增加743亿 m³，长江以北20个省份农业用水总量较2018年增加18亿 m³，灌溉总面积增加5.19亿亩，根据人民日益增长的对美好物质生活需求，增加景观用水167.3亿 m³。

5.8.2 北方省区供水平衡分析

根据水资源情况，我国长江以南11个省份不缺水，本次对水资源较少的长江以北20个省份进行中长期水资源量和供水进行分析，到2075年，北京、天津、河北、山西、内蒙古、江苏、山东、河南、甘肃、宁夏、新疆11个省份严重缺水，需从外域大量调入，这11个省份现有水资源利用度，按75%计算，其他区按60%计算，11个省份缺水总量6 316.5亿 m³。水资源供需平衡可见，北京缺水42.1亿 m³，由南水北调中线补给；天津缺水63亿 m³，天津居渤海之滨，由海水淡化解决18亿 m³，南水北调中线供应10亿 m³，东线供给35亿 m³；河北省缺水160.5亿 m³，由南水北调中线补给142.5亿 m³，海水淡化10亿 m³，南水北调东线供给10亿 m³；山西省缺水41.6亿 m³，南水北调中线供给41.6亿 m³；内蒙古缺水1 276.9亿 m³，由东北调水 730 亿 m³，大西线补给 206 亿 m³，黄河分配给内蒙古 340 亿 m³；江苏缺水 210.2 亿 m³，江苏地处东海沿岸，工业用水 50.2 亿 m³ 由海水淡化补给，由南水北调东线补给 160 亿 m³；山东缺水 211.3 亿 m³，南水北调东线补给 150 亿 m³，原黄河补水 70 亿 m³ 不再供给，山东地处黄渤海沿岸，海水利用 63.3 亿 m³；河南缺水 98.7 亿 m³，由南水北调中线补给，河南原黄河分配的 55.4 亿 m³ 水调节到由黄河供给其他省利用；甘肃省缺水 611.4 亿 m³，黄河原方案补水 30.4 亿 m³ 不变，再由嘉陵江调水 200 亿 m³，大西线调水 284.6 亿 m³，西线补给 96.4 亿 m³；宁夏缺水 133.6 亿 m³，黄河原外补给宁夏 40 亿 m³ 不变，其余 93.6 亿 m³ 从西线补给；新疆缺水最多达 3 464.4 亿 m³，新疆供水由藏水西调 1 415 亿 m³ 补给，再由大西线调水、南水北调西线供给 2 049.4 亿 m³。长江以北省份用水中长期预测及供需平衡见表 5-9~表 5-14。

表 5-9　长江以北省份生活用水中长期预测

省份	2018 年		2035 年		2050 年		2075 年	
	人口/万人	生活用水/亿 m³	人口/万人	生活用水/亿 m³	人口/万人	生活用水/亿 m³	人口/万人	生活用水/亿 m³
北京	2 154	18.4	2 341	19.4	2 471	26.5	2 534	31.0
天津	1 560	7.4	1 696	14.1	1 790	19.2	1 835	22.4
河北	7 556	27.8	8 213	68.1	8 668	93.1	8 887	108.6
山西	3 718	13.4	4 041	33.5	4 265	45.8	4 373	53.4
内蒙古	2 534	11.2	2 754	22.8	2 906	31.2	2 980	36.4
辽宁	4 359	25.6	4 738	39.3	5 000	53.7	5 127	62.7
吉林	2 704	14.1	2 939	24.4	3 102	33.3	3 180	38.9
黑龙江	3 773	15.7	4 101	34.0	4 328	46.5	4 437	54.2
江苏	8 051	61.0	8 751	72.5	9 236	99.2	9 470	115.7
安徽	6 324	34.1	6 874	57.0	7 255	77.9	7 438	90.9
山东	10 047	36.0	10 921	90.5	11 526	123.7	11 818	144.4
河南	9 605	40.7	10 441	86.6	11 019	118.2	11 298	137.9
陕西	3 864	17.4	4 200	34.8	4 433	47.4	4 545	55.5
甘肃	2 637	9.2	2 866	23.8	3 025	32.5	3 102	37.9
青海	603	3.0	655	5.4	691	7.4	708	8.6
宁夏	688	2.6	748	6.2	789	8.4	809	9.9
新疆	2 487	14.8	2 703	22.4	2 853	30.6	2 925	35.7

续表

省份	2018 年		2035 年		2050 年		2075 年	
	人口/万人	生活用水/亿 m³	人口/万人	生活用水/亿 m³	人口/万人	生活用水/亿 m³	人口/万人	生活用水/亿 m³
湖北	5 917	54.4	6 432	53.3	6 788	73	6 960	85.1
重庆	3 102	21.5	3 372	28.0	3 559	38.2	3 649	44.6
四川	8 341	54.4	9 067	75.2	9 569	102.8	9 811	119.9
合计	90 024	482.9	97 853	811.2	103 273	1 109.1	105 886	1 293.9

注：（1）人口增长率 2018—2035 年为 4.92‰，2035—2050 年为 3.6‰，2050—2065 年为 1‰。

（2）生活用水标准，2035 年为 82.9 m³/（人·a），2050 年为 107.4 m³/（人·a），2075 年为 122.2 m³/（人·a）。

表 5-10　长江以北省份农业用水中长期预测

省份	2018 年		2035 年		2050 年		2075 年	
	灌溉面积/万亩	用量水/亿 m³	灌溉面积/万亩	用量水/亿 m³	灌溉面积/万亩	用量水/亿 m³	灌溉面积/万亩	用量水/亿 m³
北京	314.1	4.2	327.8	4.2	327.8	4.2	327.8	4.2
天津	490.8	10.0	497.9	9.5	507.0	9.7	507.0	9.7
河北	7 241.6	121.1	7 744.4	128.6	8 316.0	136.9	8 316.0	136.9
山西	2 430.4	43.3	3 236.4	49.8	4 062.4	58.8	4 062.4	58.8
内蒙古	5 688.8	140.3	8 210.8	177.4	10 750.9	230.8	10 750.9	230.8
辽宁	2 626.9	80.5	3 986.9	90.7	5 386.9	84.8	5 386.9	84.8
吉林	2 883.5	84.4	5 142.8	102.4	7 392.8	63.6	7 392.8	63.6
黑龙江	9 084.3	304.8	13 091.3	330.9	17 101.3	278.8	17 101.3	278.8
江苏	6 572.6	278.3	6 695.6	260.8	6 862.6	155.3	6 862.6	155.3
安徽	6 888.0	154.0	7 641.0	153.3	7 713.0	82.4	7 713.0	82.4
山东	8 655.0	133.5	9 730.7	142.5	10 480.8	151.2	10 480.8	151.2
河南	8 084.7	119.9	9 142.7	138.5	10 220.7	138.7	10 220.7	138.7
陕西	2 127.9	57.1	3 410.9	70.9	4 938.8	84.9	4 938.8	84.9
甘肃	2 305.7	89.2	4 165.7	124.1	6152.7	167.4	6 152.7	167.4
青海	427.2	19.3	727.2	22.0	727.2	22.0	727.2	22.0
宁夏	924.4	56.7	1 239.4	51.5	1 563.4	58.2	1 563.4	58.2

续表

省份	2018 年		2035 年		2050 年		2075 年	
	灌溉面积/万亩	用量水/亿 m³	灌溉面积/万亩	用量水/亿 m³	灌溉面积/万亩	用量水/亿 m³	灌溉面积/万亩	用量水/亿 m³
新疆	9 713.0	490.9	10 360.0	502.5	10 360.0	502.5	10 360.0	502.5
湖北	4 667.2	153.8	6 241.2	147.9	6 341.2	134.4	6 341.2	134.4
重庆	1 041.4	25.4	2 111.4	32.4	2 211.4	34.2	2 211.4	34.2
四川	4 670.6	156.6	7 311.6	172.7	7 503.6	138.1	7 503.6	138.1
合计	86 844.9	2 402.2	111 015.7	2 712.6	128 922.5	2 536.9	128 922.5	2 536.9

表 5-11　长江以北省份工业用水中长期预测

省份	2018 年		2035 年		2050 年		2075 年	
	工业增加值/亿元	用量水/亿 m³	工业增加值/亿元	用量水/亿 m³	工业增加值/亿元	用量水/亿 m³	工业增加值/亿元	用量水/亿 m³
北京	4 274	3.3	8 363	18.8	12 655	19.2	17 478	21.5
天津	6 864	5.4	13 432	30.2	20 325	30.9	28 072	34.5
河北	13 758	19.1	26 922	60.6	40 738	61.9	56 265	69.2
山西	5 771	14.0	11 293	25.4	17 089	26.0	23 602	29.0
内蒙古	5 109	15.9	9 997	22.5	15 127	23.0	20 892	25.7
辽宁	7 302	18.7	14 289	32.2	21 622	32.9	29 863	36.7
吉林	6 057	16.7	11 852	26.7	17 934	27.3	24 769	30.5
黑龙江	3 333	19.8	6 522	14.6	9 869	15.0	13 630	16.8
江苏	34 031	255.2	66 593	149.8	100 769	153.2	139 176	171.2
安徽	10 916	91.0	21 360	48.1	32 322	49.1	44 641	54.9
山东	28 706	32.5	56 173	126.4	85 001	129.2	117 398	144.4
河南	18 452	50.4	36 107	81.2	54 637	83.0	75 461	92.8
陕西	8 692	14.5	17 009	38.3	25 738	39.1	35 548	43.7
甘肃	1 763	9.2	3 450	7.8	5 221	7.9	7 222	8.9
青海	778	2.5	1 522	3.4	2 303	3.5	3 181	3.9
宁夏	1 096	4.3	2 145	4.8	3 246	4.9	4 483	5.5
新疆	3 254	12.6	6 368	14.3	9 636	14.6	13 309	16.4
湖北	10 360	87.4	25 556	57.5	38 671	58.8	53 410	65.7

续表

省份	2018 年		2035 年		2050 年		2075 年	
	工业增加值/亿元	用量水/亿 m³	工业增加值/亿元	用量水/亿 m³	工业增加值/亿元	用量水/亿 m³	工业增加值/亿元	用量水/亿 m³
重庆	6 587	29.1	12 890	29.0	19 505	29.6	26 939	33.1
四川	11 576	42.5	22 653	51.0	34 279	52.1	47 344	58.2
合计	191 379	744.1	374 496	842.6	566 688	861.2	782 683	962.6

注：计算依据：工业增加值年均增长率 2017—2035 年为 3.8%，2035—2050 年为 2.8%，2050—2075 年为 1.3%；工业产值用水 2035 年为 22.8 m³/万元，2050 年为 15.2 m³/万元，2075 年为 12.3 m³/万元

表 5-12　长江以北省份生态用水中长期预测　　　　　　　　　　　　亿 m³

省份	2018 年生态用水	2035 年				2050 年				2075 年			
		草场生态补水	荒漠化土地生态补水	生态用水	小计	草场生态补水	荒漠化土地生态补水	生态用水	小计	草场生态补水	荒漠化土地生态补水	生态用水	小计
北京	13.4			13.4	13.4			13.4	13.4			13.4	13.4
天津	5.6			5.6	5.6			5.6	5.6			5.6	5.6
河北	14.5			14.5	14.5			14.5	14.5			14.5	14.5
山西	3.5			3.5	3.5			3.5	3.5			3.5	3.5
内蒙古	24.6	188.0		24.6	212.6	394.8	225.0	24.6	644.4	636.6	699.8	24.6	1 361.0
辽宁	5.7			5.7	5.7			5.7	5.7			5.7	5.7
吉林	4.4			4.4	4.4			4.4	4.4			4.4	4.4
黑龙江	3.6			3.6	3.6			3.6	3.8			3.6	3.6
江苏	2.5			2.5	2.5			2.5	2.5			2.5	2.5
安徽	6.7			6.7	6.7			6.7	6.7			6.7	6.7
山东	10.6			10.6	10.6			10.6	10.6			10.6	10.6
河南	23.6			23.6	23.6			23.6	23.6			23.6	23.6
陕西	4.8			4.8	4.8			4.8	4.8			4.8	4.8
甘肃	4.7	48.1		4.7	52.8	120.7	78.0	4.7	203.4	296.3	298.7	4.7	599.7
青海	1.3			1.3	1.3			1.3	1.3			1.3	1.3
宁夏	2.6	9.0		2.6	11.6	22.5	10.0	2.6	35.1	42.5	22.5	2.6	66.6
新疆	30.5	128.0		30.5	158.5	322.0	677.0	30.5	1 029.5	778.9	2 759.5	30.5	3 568.9
湖北	1.3			1.3	1.3			1.3	1.3			1.3	1.3
重庆	1.2			1.2	1.2			1.2	1.2			1.2	1.2
四川	5.6			5.6	5.6			5.6	5.6			5.6	5.6
合计	170.7	373.1		170.7	543.8	860.0	990.0	170.7	2 020.7	1 753.3	3 780.5	170.7	5 704.5

注：空白处为 "0"

表 5-13　长江以北省份景观用水中长期预测

省份	2035 年		2050 年		2075 年	
	人口/万人	景观用水/亿 m³	人口/万人	景观用水/亿 m³	人口/万人	景观用水/亿 m³
北京	2 341	0.8	2 471	1.7	2 534	2.6
天津	1 696	0.6	1 790	1.2	1 835	1.8
河北	8 213	2.8	8 668	5.9	8 887	9.0
山西	4 041	1.4	4 265	2.9	4 373	4.5
内蒙古	2 754	0.9	2 906	2.0	2 980	3.0
辽宁	4 738	1.6	5 000	3.4	5 127	5.3
吉林	2 939	1.0	3 102	2.1	3 180	3.3
黑龙江	4 101	1.4	4 328	2.9	4 437	4.5
江苏	8 757	3.0	9 236	6.3	9 470	9.6
安徽	6 874	2.3	7 255	4.9	7 438	7.5
山东	10 921	3.7	11 526	7.8	11 818	12.0
河南	10 441	3.5	11 019	7.5	11 298	11.5
陕西	4 200	1.4	4 423	3.0	4 545	4.6
甘肃	2 866	1.0	3 025	2.0	3 102	3.2
青海	655	0.2	691	0.5	708	0.7
宁夏	748	0.3	789	0.5	809	0.8
新疆	2 703	0.9	2 853	1.9	2 925	3.0
湖北	6 432	2.2	6 788	4.6	6 960	7.1
重庆	3 372	1.1	3 559	2.4	3 649	3.7
四川	9 067	3.1	9 569	6.5	9 811	10.0
合计	97 853	33.2	103 272	70.0	10 586	107.7

表 5-14　长江以北省份中长期用水量供需及平衡

省份	多年平均水资源量/亿 m³	2018 年用水量/亿 m³	2035 年用水量/亿 m³	2050 年用水量/亿 m³	2075 年用水量/亿 m³	水资源可利用量/亿 m³	水资源开发利用率	供水需水剩余量/亿 m³	水资源补充来源/亿 m³
北京	40.8	39.3	56.6	65.0	72.7	30.6	0.75	-42.1	南水北调中线 42.1
天津	14.6	28.4	60.0	66.6	74.0	11.0	0.75	-63.0	海水淡化 18，中线调水 10，东线 35
河北	236.9	182.4	274.6	312.3	338.2	177.7	0.75	-160.5	南水北调中线 140.5，东线 10，海水淡化 10

续表

省份	多年平均水资源量/亿 m³	2018年用水量/亿 m³	2035年用水量/亿 m³	2050年用水量/亿 m³	2075年用水量/亿 m³	水资源可利用量/亿 m³	水资源开发利用率	供水需水剩余量/亿 m³	水资源补充来源/亿 m³
山西	143.5	74.3	113.6	137.0	149.2	107.6	0.75	-41.6	南水北调 41.6
内蒙古	506.7	192.1	448.3	931.4	1 656.9	380.0	0.75	-1 276.9	东北调水 730，黄河补水 340.9，大西线补水 206
辽宁	363.2	130.3	169.5	180.5	195.2	254.2	0.70	59.0	
吉林	396	119.5	157.9	130.7	140.7	277.2	0.70	136.5	
黑龙江	775.8	343.9	384.5	346.8	357.9	543.0	0.70	185.1	
江苏	325.4	592.0	488.6	416.5	454.3	244.1	0.75	-210.2	海水淡化 50.2，东线调水 160
安徽	676.8	285.8	267.4	221.0	242.4	406.0	0.60	163.6	
山东	335	212.7	373.7	422.5	462.6	251.3	0.75	-211.3	东线调水 150，海水淡化 61.3
河南	407.7	234.6	333.4	371.0	404.5	305.8	0.75	-98.7	南水北调中线 98.7
陕西	441.9	93.7	150.2	179.2	193.5	309.3	0.70	115.8	
甘肃	274.3	112.3	209.5	413.2	817.1	205.7	0.75	-611.4	黄河 30.4，嘉陵江调水 200，大西线 284.6，西线 96.4
青海	626.2	26.1	32.3	34.7	36.5	281.8	0.60	245.3	
宁夏	9.9	66.2	74.4	107.1	141.0	7.4	0.75	-133.6	黄河补水 40，西线补水 93.6
新疆	882.8	548.8	698.6	1 579.1	4 126.5	662.1	0.75	-3 464.4	藏水西调 1415，大西线 2 049.4
湖北	981.2	296.9	262.2	272.1	293.6	588.7	0.60	295.1	
重庆	605	77.2	92.7	105.6	116.8	363.0	0.60	246.2	
四川	2 528.8	259.1	307.6	305.1	331.8	1 527.3	0.60	1 195.5	
合计	10 566.3	3 936.7	4 943.4	6 597.9	10 607.4	—	—	-6316.5	

5.9 对水资源需求情况中长期预测结果的分析

5.9.1 中长期预测精度及影响分析

科学的需求预测对编制中长期水资源优化配置规划、供水工程建设规划的合理性、可行性有重大影响。需水预测涉及人口发展、水资源状况、环境条件、经济发展、社会进步、技术创新等多领域，不确定因素很多，预测误差不可避免。

5.9.2 预测时期

预测时期越长，其不确定性与预测时期成正比，预测时期越短，需求状况变率越小，预测精度相对较高，预测时期越长，则各种不确定因素越多，经济发展速度、经济结构转型变化、科技创新程度、人民生活水平发展等社会诸多因素的影响，这些都难以准确预测，因而预测结果可能出现较大的误差，所以预测结果最后以亿为单位取舍。

5.9.3 预测的背景基础因素

需水预测的背景基础因素很重要，对精度影响很大。如生活用水，考虑到计划生育放开的二孩政策，人口增长适度提高，人口数量增加，长期以来，一些专家认为中国人口高峰为 14.5 亿人或 15 亿人，高峰年为 2040 年。本次人口数量在 2035 年将达到 15.18 亿人，2050 年将达到 16 亿人，2075 年为高峰年，将达到 16.4 亿人。本次人口数量较过去预测增加了 10%。人均用水考虑到 2050 年我国经济达到西方发达国家水平，居民生活水平也达到西方发达国家的水平，人均生活用水参考了西方国家 2014 年的平均水平。农业用水增加很小，随着经济发展居民生活水平的提高，饮食结构有很大的改变，由吃饱喝足营养需求向高质量营养转型，大幅增加对人健康最有影响的奶类，欧美发达国家人均奶类年消费均在 300 kg 以上，到 2050 年我国接近美国 45% 的水平；2075 年将达到美国 50% 的水平，肉类消费达到美国 2016 年 80% 的水平。饮食消费水平的提高，带来大量消费饲料粮。本着自给为主的原则，21 世纪五六十年代，国内粮食消费将突破 14 亿 t，国内必须大量增加总产量，我国人均耕地少，形势要求我国必须将大量旱田改为水浇地。农田灌溉面积由 2018 年的 10.24 亿亩，达到 2050 年的 14.84 亿亩，到 2050 年实现人均 0.93 亩水浇地，接近 20 世纪 70 年代提出的"一人一亩水浇地"指标。农业用水由 2018 年的 3 693.1 亿 m³ 到 2050 年增加 761.6 亿 m³，达到 4 454.8 亿 m³。生态用水中增量比较大的是草地农业用水，我国草场面积大，高达 58.9 亿亩，但草场主要在西北地区，西北地区干旱，草地沙化、退化严重，目前亩产干草仅 58 kg 左右，15 亩地才能养一只羊。发展灌溉草场，提高产草量，解决中国肉、奶的需求，是农牧业需求、粮食安全的需要，更是生态效益的需要。我国到 21 世纪 50 年代实现现代化，是世界第一大经济体，必须解决生态环境问题，确保国家安全、资源安全；必须解决荒漠化问题。草场灌溉用水 2050 年为 860 亿 m³，2075 年为 1 753.3 亿 m³。

本次预测增加了能源生物用水，分析了能源形势。能源安全是我国的基本国策。发展清洁高效的生物质可再生能源是世界的方向，增加能源生物种植面积，改造荒漠，既是能源生物用水，又是生态用水。能源用水增加量最大，2050 年达到990.0 亿 m³，2075 年达到 3 780.5 亿 m³，生态用水为 5 734.7 亿 m³。

随着社会的进步，水景观已是生活的重要需求、文化生活的一部分。预测水景观用水 2050 年达到 108.8 亿 m³，2075 年达到 167.3 亿 m³。

5.9.4　国内多种中长期需水预测方案

几十年来，我国有关部门及专家用不同的方案对我国中长期需水总量进行了预测，提出了不同时期的用水总量，在这些文献中，预测比较有代表性的成果如下。

（1）1988 年《21 世纪中国水资源政策与战略》预测 2050 年需水总量为7 000 亿 m³。

（2）1995 年《水的开发与利用》预测 2030 年全国需求总量为 9 100±10%亿 m³。

（3）1998 年《全国水中长期供求》预测 2050 年需水总量为 8 000 亿 m³。

（4）1998 年《中国农业水危机对策研究》预测全国需水总量 2020 年为7 200 亿 m³，2030 年为 7 700 亿 m³，2050 年为 8 200 亿 m³。

（5）1998 年按照当时中国用水增长情况预测 2030 年国民经济需水将达到10 000 亿 m³。

（6）2006 年，根据各流域水资源综合规划初步成果，在 $P = 50\%$ 时，2020 年、2030 年全国需水总量分别为 6 900 亿 m³、7 100 亿 m³。在 $P = 75\%$ 时，2020 年、2030 年全国需水总量分别为 7 300 亿 m³、7 500 亿 m³。

（7）2010 年《中国水资源问题与可持续发展战略研究》文献提出，2030 年全国用水总量控制在 7 000 亿 m³ 左右。

在这些文献中未提出能源用水，在生态用水中，强调生态用水需要解决，但未有预测用水数量。

（8）本次预测提出，2035 年、2050 年、2075 年我国需求总量分别为 7 500 亿 m³、9 594 亿 m³，13 760 亿 m³，本次用水主要增加了生态用水，其他年代用水总量与各专家预测相差不大。①本次提出 2050 年生态用水 2 085 亿 m³，2075 年生态用水5 533 亿 m³。②生活用水比历次专家提出的指标增加较多，本次主要借鉴发达国家人民生活用水标准。③考虑中国粮食安全问题，农田灌溉面积增幅较大，本次提出到 2050 年达到 14.84 亿亩，这是历次用水预测中增加最多的一次。

5.9.5 我国水资源可持续利用主要技术指标描述

5.9.5.1 2035 年主要指标描述

（1）基本建成节水型社会。

（2）建立完善的、科学的节水指标和水价体系。

（3）建立水资源保护、补偿、水权与管理机制。

（4）各项用水效率接近世界上等水平。

（5）初步完成、完善全国水网规划体系。

（6）全国用水总量控制在 7 500 亿 m³ 之内。

（7）万元工业增加值用水量下降到 22.5 m³ 左右，工业用水总量控制在 1 300 m³ 以内，重复利用率提高到 65% 以上。

（8）农田灌溉面积达到 12.5 亿亩左右，灌溉水利用系数达到 0.60，完成现状灌溉农田节水改造，亩均灌溉用水量下降到 311 m³ 左右。

（9）城市污水集中处理达到 90% 以上，农村污水处理达到 60% 以上。

5.9.5.2 2050 年主要指标描述

（1）高标准的节水型社会。

（2）完善的、科学的、高标准的节水指标和水价体系。

（3）完善的、科学的水资源保护、补偿、水权与管理体制。

（4）各项综合用水效率处于世界先进水平。

（5）完善的全国统一水网规划体系，大规模统一水网工程建设，部分工程已发挥效益。

（6）全国用水总量控制在 9 600 亿 m³ 以内。

（7）万元工业增加值用水下降到 15 m³ 左右，工业用水总量控制在 1 300 亿 m³ 以内，重复利用率达到 80% 以上。

（8）农田灌溉面积达到 14.84 亿亩，农田灌溉用水效率达到 0.7 以上。

（9）开始大规模草场灌溉工程，已达到 5 亿亩，用水控制在 860 亿 m³ 以内，草场生态明显好转。

（10）能源生物用水工程效益面积已达到 4.4 亿亩，用水控制在 1 000 亿 m³，生物质柴油已占石油的重要地位。生态建设加快，生态环境明显好转。

（11）全国进入富裕的社会。

5.9.5.3 2075 年主要指标描述

（1）全国步入富裕发达的社会。

（2）高标准的节水型社会。

（3）完善的、科学的、高标准的节水指标和水价体系。

（4）完善的、科学的水资源保护、补偿、水权与管理体制。

（5）各项综合用水指标效率均处于世界领先水平。

（6）建立了完善的全国统一水网体系，全国统一平衡调水供水。

（7）能源林灌溉达到 14.5 亿亩，生态补水草场灌溉达到 10 亿亩，生态明显好转。

（8）全国用水总量 13 760 亿 m³。

6　保护河流健康，促进人水和谐

6.1　对河流健康的认识

世界上很多大型河流深受人类活动的影响，河流健康受到损害，欧洲著名的莱茵河途经多个国家，过多地取水和污染，使河流健康受到严重的危害，世界第一长河流尼罗河，由于大量取水，下游河势脆弱，生态严重破坏，沙化加剧。

20世纪80年代荷兰首相布兰特伦女士提出可持续发展理论，世界一些国家相继提出"河流健康"的理论，并开始对其内涵进行研发。

对河流健康的理念、内涵、评价因素、评价标准，世界上及国内有不同认识。自然主义观点，以水生态系统特别是水生动物为核心，河流保持纯自然状况，人类对河流的任何干预都是有害于河流健康，对河流健康的评价标准，是以维护河流的自然形态，维护生物的多样性，维护水生生物种群和数量，河流基本保持原生态，人类不能干预河流。人类中心主义观点认为，人类在整个生态系统中处于核心地位，河流水资源开发利用应优先满足人类经济和社会发展，要求河流完全服从于人类，最大限量地满足人类需求，生态环境、河流健康完全服从人类。

河流是人类生存和经济社会发展的命脉，随着经济社会的发展，人口增长的需求，人类对供水需求、粮食需求、能源需求、生态环境需求、水景观需求，用水数量不断增加。开发利用河流的功能要求越来越多，保留河流原生态是不现实的，国内对河流的开发利用具有很大的争执。

现在坚持极端观念和偏激意见的大有人在，放开眼界，当今世界只有人迹罕至、远离现代文明的地区才能保留一部分相对接近自然状态的河流，受社会发展及人口增加的影响，要保留原生态的河流是不可能的，这是做不到的。然而，只要求河流服从人类，过度地开发利用河流，满足于人类的要求，只能使河流健康恶化，使河流加速衰亡，各种服务功能丧失，使河流为人类服务的功能降低。

对此，河流只能按照"以人为本，全面协调可持续发展"的科学发展观，人与河流协调发展，人与自然和谐相处，保护与发展共生，人与河流之间相互依存，互相作用，才能保障河流健康。

6.2　河流健康的内涵

河流健康的内涵主要有以下几点：

（1）产流条件良好，水量丰沛。广阔的产流汇集区降水条件好，天然植被良好，区域内岩土条件有利于涵养水源，汇集水源，使河流具有充足、稳定的水量，而且水质好，形成可持续蒸发、降水、汇集的水资源良性循环，使河流水量丰沛。

（2）河流有足够的势能。河流有一定的落差和适宜的比降，能提供一定的河流动力，维持水流运转平衡，河床冲淤平衡，维持河流清洁平衡，使河流自净。

（3）河流水量分布均匀。河流水量年际、年内分布均匀，可使水资源利用率高，丰枯变化小，洪峰流量小，保留河道安全行驶。枯水期防止河道断流，保障河道生态用水，对水生生态有利，保障洪泛平原生态，河流水量分布均匀有利于河势稳定，减少岸边冲刷、下切。

（4）生态环境。健康的河流水系流域，植被、水生生物、洪泛平原、河口生态系统良好，能维系生态良性循环。

（5）河流水质好。健康的河流水质未受到污染，水质满足城市供水、满足灌溉用水需求。

（6）河流最小流量维系河流健康生命，河流枯水期有一定水量，能满足河流清淤、排污，保障河流自净能力，保障洪泛平原，河口三角洲生态系统良好，保障河流水生生物正常生存繁衍。

随着科学发展观和治水新思路的进步，对河流健康的研究和发展进展很快，河流健康越来越受到重视，河流健康理论不断地提升，相继提出在保护中开发，在开发中保护、人与河流协调发展、从控制洪水向管理洪水转变等一批新理念不断地深入，相继运用到治水建设之中，保护河流健康在一些大河中不断地得到实践。

（1）塔里木河下游生态应急输水。塔里木河是我国第一大内陆河，由于上下游不断地增加取水量，塔里木河下游 1980—2000 年曾断流 7 600 d，下游胡杨林大面积衰败、死亡，绿林萎缩。水利部和新疆维吾尔自治区政府共同组织，从博斯腾湖和大西海子水库向塔里木河下游实施生态应急调水，从 2000—2010 年先后调水 17 次，累计调水 51.1 亿 m³，调水后干涸了 30 多年的塔里木河下游 10 多千米河道重现生机，濒临死亡的天然河道又恢复了生机，地下水位上升，枯萎胡杨林出现了藤蔓更新苗，乔、灌木植物恢复了生理机能，塔里木河延伸到台特马湖，湖泊面积达到了 200~300 km²。绿林扩大沙化面积减少 204 km²。塔克拉玛干大沙漠和库鲁克塔沙漠合拢趋势得到遏制。

（2）黑河下游应急生态输水。黑河是河西走廊最大的一条内陆河，是我国第二大内陆河，黑河上游在甘肃省，下游为内蒙古额济纳旗，黑河水资源总量不足，流域内农业生产和生活用水持续增长，水资源开发利用率已达到100%，生态用水和经济发展用水矛盾突出，下游水量急剧减少，断流时间由过去每年100 d增加到200 d，下游西居延海湖从1960年干涸，东居延海湖干涸，下游额济纳绿地大面积萎缩，胡杨林、沙枣、怪柳等植物大面积死亡。额济纳绿地位于新疆和内蒙古的沙漠之间，具有显著的减缓强风侵蚀和沙尘暴发生作用，是维护阿拉善盟和河西走廊生态安全的屏障。为挽救黑河下游生态系统，国务院于1999年批准成立黑河流域管理局，严格实行黑河水量分配方案，于2000年开始连续向河下游输水，每年平均输水4.5亿 m³左右，干涸几十年的东居延海湖和西居延海湖已经恢复了湖水面，额济纳绿地保持稳定，生态明显好转。

（3）黄河水量统一调度。黄河多年平均径流量550亿 m³，黄河干流生态环境用水量为210亿 m³，黄河途经多省地区，由于连年干旱和部分省区超额用水，挤占了生态用水，1972—1999年累计断流112次，累积达到1 058 d。断流对下游国民经济发展和生态现状产生严重危害，1999年国务院决定授权黄河水利委员会对黄河干流水量统一管理，统一调度，黄河下游河道不再断流。

6.3 河流健康技术研究

6.3.1 国内外研究现状

目前，国际上对河流健康的评价方法和评价指标很多，评价方法、内容、评价指标有很大的不同，侧重点不一样，但评价指标主要含以下几个方面，水文特征、河流形态、生物多样性、水质、社会功能、经济效益和功能等。

我国对河流健康评价目前尚未有统一标准，珠江水利委员会2004年5月提出了建设"安澜珠江"、绿色珠江、生态珠江，建立健全防洪、供水、生态三保障体系和一个公共服务平台目标。

长江水利委员会2005年4月举办了首届长江论坛，论坛发表《保护与发展——长江宣言》，长江宣言明确提出了"维护健康长江，促进人水和谐"。

2010年9月著名水资源专家、中国科学院院士王浩在《中国水资源问题与可持续发展战略研究》文献中第一次系统地提出河流健康评价指标体系，这是我国首次将河流健康评价具体化、系统化，将评价指标完善科学，使河流健康评价有所遵循。评价分为三部分15项单项指标。

提出在保护中开发、在开发中保护的基本原则，把饮水安全、防洪安全和生态安全作为江河健康的主要目标。

我国在河流健康建设中体现了以人为本，人与自然和谐相处，人与河流协调的发展理念。

6.3.2　河流健康评价指标

河流健康的评价内容、指标很多，本次主要在大方面、河流自然形态和工作河流服务功能方面，提出河流健康评价。

6.3.2.1　河床自然形态

（1）河床产流能力 I_1。河流产流能力是河流生命力的表现形式，是河流生命的源泉，径流总量不完全代表一条河流的动力特征，采用单位面积的径流量指标，使河流生命力有了可比性，表达式：

$$I_1 = W/A$$

式中，W 为多年平均径流量（万 m^3）；A 为流域面积（km^2）。

（2）主河槽冲淤平衡特性 I_2。河流保持冲淤平衡主要是指河道中下游河槽、河流上游必然冲刷，没有代表性，冲淤平衡是保持河床稳定的主要指标。表达式：

$$I_2 = V_1/V_2$$

式中，V_1 为河床高水位时平均流速（m/s）；V_2 为河床最小冲刷流速（m/s）。

（3）水生生态 I_3。水生生态指标表达了河流鱼类等水生生物的生物量，表现了河流活力，河流生物多样性，生物存活力特征，表达式：

$$I_3 = B/A$$

式中，B 为河流年水生生物捕获量（kg）；A 为河流水面面积（亩）。

（4）森林覆盖率 I_4。森林覆盖率高低显示河流流域涵养水源的能力和防止水土流失的能力，直接影响河势稳定性，表达式：

$$I_4 = F/A$$

式中，F 为流域内森林总面积（km^2）；A 为流域总面积（km^2）。

（5）河流水质 I_5。水质是决定水资源价值、水资源可利用率，水质是河流生命活力的重要部分，表达式：

$$I_5 = L_1/L_2$$

式中，L_1 为水功能区符合水质标准的河流长度（km）；L_2 为水功能区河床总长度（km）。

（6）河流其他综合特性 I_6。影响河流自然形态的因素很多，如河流比降、河床地质、河流弯曲度、河口生态等很多项，这些很难数字化，而且这些因素影响河流健康作用很小，所以用一个综合指标表达。表达式：

$$I_6 = n_1 + n_2 + n_3 + \cdots$$

式中，n 为影响河流健康的自然形态指标。

6.3.2.2 工作河流服务功能

（1）水库控制指数 I_n。流域内水库有效库容调控河道流量，是从控制洪水向合理洪水转变的主要措施。直接影响河流生态。河道洪水、河道最小流量等指标。表达式：

$$I_7 = Q_1 / Q_2$$

式中，Q_1 为水库有效总库容（万 m^3）；Q_2 为河流多年平均径流总量（万 m^3）。

（2）河道安全泄洪指标 I_8，河道安全泄洪能力，是河道防洪功能健康泄洪的指标。表达式：

$$I_9 = Q_1 / Q_2$$

式中，Q_1 为河道安全泄洪流量（万 m^3/s）；Q_2 为相应重现期最大洪峰流量（万 m^3/s）。

（3）水资源可利用率 I_9。该指标反映出水资源利用的潜力。水资源可利用率是指水资源理论利用量和多年平均径流量的比值。表达式：

$$I_9 = W_1 / W_2$$

式中，W_1 为平均水资源理论可利用量（亿 m^3）；W_2 为多年平均径流量（亿 m^3）。

（4）河流最小流量指标 I_{10}。主要河道重要指标，保持最小流量，使河流不断流，保护河流水生生态，河道排污的阈值。表达式：

$$I_{10} = Q_1 / Q_2$$

式中：Q_1 为维护河道健康的最小流量（万 m^3/s）；Q_2 为河道多年平均径流量（万 m^3/s）。

河流健康情况评价是多项目的综合评价，在实际运用中应结合当地的水文气象、社会经济、河床特征进行，因地制宜进行合理性分析检验评价。将每个指标分 5 个档次，将各单项相加，即为河流健康结合评价指标值 A。

当 $A \leq 20$ 分时为健康状况劣，20 分 $< A \leq 40$ 分为健康状况差，40 分 $< A \leq 60$ 分为健康状况中等，60 分 $< A \leq 80$ 分为健康状况良，80 分 $< A \leq 100$ 分为健康状况优，见表 6-1。

本次提出的河床健康指数评价指标方案，学习参考了王浩专家的河流健康评价指标体系理论。王浩专家的评价指标体系理论分 3 个层次，15 项单项指标，本次方案分 2 个层次，10 项单项指标，增加了水库调控指标和河道最小流量指标两大单项指标。这两项单项指标数量最大，占 40 分，增加了水生生物指标，其各项指标也有所不同。总体思路符合王浩专家的河流健康评价指标体系理论。

表 6-1　河流健康评价指标

层次	单项指标名称	符号	分数	等级分数					应得分
				一	二	三	四	五	
河流	河道产流能力	I_1	10	10	8	6	4	2	
自然状态	主河槽冲淤平衡	I_2	5	5	4	3	2	1	
	水生生态	I_3	10	10	8	6	4	2	
	森林覆盖率	I_4	5	5	4	3	2	1	
	河流水质	I_5	10	10	8	6	4	2	
	其他综合特性	I_6	5	5	4	3	2	1	
工作河流服务功能	水库调控指数	I_7	25	25	20	15	10	5	
	河道安全泄洪指标	I_8	5	5	4	3	2	1	
	水资源可利用率	I_9	10	10	8	6	4	2	
	河道最小流量指标	I_{10}	15	15	12	9	6	3	
合计			100						

6.4　我国河流健康现状

6.4.1　水土流失严重，造成河道淤积

我国水土流失严重，全国水土流失总面积达到 294.9 万 km²，水触面积 129.3 万 km²，风力侵蚀面积 165.6 万 km²，造成土壤流失约 50 万 t，大量的水土流失使湖泊河道下游淤积，降低了调洪能力，中小型河道淤积，减小了过流能力。如黄河每年输沙 13 亿 m³，黄河下游河道淤积，抬高了河床，下游 800 km 已成悬河。由于水土流失严重，涵养水分能力低，每当降雨，洪水急流而下，上中游冲击两岸河床、损坏耕地、林地，使洪水丰枯流量相差悬殊，降低水资源可利用率，使河流处于不健康状态。

6.4.2　洪涝灾害严重

我国是季风气候，降水受季节影响，年内分布不均匀，降水主要分布在 6—9 月。由于山区、丘陵区的面积大，坡度陡，同时森林覆盖率低，植被差，水土流失严重，植被稀疏，不能有效拦截地表径流使其下渗，造成径流加速。在工程措施上，水库修建的少，蓄水总量少，不能有效地将洪水控制，所以每当雨季，洪水迅速下泄、汇聚，成为洪水，造成水害，我国因水灾每年直接经济损失 2 000 多亿元。

根据水利统计年鉴资料，2016 年，因洪涝灾人口 10 095 万人，洪涝灾害全国直接经济损失 3 647 亿元，死亡人口 686 人，这对社会而言显然是不健康的。

6.4.3 干旱、过度取水，河道经常断流

北方地区常年干旱，加上工农业用水持续增加，河道断流现象十分普遍，特别是一些中小河流更为严重，过去长期水量丰富的河流变成了季节性河流，甚至长年无水，气候原因是一方面，主要是人类掠夺性取水所致。2018 年黄河取水量达到 60% 以上，海河取水 135.9%，河流经常断流，造成水生生物大量死亡，河道难于排污，使水质恶化，洪泛平原生态恶化，这是河流生命衰败的特征，是严重的河流非健康态。

6.4.4 河流受污染，水环境恶化

随着工业的发展，工业污水量逐年增加，有很大一部分未经处理排入河道。农业化肥大量应用，灌溉后，含有化肥的农业灌溉用水渗入地下水中，再排泄到河流中，河水中农业排放的 N_x 大量增加，农村生活垃圾面源广，大量散落到小河道中，最终汇聚到河流。工业化、城市化和农业发达地区水污染程度相对较高；经济欠发达地区，水污染程度低。东部、中部地区高于西部地区；西南地区、人口稠密地区高于人口稀少地区。

东北、华北、华中地区的辽河、海河、淮河流域大部分河段丧失了饮用水和工业用水的功能，水生生态受到水质污染遭到严重破坏，局部河流鱼虾绝迹，草木凋零，水质污染造成河流健康受到威胁。

6.4.5 蓄水工程有限，不能有效调控河流水量

我国已建成的水库总库容到 2018 年年底仅 8 953 亿 m^3，而我国每年平均地表水资源量为 26 498 万 m^3，水库总容量占地表径流的 34%，不足以有效控制地表水。我国修建水库不足，一是投资不足，二是思想认识滞后。

水库是调节河流水量，保障河流健康的最有效措施，只有建设大量的水库，水库总库容足以控制洪水，才能减少或完全消除洪水灾害，保障河道有足够的水量，维护生态的最小流量值，使河流不断流，维护河流生态现状，使河流保持健康态。

6.5 保护河流健康的措施

维护河流健康，就是维护人类社会发展的基础因素，根据不同河流的情况，要因地制宜地采取不同的措施保护河流健康。

6.5.1　水土保持

山区为主要产流区，治水先治山，加强山区水土保持和天然植被保护，防治水土流失，以增强涵养水源的能力。雨水降落后，通过植物拦截下渗土壤中，再缓慢渗透土壤底部的基岩裂缝中，通过基岩裂缝再渗入沟壑的砂砾覆盖层中，第四系砂砾覆盖层孔隙充满水后，上升到地表，形成地表径流，几经汇流进入河槽。这种缓慢的产流过程，使河势稳定，季节丰枯相对均衡，河流水量相对稳定，减少河流对岸边冲刷，降雨下渗不产生或减少水土流失，减轻河床和下游湖泊、水库淤积。水土保持是河势稳定的重要因素。

6.5.2　加强河道整治

加强河道整治，做好河道疏浚，使水流畅通，提高泄洪能力，加固堤防，提高防洪标准，减少河流对岸边冲刷，是维持河势稳定，保障防洪安全的重要措施。

6.5.3　建设水库群调节河道水量

自然河流的水量是根据气候、降水径流而变化的，丰枯期河流水量变化较大，而且枯水期是沿岸用水的高峰期，为满足高峰期用水的稳定，保障河流不断流，必须加强对河流水量的人工调节、调度，丰水期自然河流随着降水径流，河道又常常发生洪水，对沿岸造成水灾。为减少水灾，在丰水期必须人工控制洪水，管理洪水，使洪水有序排放。近年来提出"从控制洪水向管理洪水转变"的理念，汛期控制洪水，枯水期又要保证河道内有充足的水量。人类对河水有效调控，措施是通过修建水库群将水有效地储蓄起来，汛期减少放水，使河流水量稳定，枯水期河道水量小，调度水量有序加大放水，使河流水量稳定，保证河流不断流，保障沿岸用水。河流水量调节程度取决于水库的蓄水量，蓄水量越大调节能力越强，可以依照季节、年调节。

6.5.4　保护河流水质，防止污染

水污染是指水体中一些物质的进入，使水体物理、化学、生物等多方面的性质改变造成水质恶化，危害人体健康，破坏生态环境影响水的使用效果。造成河流水质恶化的主要原因是工业废水、生活污水、农田排水和生活垃圾等对人体有害、有毒的物质流入河道。根据《中国生态环境状况公报》2017年长江、黄河、珠江、松花江、淮河、海河、辽河七大流域和浙闽片河流、西北诸河、西南诸河的1 617个水质断面中，Ⅰ类水质断面35个，占2.2%；Ⅱ类水质断面594个，占36.7%；Ⅲ类水质断面532个，占32.9%；Ⅳ类水质断面236个，占14.6%；Ⅴ类水质断面84个，占5.2%；劣Ⅴ类水质断面136个，占8.4%。从上述评价中显示，Ⅳ类、Ⅴ类

和劣 V 类水质仍占 28.4%，河流水质不容乐观。西北诸河和西南诸河水质较优，浙闽片河流、长江和珠江流域水质为良好，黄河、松花江、淮河和辽河流域为轻度污染，海河流域为中度污染。严格保护河流水质，防止河水污染，使河流水质达标，是河流健康的重要方面。

7 防洪减灾实现江河安澜

我国的水灾主要有洪水灾害、水污染、水土流失。

7.1 洪水灾害情况

洪灾是降水多、地表径流快速大量汇集、江河内洪水流量超过河道行洪能力，对村庄、农田、建筑物造成冲毁或淹没造成的损失现象。

7.1.1 洪灾类型

7.1.1.1 暴雨洪水

暴雨洪水是我国江河洪水的主要洪灾类型，是大面积强降水使地表径流大量的汇集形成的。我国西部地区气候干旱，暴雨发生概率较低。东南部降水较多，暴雨发生概率较高，洪灾严重。如 2017 年湖南、广东、广西、湖北等地暴雨洪灾严重，各省区造成的直接经济损失都在 100 亿元以上，其中广东省高达 314.4 亿元，湖北省高达 368.9 亿元。2017 年 7 月初湖南省湘江、资水、沅江发生暴雨洪灾，洞庭湖及橘子洲岛被洪水穿洲，洞庭湖水超过警戒水位。截至 7 月 5 日，湖南全省 1 223.8 万人受灾，倒塌房屋 5.3 万间。

7.1.1.2 山洪水灾

山洪是山区河流局部暴雨形成的暴涨洪水，山洪暴发突然，水量集中，破坏力强，易造成人畜死亡、房屋倒塌等，一般持续时间短，影响范围小。山洪灾害的损失总量不大，但全国山区总数量较多。

在坡陡沟深、地质风化、岩石破碎、植被稀疏的山区，很容易引发泥石流和山体滑坡等地质灾害，我国四川、重庆、云南、贵州等地发生较多，对铁路、公路等基础设施安全和人民群众生命财产安全造成严重威胁。2017 年 7 月 8 日，四川省阿坝州茂县叠溪镇新磨村发生山体滑坡，40 多户居民房屋被埋，100 多人失踪，河道堵塞 2 km。

7.1.1.3 其他洪水

冰凌洪水。冰凌洪水主要发生在北方的河流嫩江和黄河。如黄河兰州以下段，春季解冻时上游河段先开河，上游河段的河水携带大量的冰凌流到下游，会形成冰坝阻塞河道，壅高水位，溢出堤坝，造成水灾。但近几年来，由于防凌洪工作有力，未发生过冰凌洪水。

融雪型洪水。融雪型洪水主要是高山冰川积雪大量融化，融化水大量下泄，造成洪水灾害，但洪峰水位都不太大，即使成灾，损失也较小。北方地区春暖花开后，高温天气使冰雪大量融化，俗称"桃花水"，但形成洪灾较少。冰川在高温季节融化，如遇大量降水，暴雨洪水和冰川融水两者重合，会形成洪峰带来洪灾，但发生量较少。

7.1.2 洪水灾害发生情况

我国洪水灾害主要是暴雨洪水灾害，灾害量大、形势紧张、损失量大。其次为山洪灾害，山洪灾害来得迅猛，发生数量多，大部分山区每年在小型河流山区都有不同程度的发生，但总损失量相对较小。我国每年汛期大江大河及中型河流都处于高度戒备、紧张、紧急状态。大江大河汛期近些年来只是局部发生洪水灾害，很少有大面积、大范围的严重洪水灾害。因为大江大河一是堤防措施相对较高，二是中上游有一些控制洪水工程大型水库、中型水库，对洪水起到调峰作用。中小型河流近年来发生洪水灾害数量多，灾情严重，损失量大。全国洪水灾害的损失，主要在中小型河流。全国中小型河流数量多、流域面积大，全国流域面积大于 $100~\mathrm{km}^2$ 的河流有 5 万多条，多数中小型河流没有控制洪水的大中型水库，而且多数中小型河流没有系统的堤防，有系统堤防的中小型河流很少，即使有堤防也是断断续续，而且标准不高，全面有堤防的中型河流很少见。所以中小型河流是发生洪水灾害的主要区域。

我国因洪水灾害每年造成大量的损失，包括耕地受淹，公路、电力、建筑等基础设施受到破坏，人员死亡等。

根据水利统计年鉴数字，1994—2017 年 24 年间，农田累计受灾面积 42.89 亿亩，年均 1.79 亿亩，农田累积成灾面积 23.63 亿亩，年均 0.98 亿亩。洪水灾害已成为我国近几十年来损失最大的自然灾害（表7-1）。

表 7-1　历年洪水灾害情况

年份（年）	农田受灾面积/万亩	农田成灾面积/万亩	受灾人口/万人	死亡人口/人	直接经济损失/亿元
1994	28 289	17 235	21 523	5 340	1 797
1995	21 551	12 002	20 070	3 852	1 653
1996	30 582	17 735	25 384	5 840	2 208
1997	19 703	9 773	18 067	2 799	930

续表

年份 （年）	农田受灾面积 /万亩	农田成灾面积 /万亩	受灾人口 /万人	死亡人口/人	直接经济损失 /亿元
1998	33 438	20 678	18 655	4 150	2 551
1999	14 408	8 078	13 013	1 896	930
2000	13 565	8 094	12 936	1 942	712
2001	10 707	6 380	11 087	1 605	623
2002	18 576	11 159	15 204	1 819	838
2003	30 549	19 500	22 572	1 551	1 301
2004	11 673	6 026	10 673	1 282	714
2005	22 451	12 526	20 026	1 660	1 662
2006	15 783	8 388	13 882	2 276	1 333
2007	18 824	8 954	19 698	1 230	1 123
2008	13 300	6 806	14 049	633	955
2009	13 122	5 694	11 102	538	846
2010	26 820	13 092	21 085	3 222	3 745
2011	10 724	52 099	8 942	519	1 301
2012	16 827	8 807	12 367	673	2 675
2013	17 852	9 935	12 022	795	3 146
2014	8 879	4 245	7 382	486	1 574
2015	9 198	4 581	7 641	319	1 611
2016	14 165	7 595	10 095	686	3 643
2017	7 794	4 172	5 515	316	2 143
2018	9 641	4 697	5 577	187	1 615

7.1.3　洪水灾害的主要成因

长期以来，人类把洪水灾害归为自然因素，自然因素引起水量过大造成洪水灾害，但自然洪水灾害与人类自身的行为有很大的关系，多数洪水灾害都不是纯自然因素，而是自然因素与人为因素双重作用的结果。自然因素产生过量的水量，人类大规模掠夺自然资源、破坏性开发或不当的活动行为加剧了洪水灾害的发生，而且人类又未有有效的防治洪水的工程措施，便产生洪水灾害。因此，洪水灾害发生与自然因素、社会因素、工程因素都有关。

7.1.3.1　洪水灾害的自然因素

（1）降水。我国的降水受气候影响，主要受东南季风和西北季风影响。年内各季节降水分布不均，暴雨主要集中在夏季，北方地区在6—8月降水占全年的70%左右，南方地区占全年的60%~65%。

（2）地形特征。我国的高原、山地、丘陵面积占国土面积的80%左右，地形呈西高东低之势，坡陡、水流急。全国主要江河平原在河流中下游，平原地势平坦、低洼、河道泄洪能力不足，低洼地区排泄不畅，极易积涝成灾。沿海地区海拔低，是洪水灾害的高风险区。

（3）植被。森林、草地具有涵养水源、调节径流的作用，雨水降入地表后，由于森林和草的阻拦作用使雨水渗入地下，当地下土壤饱和后，才缓慢渗流出来。林、草的作用，使雨水径流大量减少，同时使径流缓慢，很少发生雨水急速径流下泄现象，洪水发生概率很小。反之，如果森林覆盖率低，草木稀少，雨水下降到地面后，林草阻拦作用小，下渗能力低，很快产生径流，坡面径流汇集，产生沟壑径流，多条沟壑聚集，产生小河流洪水，多条小河流汇集，产生洪水。水量大，便产生洪水灾害。森林、草地植被是影响洪水的主要植被因素。国家重视生态环境，大力开展植树造林。1973—1976年第一次全国森林资源清查，全国森林覆盖率恢复到12.7%。1994—1998年第五次全国森林资源清查，全国森林覆盖率上升到16.55%。2017年，全国森林覆盖率已达到21.93%，草原覆盖率达到54.7%。我国森林覆盖率处于世界较低水平，根据国际统计年鉴数字，2015年世界森林覆盖率平均值为30.8%，日本为68.5%，韩国为63.4%，北欧挪威等国家均在60%以上。

（4）极端天气气候。世界燃煤等不合理能源消费大量增加，CO_2大量排放，2017年世界排放CO_2 334亿t，温室气体较多，对天气气候产生巨大影响。世界各地经常、大量出现极端天气，局部经常发生特大暴雨，造成严重不可抗拒的洪水灾害。例如2012年7月19日，辽宁省盖州和大石桥两市相邻两个乡镇出现24 h降水327 mm的特大暴雨，雨后发生严重洪水灾害，两个乡镇的小型水利工程、公路等工程几乎全部冲毁。2017年辽宁省朝阳市龙城区、北票市8月3日出现24 h降水220~300 mm的特大暴雨，造成严重洪灾。

近些年受温室效应的影响，极端天气气候现象在全国多地频繁出现，造成了严重的洪水灾害。

7.1.3.2　洪水灾害的社会因素

（1）人口增加，植被破坏。我国历史上各朝代人口较少，人均自然资源量大，在农耕时代，人为破坏森林资源较少，森林覆盖率高，虽然发生洪水次数较多，但灾情却较轻。我国唐朝以前人口仅为7 000万~9 000万，宋朝时期人口仅7 000多万，明朝人口6 660万。清朝增长加快，乾隆二十四年，人口已达2亿多，到清朝道光十四年（1834年）人口已达4.01亿。为满足粮食需求，大量砍伐森林，开垦耕地，森林覆盖率逐年下降。以东北为例，东北地区是最后的处女地。清朝初期（1664年）东北地区人口仅40万，森林覆盖率高达80%。康熙执政时，颁布"禁砍伐、禁农垦、禁采矿、禁渔猎"，森林植被得到了很好的保护，洪水灾害很少发生。到 19 世纪中叶，晚清政府鼓励农垦，东北地区人口大量增加，关内人口大量流入东北，1878 年人口增长到 510 万，到 1911 年，东北人口已上升到 1 996.4 万。人口增加，随之而来的是森林砍伐、草原破坏、耕地扩张，导致水土流失加剧，水资源调蓄能力不断下降，洪水灾害日益增多，灾情加重。到 1949 年，我国森林覆盖率已下降到 8.6%，过低的植被覆盖率是洪水发生的自然条件。

（2）人为隐患。一些人不遵守河道管理条例，违章建筑侵占行洪河道，自由滥垦河滩地，随意向河道倾倒垃圾，乱挖乱采河砂，采砂弃料在河床中集中堆放，束窄行洪宽度，致使行洪不畅、岸边坍塌、洪水位抬高，加大了洪水灾害。

（3）以邻为壑。在河道工程设置上，不是左右兼顾的原则，而且无序修筑丁坝或堤防，把洪水引向对岸，造成对岸的洪水灾害，岸边坍塌，洪水直接进入农田；汛期为了自身的安全，不考虑下游的承受能力，水库下泄水量过大、过急，加重了下游洪水灾情；上游电站为了自己的汛期高水位电力效益，汛期大量发电泄水，给下游带来一定的洪水隐患。

7.1.3.3　应对洪水的工程调控因素

洪水灾害的形成是河道水量过大，超越河道正常的行洪能力。对自然灾害，历史上经济不发达，人类抵抗自然灾害的能力很低，只能被动防御，随着社会经济的不断发展进步，现代人类已有能力控制洪水，防止水灾的发生。控制洪水主要有两大类措施，一是蓄，二是疏。

蓄就是大量修建蓄水工程——水库。一个流域，一条河流，根据集水面积，某一频率的降水量，产生的洪水总量是有一定数量的。通过修建水库，人类将降雨径流之水留在水库内，或有序地从水库向下游河道放水，洪水的水量控制在下游不产生水灾范围内。

疏就是在河床内进行疏浚，使河道内水流畅通，洪水在河床内行走，不产生对两岸的洪水灾害，在疏浚的基础上对河床两岸修建堤防，使洪水按人的意图行走，堤防保护两岸居民、农田、建筑物等公共设施。

我国几十年来修建了大量的蓄水工程，到 2018 年年底，已经修建水库 98 822 座，总库容已达到 8 953 亿 m³，其中大型水库 736 座，总库容 7 117 亿 m³；中型水库 3 954 座，总库容 1 126 亿 m³；小型水库 94 132 座，总库容 710 亿 m³。这些水库在防洪中起到了调节洪水能力，减轻了洪水灾害。但我国总库容仅 8 953 亿 m³，全国多年平均地表水总量为 26 478.2 亿 m³，全国水库总库容仅占地表水总量的 33.8%，水库调蓄水量与地表总水量相差甚远。调蓄能力有限，不能完全控制洪水。我国蓄水工程在减轻洪水灾害中起到很大作用，但与全部调控相差很大。全国小型河流近 5 万多条，大部分中小型河流没有修建水库，即使有些中小型河流修建了水库，库容也不足，不能有效控制洪水，是其自然发生水灾的主要因素。

堤防是控制洪水，让洪水按人类的意愿行走，不存在左冲右淘，洪水不进入农田，不对村庄、建筑、道路、通信、电力设施等产生破坏的有效工程措施。我国到 2017 年年底修建堤防仅 306 200 km。但我国河流数量多，河道总长度大，需要修建堤防的总数十分庞大。根据水利统计年鉴数字，全国流域面积 50 km² 以上的河流有 46 796 条，河流总河长 151.459 万 km；流域面积 100 km² 以上的河流 22 909 条，总河长 111.46 万 km；流域面积 1 000 km² 以上的河流 2 221 条，总河长 38.65 万 km；流域面积 10 000 km² 以上的河流 225 条，总河长 151.459 万 km。目前已修建的总长仅占河岸总长度的 10.1%。

有限的堤防，与全面控制洪水所需要的堤防总长相差甚远，目前河流的治理程度，并不能有效控制洪水，阻止洪水灾害发生。

7.2 我国防洪能力现状

7.2.1 大江大河防洪能力

几十年来，我国对大江大河进行了大规模治理，新建和加高加固堤防、兴建水库，进行蓄滞洪区建设与加强营护，防御较大的洪水能力显著提高、增强。但总体上讲，防洪能力仍然与经济社会发展对防洪安全的要求不相适应。

目前，全国大江大河的防洪能力除局部重点地区外，绝大多数河段的防洪标准低于 50 年一遇，在全国七大江河中，下游重点防洪保护区中，现状防洪标准达到 50~100 年一遇的河段仅占 20%，达到 20~50 年一遇防洪标准的河段占 52%，防洪标准低于 20 年一遇的河段占 28%。与发达国家防洪标准相比较，美国主要河流防洪标准为 100~500 年一遇；日本特别重要城市防洪标准为 200 年一遇，重要城市为 100 年一遇，一般城市为 50 年一遇。根据现状防洪标准，七大江河如发生上述设计目标洪水，将使规划保护区 45% 的面积淹没。

7.2.1.1 长江

长江中下游的荆江、武汉等重要河段堤防的防洪标准在三峡水库工程建成前仅为 10~20 年一遇，三峡水库工程建成后，使上述河段堤防的防洪标准提高到 100 年一遇。

7.2.1.2 黄河

根据水利部《关于审批黄河流域防洪规划的请示》（水规计〔2008〕226 号），到 2015 年建成黄河防洪减淤体系，基本控制洪水，确保黄河下游防御花园口洪峰流量 2 200 m³/s 堤防不决口，逐步恢复主槽行洪能力；初步控制下游洪灾河段河势；基本控制人为产生的水土流失，减轻河道淤积；上中游和干流主要支流重点防洪段的河防工程基本达到设计标准，重要城市达到规定的防洪标准。到 2025 年建成比较完善的防洪减淤体系基本控制洪水和泥沙。但是在黄河下游"悬河"局面未改变，黄土高原泥沙无限供给状况未变条件下，黄河洪水"悬剑"依然高悬在黄淮海平原头顶。

7.2.1.3 海河

防洪标准 10 年一遇河段占 26%，防洪标准 10~20 年一遇河段占 7%，防洪标准 20~50 年一遇河段占 51%，防洪标准达到 50 年一遇以上河段占 16%。运用蓄洪区后，防洪标准可达 100 年一遇。

7.2.1.4 淮河

淮河干流上中游淮凤集至正阳关河段堤防防洪标准为 20 年一遇，正阳关至洪泽湖段防洪标准为 50 年一遇，洪泽湖以下河段防洪标准为 50~100 年一遇，临淮岗工程竣工后，防洪标准可达 100 年一遇。

7.2.1.5 辽河

辽河水系浑河、太子河、大辽河防洪标准为 50 年一遇，辽河中上游及其他河段防洪标准为 20 年一遇。

7.2.1.6 松花江

松花江支流嫩江在尼尔基水库建成后防洪标准达到 50 年一遇，第二松花江干流丰满水库以下河道堤防防洪标准为 50 年一遇，松花江干流不同河段防洪标准分别为 20 年一遇和 50 年一遇。

7.2.1.7 珠江

珠江的西江堤防防洪标准为 10 年一遇，重要堤防段和城市堤防段为 20~50 年一遇，北江上中游一般河段防洪标准为 10 年一遇，重要段为 20 年一遇，北江下游堤防结合飞来峡水库和潖江泄洪区防洪标准为 200 年一遇，东江下游及惠州、东莞等城市段防洪标准为 100 年一遇。

7.2.2 中小河流防洪能力

目前中小河流防洪标准为 10~20 年一遇，有的不足 10 年一遇，大部分中小河流无堤防或有一部分不连续堤段，多数中小河流没有防洪规划。全国 2 600 多个县区中，有 3/4 位于山区，受洪水、滑坡、泥石流的威胁，大多数中小河流位于暴雨集中的山区，无完整的防洪体系，洪水灾害多，每年全国发生洪涝灾害的财产损失主要在中小河流。

7.2.3 城市防洪能力

全国共有 660 座城市，大约 40% 的城市防洪标准达不到 20 年一遇洪水标准。全国 272 座中等城市中，有 89 座城市防洪标准达到 20~50 年一遇，有 65 座城市防洪标准达到 50 年一遇；全国 16 座人口达到 200 万的特大城市，有 3 座城市防洪标准达到百年一遇，有 4 座城市防洪标准达到 200 年一遇。目前有很多城市，特别是海拔较低的平原城市内涝问题越来越突出。2012 年 7 月 19 日，辽宁省盖州市一次降水达到 180 mm，盖州市市区水排不出去，而且下水道普遍大量出水，下水道出水原因是城市外的大清河水位上涨，河水位高于市区地理高程，造成楼房一楼普遍进水，商店大部分被淹。城市内涝已成为平原城市的普遍现象，全国几乎每年都有一部分城市因为内涝造成很大经济损失。

7.2.4 防洪体系建设情况

我国大型、特大型河流对堤防、水库、河道整治、蓄滞洪区都有较完整的规划和建设目标，已建设了相应的堤防、水库，进行了河道整治和蓄滞洪区建设。有的河流正处于建设完善之中，对防洪减灾有了保障。

但我国一部分大型河流和大部分中小型河流并没有完整的、完善的防洪体系建设，堤防是断断续续的，水库建设数量不多，起不到有效的调蓄作用。大部分中型河流和小型河流没有防洪规划、河道治理规划，更谈不上修建水库、堤防和联合调度管理；对堤防建设是断断续续的片段治理，根本谈不上防洪体系。

7.3 新时代防洪减灾方略

7.3.1 总体目标

党的十九大提出新时代，我们必须用新思想、新观念引领新征程。

（1）全社会上下都具有强有力的防洪减灾意识和社会经济活动准则，建设完善的防洪减灾体系。

（2）大中型河流按防洪规划的要求，建设高标准与社会经济发展水平相适应的防洪工程体系。防洪工程及设施要有严格健全的运行体制，保障两岸经济发展和社会人民生活安全。

（3）制订切实可行的防洪预案，对超标准的洪水，通过预案的有效实施，对社会经济发展和社会生活不受到重大影响。

（4）防洪工程要确保河流健康，人与水和谐相处。

7.3.2 防洪减灾治理原则

坚持人与自然和谐相处，人与水争地向人与水和谐相处转变，是新时代的治水思想，是落实科学发展观的基本思想。长期以来，人类视洪水为猛兽，片面强调通过工程措施，控制洪水，摆布洪水，让洪水按人设计的工程意图行走，让洪水让路，与洪水争河滩地，让滩地为人服务。在计划经济体制下的防洪方法和防洪工作机制已经不适应新时代的社会形态，加剧了人与水的矛盾。应按洪水规律，按河势，按洪水标准，使洪水按规律行走，即所谓的洪水设计标准。

面对洪涝灾害的交替出现，解决日益加剧的缺水危机，已成为新时代水利工作的重点与任务之一，对防洪减灾提出了科学利用洪水资源的新要求。必须调整过去那种"快排快泄"流速为安的单一防洪目标，通过加强对洪水管理，在确保防洪安全的前提下，留住洪水，利用洪水。应视洪水为水资源，变害为利，让洪水转化为有益之水，转化为可利用的水资源。这是新时代人控制洪水向管理洪水转变的防洪减灾的治理原则。

7.3.3 治本为先，山为水之本

治水先治山，山区占河流流域面积的 60%～80%，山区是主要产流区，是江河泥沙的主要来源。山区植被破坏和水土流失是产生洪涝灾害的主要原因，土壤流失导致江河湖库淤积，造成蓄洪、行洪能力持续减退，导致洪水灾害发生的频次加大，危害不断增加。山区的植被保护与建设和水土流失的治理是防洪减灾治本措施。

7.3.3.1 大力开展植树种草，涵养水源

我国产生暴雨径流的洪水灾害主要发生在山区、丘陵区，平原极少发生，山区、丘陵区占国土面积的大部分。降雨初期，雨水落到地面后入渗于土壤中，随着降水时间延长，单位时间入渗量减少，速度下降，一部分雨水在坡面上开始向下流动，逐渐由面流汇合成点流、线流，多点线流汇聚后成为沟流，多条沟流汇合成溪流，多条溪流汇合成小河流，多条小河流汇合成干流、洪流，在雨水径流过程中有夹带了泥土，所以叫洪水。大量的洪水在干流中汇集后，水量超过了河床下泄能力，便产生洪水灾害。所以要从源头开始防治，源头防治的目的就是减少雨水下泄，通过植物措施加大入渗土壤量，减少下泄量。

大力开展种草植树，草是拦蓄地表降雨径流的最优秀的植物。茂盛的草拦截了降雨的径流，使雨水向土壤下渗，同时草本身又吸收了一部分水分。发展草业是保护生态平衡的必然选择。研究表明，牧草能有效减少地表径流 49%，减少土壤冲刷 78%，生长两年的草地拦蓄地表径流能力高 20 个百分点；草地可减少径流中含沙量 70.3%，而森林只有 37.3%。长期实践还表明，坡度较大的山地，黄土高原与南方红黄壤地区等水土流失严重地区，单纯采用植树造林防治水土流失效果不好，成林率低。而先草后林或草林相伴进行，则有助于造林成功。适合各种气候、土壤、地形条件的草种比可供选择的适合树种多，草种的采集与供应比适合的树种的树苗好解决。种草的成本更比植树造林成本低很多，种草当年或第二年就会见效，对一些

贫瘠、陡坡、土壤砾石含量高、蓄水能力差的土地，种草是恢复植被覆盖率最快的途径。

天然草地是西部地区覆盖面积最大的绿色植被类型，其中干旱草原、荒漠和高寒草地是西部植被的主体。西北干旱地区的森林覆盖率，远低于全国森林覆盖率，青海、宁夏、新疆、陕北、内蒙古西部、川西北和西藏的森林覆盖率仅为 1.6%～9.04%。显而易见，西部草地植被覆盖的好坏，制约了西部自然植被覆盖状况，其贡献度高于森林，我国主要河流长江、黄河、澜沧江、怒江、塔里木河、雅砻江、黑河等河流均发源于高寒地区，这些大江大河源头区与上游区生态环境的好坏、水源涵养的好坏取决于自然草地的保护状况。

林草拦截降雨径流，使径流速度放缓，使雨水下渗，减少径流，同时林草本身就吸收了一部分水分，林草不仅拦截了径流，而且还拦截了泥沙，保持了土壤不流失。林草是从源头上减少洪水数量，减轻洪水灾害的最有利的生物措施。通过此措施，将很大数量的径流洪水拦截，使其渗入地下，成为可有效利用的有益的地下水，增加水资源可利用量。

（1）"三化"草地面积迅速扩大。

①草地退化。我国退化草地及荒漠区山地草地、高原高寒草地，部分村寨周围的许多优良草地出现退化。全国天然草地退化面积目前仍以每年 3 000 万亩的速度增加，草地退化形态由线状、点状退化发展到带状、片状退化转变，退化程度不断加重。

②草地荒漠化与沙化。全国现有荒漠化土地面积 261.16 万 km^2，以新疆、内蒙古沙漠化面积最大，黄河两岸已形成 50 km 长的沙带，四川若尔盖是著名的大草地，目前公路两侧 500～1 000 m 以内的草地几乎全部沙化。北沙南侵，西沙东进，已使 3 500 多万亩的草地成为沙漠。

③草地盐碱化。目前我国草地盐渍化的面积已达 1.4 亿亩。大面积发生于东北西部、内蒙古西部、新疆、甘肃、青海等干旱荒漠区。

（2）草地水土流失日益严重。全国水土流失面积已达 294.5 万 km^2。草地植被开垦、泛滥、滥挖，造成植被覆盖率降低，土壤裸露，使草地水土流失逐渐加剧，成亿吨泥沙输入长江、黄河等河流。泥沙淤积造成江河洪水灾害，已成为不容忽视的问题。

据统计，2016 年全国草原综合植被覆盖度达 54.6%，较 2010 年提高 3.6 个百分点。近年中国草原受害面积，年均 4 亿亩以上，虫害面积 2 亿亩左右，草原火灾时有发生，2016 年全国草原火灾 56 起，累计受灾面积 55.4 万亩，虽然近年来草原生态系统建设取得了明显成效，但整体仍较脆弱，处在不进则退的爬坡过坎阶段，草原生态安全仍是国家生态安全的薄弱环节。

（3）林草保持了土壤不流失。林草是从源头上减少洪水数量减轻洪水灾害的最有力措施。通过林草措施将很大数量的径流洪水渗入地下，成为可利用有益地下水，增加了水资源可利用量。

7.3.3.2 加速造林

我国森林面积总量很大，最近几年每年造林面积已达到 9 000 万亩，到 2018 年，全国森林面积已达到 32.3 亿亩。但我国森林覆盖率仍然很低，仅为 22.4%，与森林覆盖率 60% 以上的国家有很大差距。我国森林覆盖率与世界平均水平 30.8% 仍有很大差距，即使我国按最近 5 年每年平均造林 7 000 万亩速度发展，达到世界平均水平仍需 18 年，我国造林任务是艰巨的，应该从生态角度考虑，加大对植树造林的投资，加快造林速度，提高森林覆盖率，提高涵养水源能力，减少洪水径流量。

（1）进一步拓展森林资源保护发展。

①严格保护森林资源，全面落实《全国林地保护利用规划纲要》，严守林业生态红线，严格执行林地定额管理，大幅度提高占用林地补偿标准和森林植被恢复费征收标准，引导各地节约使用林地。

②切实加强森林资源培育，继续保持每年 9 000 万亩以上的营造林规模。加快构建十大国土生态屏障，继续实施天然林保护、退耕还林、三北防护林等重大修复工程，推进平原绿化、河道绿化、林间绿化和森林城市建设。加强森林资源保护管理和抚育经营，提高森林质量和森林功能，更加重视干旱、半干旱地区造林，依靠科技进步和提高补贴标准，增加森林资源总量。大力推进集体林权制度改革、国有林场改革和国有林区改革，吸收更多社会力量参与林业建设。

③建立健全森林增长指标考核评价制度。要加强森林资源增长动态监测，强化林地变化年度监测，建立对各地区的考核评价制度，确保林业发展目标如期实现。

（2）严守生态保护红线。严守林地红线，到 2050 年森林覆盖率超过 26% 的目标。林地保有量不得少于 46.8 亿亩的林地保护红线。严格落实林地规划，根据《全国林地保护利用规划纲要》，如实执行各级林地保护利用规划与实施，建立有效的林地监测、评估、统计等工作机制，形成"以规划管理、以图管理"的管理模式。严格林地用途管制，实行林地定额，坚决制止非法占用林地的非林化，严格占用征收林地审核审批。制订占用征收林地项目禁入制，提高准入门槛，鼓励节约使用征地，做到尽量不占或少占林地，特别是国有林地。严格查处林地案件，坚持依法治林，落实森林法、防沙治沙法、退耕还林条例等法律法规。进一步加大执法力度，依法严禁毁林开垦、乱砍滥伐、非法占用林地等违法案件。通过严格执法，强化舆论监督和群众监督，形成保护林地资源的强大社会合力。

（3）科学推进各项改革，为生态林业、民生林业建设注入强大动力。坚持以生态建设文明为目标，以改善生态民生为总任务，以全面深化改革为总动力，创新林业体制、机制，完善生态文明制度，科学推进各项改革，为生态林业民生林业建设注入强大动力。

①深化已经推行的改革、完善各项制度。继续推进集体林权制度改革，围绕赋予农民更多的财产权利，进一步放活经营权、落实处置权。要确保不改变林地性质的前提下，规范林权产业化经营。进一步完善林业补贴、森林生态效益补偿资金、林权保险、林业产业改革等相关政策和机制，建立科学、规范、简便、有效的林业统计和考核评价体系。

②搞好一批改革试点，为全面推进改革积累经验。做好国有林地改革试点，明确国有林地生态公益功能定位和公益事业单位原则，建立相关的财政预算，社会保障制度；做好林木采伐管理机制改革，进一步激活集体林区商品林的采伐利用管控；搞好森林认证制度试点。

③谋划改革顶层设计，为推动改革奠定基础。对涉及面广、情况复杂的国有林区管理体制、自然生态保护体制和森林资源资产产权制度等改革要整体谋划，做好顶层设计，为快速推动和实现这些重大改革提供制度保障和基础条件。同时要研究林区法制、林业混合所有制经济以及生态文明制度体系等重大战略问题。

7.3.4 水库建设列为今后水利工作的重心

对于防治水灾，根本途径有两条路走，一是蓄，二是排。蓄就是通过修建水库，把上游的径流之水，存在水库内，有效地管理洪水，减少对下游的排放或根据洪水形势不排放。排就是要控制洪水，使洪水按人类修建的堤防工程走向在河道内行走，对两岸农田、村庄、道路、电力设施、建筑物等不产生危害。

水库拦蓄洪水，是人类从控制洪水向管理洪水转变的主要手段。水库的水量按人的意志，有序地向下游河道排泄，能够从根本上减少洪水流量，使河势稳定。水库能够将时空分布不均的降水径流拦蓄起来，转换为可持续利用的水资源，增加水资源可利用量，我国水资源可利用总量少，是贫水国家，水资源已成为经济发展的桎梏。通过修建水库增加水资源可利用量，解决水资源区域分布不均、年际分布不均的矛盾，进行水资源统一调配，是我国实现水资源可持续发展的根本措施。水库可作为农业灌溉、城市供水水源地，水库大坝提高了水位，利用水库水的势能建设坝后发电站，提供清洁廉价的电力资源。水库水面是湿地，其水景观是旅游胜地，可以满足人民日益增长的对美好生活的需求。水库水面可以利用来养鱼，增加水产品产量。水库具有多功能的综合效益，修水库是事半功倍的事业，是我国今后长远的解决水资源短缺的根本大计，是我国今后重点发展的项目。水库能有效地防范地质灾害。

我国河流穿越峡谷地段较多，西南地区的金沙江、怒江、澜沧江、雅鲁藏布江、黄江上游、珠江上游及长江的较大支流等，峡谷地段很容易发生滑坡等地质灾害，很容易形成堰塞湖，对下游造成严重的水灾。如2018年10月11日金沙江在西藏与四川交接带白格处发生滑坡，滑坡岩土量达200万 m^3，形成堰塞湖，使金沙江断流。11 月 3 日，白格处再次发生大面积滑坡，滑坡岩土量达 500 万 m³。金沙江第二次断流，到 11 月 12 日蓄水已达 5.28 亿 m³，转移居民 3.42 万人，救援官兵达到 6 000 人。13 日开始泄水，使 318 公路交通中断、215 国道路基局部冲毁。玉龙县房屋倒塌 8 000 间，农田受灾 27 075 亩，沿江 42 座水库全部被淹没。

7.3.4.1 我国水库建设现状

（1）我国水库建设，历史上曾出现过两个高速期。一是 1958—1959 年，另一个是 1970—1973 年。这个时期建设的大型水库占目前大型水库总数的 40% 以上，中型水库占 50% 以上。中小型水库建设目的以灌溉为主，这个时期建设的大部分中小型水库和小部分大型水库存在很多弊病，边施工边设计，有的甚至无设计资料，工程标准不高，工程建设不完善。后来对这两个时期建设的水库普遍进行了除险加固处理工程建设，使水库提高了工程标准、质量，消除了隐患。已建成水库数量及库容见表 7-2。

表 7-2　已建成水库数量及库容

年份（年）	已建成水库		大型水库		中型水库		小型水库	
	数量/座	总库容/亿 m³	数量/座	总库容/亿 m³	数量/座	总库容/亿 m³	数量/座	总库容/亿 m³
1976	78 473	3 688	304	2 879	2 057	331	76 112	498
1980	86 822	4 130	326	2 975	2 298	606	84 198	550
1985	83 219	4 301	340	3 076	2 401	661	80 478	564
1990	83 387	4 660	366	3 397	2 499	690	80 522	573
1995	84 775	4 797	387	3 493	2 593	719	81 795	585
2000	83 260	5 183	420	3 843	2 704	746	80 136	593
2005	84 577	5 623	470	4 197	2 934	826	81 173	601
2010	87 873	7 162	552	5 594	3 269	930	84 052	638
2011	88 665	7 201	569	5 602	3 346	954	84 692	645
2012	97 543	8 255	683	6 493	3 758	1 064	93 102	698
2013	97 721	8 298	687	6 529	3 774	1 070	93 260	700
2014	97 735	8 394	697	6 617	3799	1 075	93 239	702
2015	97 988	8 581	707	6 812	3 844	1 068	93 437	701
2016	98 460	8 967	720	7 166	3 890	1 096	93 850	705
2017	98 795	9 035	732	7 210	3 934	1 117	94 129	709
2018	98 822	8 953	736	7 117	3 959	1 126	194 132	710

注：数字引自《中国水利统计年鉴》

（2）建设数量。到 2018 年年底，我国已经修建水库 98 822 座，总库容已达到 8 953 亿 m³，其中大型水库 736 座，总库容 7 117 亿 m³，中型水库 3 954 座，总库容 1 126 亿 m³，小型水库 94 132 座，总库容 710 亿 m³。

大型水库总库容增长较快，国家在大型河流的干流上或重大支流上修建大型水库较多，对大江大河的洪水控制能力提高较快，所以近些年，大江大河发生洪水灾害很少，而中型水库及小型水库总库容增加量较大型水库增加量明显偏少。近几年全国每年洪水灾害造成的损失没有明显下降，全国每年洪水灾害的损失主要在中小型河流上，除了堤防因素外，中小河流修建的水库总库容少有关联。

我国水库总库容与水资源总量相比，比值较低，水库对洪水的控制能力低，难以有效地管理洪水。而在汛期大量洪水发生径流，滔滔洪水奔向大海，不能转化为可利用的水资源，造成全国可利用水资源不足，影响了经济可持续发展。

美国与中国相比，国土面积相差不大，降水总量相近，水资源总量相近。根据国际统计年鉴数字，美国水资源总量为 28 180 亿 m³，中国水资源总量为 27 460.3 亿 m³。美国水库总数为 8.4 万座，水库总库容为 13 000 亿 m³，水库总库容为水资源总量的 46.1%，计划到 2025 年水库总库容达到 20 000 亿 m³，而中国到 2018 年水库总数为 9.88 万座，水库总库容为 8 953 亿 m³，水库总库容为水资源总量的 32.9%。

（3）水库建设不平衡。

①区域不平衡。各省份水库建设数量、总库容差异很大。水库建设量应以总库容与多年平均水资源量的比值大小，即对降水径流的控制能力作为衡量水库量高低的标准，不应以水库数量的高低，用相对数作衡量标准。

我国天津市水库总库容为 26 亿 m³（地表水资源相对数为 178%），北京市为 52 亿 m³（127%），河南省为 426 亿 m³（134.4%），湖北省为 1 264 亿 m³（129%），辽宁省为 371 亿 m³（102%），吉林省为 334 亿 m³（85.6%），山东省为 220 亿 m³（67%）。这些省份的水库总库容绝对值不算大，但将降水径流转化为可持续利用水资源比例都相对较高。一些省份水库的总库容较大，但水库总库容与多年平均水资源的比例却很低，如广东省水库总库容为 450 亿 m³，水资源为 2 134 亿 m³，水库总库容与多年平均地表水的比例仅为 21.0%；四川省水库总库容为 523 亿 m³，水库总库容与多年平均水资源的比例仅为 20.7%，其拦截控制洪水能力偏低，将时空分布不均的降水径流转化为可持续利用的水资源比例很小。

水库总库容按径流比例规划设计，才能完全控制洪水，最大限度地提高拦截径流的比例。

②水库结构配置不合理。根据中国水利统计年鉴数据，到 2018 年年底，全国已建成的大中小型水库总库容已达到 8 953 亿 m³，为全国多年平均地表水资源量的 32.9%。大型水库 732 座，水库总库容 7 210 亿 m³，占全国已建成水库总库容的

79.8%；中型水库 3 934 座，总库容 1 117 亿 m³，占全国已建成水库总库容的 12.4%；小型水库 94 129 座，总库容 710 亿 m³，占全国已建成水库总库容的 9.8%。大中小型水库总库容比例失调。中小型水库总库容过小，将造成大型水库上游流域面积内洪水不能很好地控制，上游容易发生洪水灾害。以辽宁省为例，辽宁省共有水库 797 座，总库容 367 亿 m³。其中大型水库 35 座，总库容 336 亿 m³；中型水库 77 座，总库容 21 亿 m³；小型水库 685 座，总库容 9 亿 m³。辽宁省平均多年水资源量为 325 亿 m³，已建成水库和大型水库总库容均超过多年平均地表水资源量，说明辽宁省大型水库对洪水可以完全控制，大部分降水径流已转化为可持续利用的水资源。辽宁省几条大型河流均已修建大型水库，如大凌河中下游修建了白石水库，小凌河下游修建了锦凌水库，在浑河中游修建了大伙房水库，在辽河较大的支流都修建了大型水库，在太子河中游及较大支流修建了观音阁水库、葠窝水库、汤河水库，在辽河其他一些大支流上修建了清河水库、碧流河水库等。由于大型水库的有效拦截洪水，辽宁省大型河流中下游几乎没有发生过洪水灾害。大型水库都是建设在较大独立河流或较大支流的干流上。大型水库坝址以上有很大的流域面积，在流域面积中，有一大批小型河流没有控制性蓄水工程，洪水得不到有效控制，仍然会发生水灾。小型水库少不仅是洪灾问题，容易使上游大量的小流域的降水径流而去，使上游小流域水资源严重不足，严重影响农业用水，影响生态环境。

7.3.4.2　水库建设原则

（1）坚持小型为主。20 世纪 60 年代末，毛泽东主席对水利工程提出"以蓄为主，小型为主，群众自办为主"的三主方针。毛泽东主席对水利建设指示虽然已过去 50 多年了，但仍然有深远的指导意义。以"以蓄为主"就是说，只有把径流的洪水蓄存起来，才能控制洪水、管理洪水、消除水患，蓄才能有水资源可利用，才能进行灌溉、供水。"小型为主"是说小型水库能减灾在小型河流的源头，小型水库投资少、见效快，无数个星罗棋布的小水库就是多个大型水库。"群众自办为主"是说，小型水库必须由地方去建设管理才能更好地发挥效益。

小型水库是将径流洪水从源头开始拦蓄，从源头开始控制洪水，将减少小河流的洪水灾害，可以有效解决当前我国主要水灾在中小河流上的现象。从源头上拦蓄洪水，减少泥沙对下游河道的淤积，减少中下游大中型水库的泥沙淤积，延长大中型水库寿命。从源头治理，就是从根本上全面治理，小型支流区域是山区、丘陵区、水资源贫乏区、农民生活困难区域，拦蓄洪水径流后，可以有效地为上游区域农民提供灌溉用水、生活用水，是一项扶贫开发工程。

（2）先上后下、大中小相结合。水库建设要做到山、水、田、林、湖、草统一规划。山、林、草生态涉及降水径流深、泥沙含量，田、林、草灌溉用水决定水库规模。建设本着先从上游开始，由上而下全面治理、综合治理。上游小支流、小流域建设小型水库，小河流上的支流建设小型水库，控制多条小河流的来水量；在干流或大型支流上建设大中型水库。上游中小河流建设中小型水库，上中下联合可以将洪水全部控制，实现水资源充分利用。

7.4　全面推行河长制

河湖管理保护是一项复杂的系统工程。涉及上、下游，左右岸、不同行政区域和行业。实行河长制，党政领导担任河长，依法依规落实地方主体责任，协调各方力量，有力促进水资源保护。水域岸线管理、水污染防治、水环境治理等。全面落实河长制是落实绿色发展理念、推进生态文明建设的内在要求，是解决我国复杂水问题、维护河湖健康生命的有效举措，是完善水治理体系，保障国家水安全的制度创新。

7.4.1　严格水资源管理制度

严守水资源开发利用控制、用水效率控制、水功能区限制纳污三条红线，强化地方各级政府责任，严格考核评估和监督。实行水资源消耗总量和强度双控行动，防止不合理新增取水，切实做到以水定需、量水而行、因水制宜。坚持节水优先，全面提高用水效率，水资源短缺地区、生态脆弱地区要严格限制发展高耗水项目，加快实施农业、工业和城乡节水技术改造，坚决遏制用水浪费。严格水功能区管理监督，根据水功能区划确定的河流水域纳污容量和限制排污总量，落实污染物达标排放要求，切实监管入河湖排污口，严格控制入河湖排污总量。

7.4.2　加强河湖水域岸线管理保护

严格水域岸线等水生态空间管控，依法划定河湖管理范围。落实规划岸线分区管理要求，强化岸线保护和节约集约利用。严禁以各种名义侵占河道、围垦湖泊、非法采砂，对岸线乱占滥用、多占少用、占而不用等突出问题开展清理整治，恢复河湖水域岸线生态功能。

7.4.3　加强水污染防治

落实《水污染防治行动计划》，明确河湖水污染防治目标和任务，统筹水上、岸上污染治理，完善入河湖排污管控机制和考核体系。排查入河湖污染源，加强综合防治，严格治理工矿企业污染、城镇生活污染、畜禽养殖污染、水产养殖污染、农业面源污染、船舶港口污染，改善水环境质量。优化入河湖排污口布局，实施入河湖排污口整治。

7.4.4　加强水环境治理

强化水环境质量目标管理,按照水功能区确定各类水体的水质保护目标。切实保障饮用水水源安全,开展饮用水水源规范化建设,依法清理饮用水水源保护区内违法建筑和排污口。加强河湖水环境综合整治,推进水环境治理网格化和信息化建设,建立健全水环境风险评估排查、预警预报与响应机制。结合城市总体规划,因地制宜建设亲水生态岸线,加大黑臭水体治理力度,实现河湖环境整洁优美、水清岸绿。以生活污水处理、生活垃圾处理为重点,综合整治农村水环境,推进美丽乡村建设。

7.4.5　加强水生态修复

推进河湖生态修复和保护,禁止侵占自然河湖、湿地等水源涵养空间。在规划的基础上稳步实施退田还湖还湿、退渔还湖,恢复河湖水系的自然连通,加强水生生物资源养护,提高水生生物多样性。开展河湖健康评估。强化山水林田湖系统治理,加大江河源头区、水源涵养区、生态敏感区保护力度,对三江源区、南水北调水源区等重要生态保护区实行更严格的保护。积极推进建立生态保护补偿机制,加强水土流失预防监督和综合整治,建设生态清洁型小流域,维护河湖生态环境。

7.4.6　加强执法监管

建立健全法规制度,加大河湖管理保护监管力度,建立健全部门联合执法机制,完善行政执法与刑事司法衔接机制。建立河湖日常监管巡查制度,实行河湖动态监管。落实河湖管理保护执法监管责任主体、人员、设备和经费。严厉打击涉河湖违法行为,坚决清理整治非法排污、设障、捕捞、养殖、采砂、采矿、围垦、侵占水域岸线等活动。

8　抗旱减灾发展灌溉农业保障国家粮食安全

8.1　我国粮食安全形势

8.1.1　我国粮食安全现状分析

国家粮食安全的定义：一个国家在任何时期、任何情况下都具备向全体公民提供维持身体健康所必需的营养充足、结构合理的食物供应能力。

20世纪70年代世界出现了粮食供应危机，联合国粮农组织（FAO）向世界各国政府发出了关于粮食安全的警告。国家粮食安全的指标包括粮食总产量、人均粮食拥有量、粮食自给率、粮食储备能力、居民膳食营养。根据小康社会标准的要求，应包括满足居民需求的肉类、蛋类、奶类供应，还应包括长期的稳定的粮食生产能力（耕地、水资源、生产资料、抗灾能力等）和比例合理的国际贸易量。

8.1.1.1　粮食总产量

国家长期以来，一直非常重视粮食安全问题，始终把吃饭问题放在各项工作的首位，十分重视发展对粮食生产影响最大的灌溉事业。随着灌溉面积的逐年增加，我国粮食总产量逐年增长，已由1952年的16 392万t增长到2018年的65 789万t，增长了3倍，粮食总产量居世界首位，占世界粮食总产量的21.89%。2015年以来，粮食总产量一直稳定在6亿t以上。

8.1.1.2　人均粮食拥有量

我国人均粮食产量1985年以前为285 kg，到2010年人均粮食产量在334~400 kg之间徘徊，人均消费量为354~440 kg，是由温饱向小康生活的过渡期。2010年以后人均粮食产量为409~447 kg，大幅度提高，但仍满足不了富裕起来以后居民的生活需求，每年仍大量进口。人均消费量为400~528 kg，高于世界平均水平。2014年世界人均粮食拥有量为388 kg。肉、奶、果、菜的消费量明显增加，食物结构基本合理，人均每天摄入热量、脂肪均超过世界平均水平，蛋白质摄入量尚未达到世界平均水平，蛋白质的摄入量，主要表现在奶类消费量，2018年我国人均奶类消费22.7

kg，仅是世界人均消费值 107 kg 的 1/5，见表 8-1。

表 8-1　我国历年灌溉面积、粮食产量、进出口及消费情况

年份（年）	粮食总产量/万 t	灌溉面积/1 000 hm²	人口/万人	人均粮食产量/kg	净进口大豆/万 t	净进口谷物/万 t	人均消费粮食/kg	人均肉类/kg	人均奶类/kg
1952	16 392.0	19 959.0	57 500	285					
1978	30 476.5	44 965.0	96 259	319					
1980	32 055.5	44 888.1	98 705	329					
1985	37 910.8	440 345.9	10 5851	361					
1990	44 624.8	47 403.1	114 333	393					
1995	46 661.8	49 281.2	121 121	389					
1996	50 453.5	50 381.4	122 389	412				37.5	6.0
1997	49 417.1	51 238.5	123 626	400	−19	−417	405	42.6	5.5
1998	51 229.5	52 295.6	124 761	411	−17	−500	391.2	45.9	6.0
1999	50 838.6	53 158.4	125 786	404	−20	−399	404	48.3	6.4
2000	46 217.5	53 820.3	126 743	366	1 021	1 122	401	49.4	7.3
2001	45 263.7	54 249.4	127 627	356	1 369	−532	369	49.6	8.8
2002	45 705.8	45 705.8	128 453	357	1 103	1 179	352	51.3	10.9
2003	43 069.5	54 014.2	129 227	334	2 047	1 986	354	53.6	14.63
2004	46 946.9	54 478.4	129 988	362	1 990	501	351	55.8	18.2
2005	48 402.2	55 029.3	130 756	371	2 619	−387	376	53.1	21.9
2006	49 804.2	55 750.4	131 448	380	2 789	954	397	52.8	25.1
2007	50 160.3	56 518.3	132 129	381	3 036	−831	394	54.8	27.4
2008	52 870.9	58 471.7	132 802	398	3 697	−27	404.5	54.8	28.1
2009	53 082.1	59 261.4	133 456	398	4 220	183	429	57.3	29.6
2010	54 647.7	60 347.7	134 091	409	5 464	450	440	59.1	28.0
2011	57 120.8	61 681.6	134 735	425	5 243	429	448	59.1	28.3
2012	58 958.0	62 490.5	135 404	437	5 740	1 302	474	61.9	28.6
2013	60 193.8	63 473.3	136 072	443	6 317	1 363	490	62.7	26.8
2014	60 702.6	64 539.5	136 782	445	7 125	1 880	506	63.7	28.1
2015	62 143.9	65 872.6	137 462	453	8 156	3 222	524	62.7	28.2
2016	61 625.0	67 140.6	138 271	447	8 378	2 132	526	61.7	26.8
2017	66 160.0	678 157.0	139 008	476	9 542	2 403	562	62.3	22.7
2018	65 789.0	678 229.0	139 538	471	8 803	2 047	549	61.0	22.0

注：（1）数字根据《中国统计年鉴整理》

　　（2）人均消费量按上年粮食总产量加当年净出口数量除以当年人口计算而得

8.1.1.3 粮食自给率

粮食总产量一直在增加，人均粮食产量也在增长，但粮食自给率却在下降，2010—2018 年粮食自给率由 91% 下降到 85.8%，粮食自给率已低于很多专家主张的控制在 90%~95% 的底线。现在所提的自给率是按人均粮食产量与消费量数量的比例计算的。但我国进口的粮食以大豆为主，大豆的单产仅是谷物单产的 29%，如果将进口的农产品和出口的农产品全部按单位面积产量核算为耕地，我国农产品的综合自给率 2018 年已下降到 75.3%，形势是非常严峻的。我国已上升为世界第一大粮食进口国、第一大农产品进口国。2018 年我国净进口粮食 1.085 0 亿 t，占世界贸易总量 3.88 亿 t 的 28%，从 2010 年起净进口量呈快速增长趋势，2010—2018 年净进口量年间增长率为 7.9%。如果按这一增长率延续下去，到 2030 年，粮食进口量将达到 2.7 亿 t，占世界贸易总量的 70%，世界粮食市场没有能力供应中国。2010—2018 年的增长率是过高的数字，是危险的数字。

8.1.1.4 粮食储备

粮食储备是调节粮食市场价格、保障粮食安全的重要战略措施。我国一直重视粮食储备，粮食储备量近年来一直保持在 2 亿~2.5 亿 t，联合国粮农组织提出过储备粮达到 17%~18% 的警戒线，我国已达到 30% 以上。

8.1.1.5 政策措施

国家高度重视"三农"问题和粮食安全问题，每年中央一号文件都是关于"三农"问题，国家加强耕地保护，确定基本农田 15.6 亿亩，减免农业税，实行粮食补贴政策，最低保护价收购，调动农民种粮的积极性，不断加大农业投入，加强水利基础设施建设，为粮食安全提供了强大的保障作用，特别是加强土地资源和水资源的保护，根据我国现状的农业条件，近年粮食安全是有保障的。

8.1.1.6 粮食生产能力

根据耕地面积、灌溉面积、水利基础设施、抗旱能力，农药化肥等生产资料供应能力，农业科技水平，我国现状粮食生产能力可以达到 7 亿 t，国家正在实施增加 500 亿 kg 粮食生产能力的措施。

8.1.2 影响中国粮食生产的不利因素

8.1.2.1 耕地资源逐年减少，对粮食增产构成刚性约束

随着人口增长、社会经济发展、工业化和城市化进程的加速，建设用地持续增长，使耕地面积不断减少。根据中国统计年鉴数字，2005 年全国建设用地为 49 883 万亩，到 2016 年年底，已达到 58 643 万亩，11 年增长 10 760 万亩，年均 978 万亩。虽然每年土地整理都增加一些耕地面积，但总体上耕地面积逐年减少。2009 年全国耕地面积为 203 076.9 万亩，到 2018 年减少到 202 320 万亩，9 年减少 757 万亩，年均减少 84.1 万亩，而且减少的耕地多为高产农田。我国后备耕地资源十分有限，对

增加粮食产量构成刚性制约。

8.1.2.2　人口增加人均消费增长使粮食需求呈刚性增长

我国 2018 年人口为 13.953 8 亿人，预测到 2050 年将达到 16 亿人，增长 15%，2075 年达到 16.4 亿人，随着经济的发展、居民生活水平的提高，肉、奶类消费将大幅增加，人均消费粮食对应增加，将由 2018 年的 551 kg 增长到 2050 年的 875.4 kg，届时全国粮食消费将达到 14 亿 t，较 2018 年增加 82%，粮食生产面临巨大的增产压力。

8.1.2.3　旱灾严重

我国旱灾比较严重，每年因干旱缺水造成粮食减产数百亿千克，而影响最大的是华北和西北地区、北方地区耕地面积大，是我国的粮食主产区，北方因气候原因降水少，再加上旱灾影响，粮食产量影响就严重了。我国多数年受旱面积在 3 亿亩以上，成灾面积 2 亿多亩，最少的年份成灾面积在 8 000 万亩以上。旱灾已成为我国影响粮食产量最严重的自然灾害，抗旱减灾是粮食高产稳产最重要的措施，是我国必须尽快解决的农业问题。我国历年旱灾情况见表 8-2。

表 8-2　我国历年旱灾情况　　　　　　　　　　万亩

年份（年）	受灾面积	成灾面积	年份（年）	受灾面积	成灾面积
1978	60 254	26 954	1999	45 230	24 921
1979	36 969	13 974	2000	60 812	40 166
1980	39 167	18 728	2001	57 720	35 553
1981	38 540	18 201	2002	33 311	19 871
1982	31 046	14 958	2003	37 278	21 705
1983	24 134	11 379	2004	25 883	11 927
1984	23 929	10 523	2005	24 042	12 719
1985	34 484	15 095	2006	31 107	20 117
1986	46 562	22 148	2007	44 079	24 255
1987	37 380	19 550	2008	18 206	10 197
1988	49 356	22 955	2009	43 889	19 796
1989	44 037	22 893	2010	19 889	13 489
1990	27 263	11 708	2011	24 456	9 899
1991	37 371	15 838	2012	13 999	5 264
1992	49 470	25 574	2013	16 830	10 457
1993	31 647	12 989	2014	18 408	8 516
1994	45 423	25 574	2015	15 101	8 366
1995	35 183	15 561	2016	14 810	9 797
1996	30 227	9 371	2017	14 919	6 735
1997	50 271	30 015	2018	11 096	5 501
1998	21 356	7 602			

注：数字引自《中国水利统计年鉴》

8.1.2.4 农业经营体制限制了粮食增长

我国现状农业经营以一家一户的小规模作业为主，每户仅有几亩耕地，一般不超过 10 亩，小面积经营以人工作业为主，不能实现机械作业，造成成本高，收益低。小型个体经营，科技含量低，个人经济能力有限，难以去进行农业基础设施投资，限制了单产的大幅提高。只有大户集中经营，才能机械化作业，大户有能力在农业基础建设上投资，科技能力强，成本低，单产高。耕地向农业大户集中转移，目前是很难普遍做到，只能实现一少部分。

8.1.2.5 水资源不足是对粮食生产的主要限制因素

农业是我国最大的用水行业，多年来灌溉用水一直占全国用水总量的 62% 以上。由于供水总量不足，北方地区农业灌溉用水总量从 2000 年以来呈现稳定状况，2000 年全国灌溉用水总量为 3 783.5 亿 m^3，耕地灌溉面积为 8.09 亿亩，2018 年灌溉用水量为 3 693.1 亿 m^3，耕地灌溉面积为 10.24 亿亩，18 年灌溉面积仅增加 2.15 亿亩。增加缓慢的主要原因是北方一些省市水资源不足，如西北地区的陕西省、内蒙古有 2/3 的耕地仍为旱地，甘肃省有 75.5% 耕地仍为旱地，宁夏、陕西旱地仍占 60% 以上，这些省区的旱地产量是非常低的，北方地区仍有 6.4 亿亩旱作耕地。根据北方大部分省份现有水资源状况难以大面积增加灌溉面积，要大面积增加灌溉面积必须跨区域调水才能实现。

8.2 发展灌溉农业，增加粮食产量

8.2.1 灌溉与粮食生产

水是农业的命脉，水是粮食生产的主要因素。今后粮食增加主要依靠水的因素，靠灌溉增产、稳产，几十年来我国粮食增产是随着灌溉面积的增加而增长的。发展灌溉农业才能有效抵御旱灾，才能使农业稳产高效，才能保障粮食增产。

8.2.2 我国发展灌溉农业的潜力很大

我国 2018 年耕地面积为 20.232 亿亩，灌溉面积为 11.18 亿亩，其中果园灌溉面积 0.397 亿亩，林地灌溉面积为 0.377 亿亩，牧草灌溉面积为 0.167 亿亩，耕地灌溉面积为 10.24 亿亩，尚有旱作耕地面积 9.9 亿亩。我国北方 16 省份共有耕地面积 12.758 4 亿亩，灌溉面积为 6.328 9 亿亩，占 49.6%，尚有旱作耕地 6.429 5 亿亩，占 50.4%。

我国南方 15 省份共有耕地 7.473 8 亿亩，占全国耕地面积的 36.94%。灌溉耕地 3.912 0 亿亩，占 52.3%，尚有旱作耕地 3.561 8 亿亩，占 47.7%。北方 16 省份

旱作耕地面积占全国现存旱作耕地面积的 64.3%。全国现存有 49.7% 的耕地为旱作耕地,这部分耕地属于中低产田,这是今后提高粮食产量的最大潜力地区,是农业重点改造地区。主要措施是旱作耕地改造为灌溉耕地。这几年多数专家一致认为,灌溉耕地的粮食总产量占全国粮食总产量的 3/4,旱作耕地粮食总产量仅占 1/4。按专家的这个意见推测,现状灌溉耕地的粮食单产平均为 545 kg/亩,旱作耕地粮食单产平均为 180 kg。发展灌溉农业是提高农业效益,提高粮食产量的主要措施。我国南方 15 省份现有 3.561 8 亿亩旱作耕地,再发展 1.3 亿亩灌溉耕地是容易做到的事,南方省份水资源较丰富,采取工程措施就能做到。北方 16 省份现存 6.429 5 亿亩旱作耕地,再发展灌溉农田 3.295 亿亩,通过当地水资源和跨区域调水是能够实现的,建设 4.6 亿亩灌溉农田,按 2018 年的粮食单产,可增加粮食产量 1.7 亿 t,1.7 亿 t 的粮食产量对我国粮食供应安全保障起着重大作用。

8.3 再发展农田灌溉 4.6 亿亩的初步构想

西南地区降水量高,水资源丰富,多年平均水资源量 5 820 亿 m³,开发利用率很低,目前开发利用率仅为 1%,大部分流入国外;东南地区水资源丰富,开发利用率同西南地区一样很低,大部分水资源流向大海。这两地区重点发展耗水较高的水稻,解决我国大米供应安全。

重点在云南、贵州、广西、海南等水资源非常充足的地区发展水田,在南方省份再发展 1.3 亿亩灌溉农田;在北方重点在耕地较多、灌溉面积较少的东北地区发展灌溉农业,在西北干旱区的甘肃、内蒙古、陕西及华北地区河南、河北、山东和山西等这些省区耕地较多,旱田面积很大,在这里发展灌溉农田,增产显著。北方省份再发展 3.295 亿亩灌溉农田(表 8-3)。北方 16 省份还剩有 31 344.6 万亩旱田,这部分旱田大部分是坡耕地,一部分是地势较高的地区,难于调水,再有一些是零散不集中的小片耕地,难于调水,再有一些旱地处于基本无水资源,而且因地理条件限制,又不能调水,这 31 344.6 万亩农田难于做到灌溉农业。南方 15 省份仍有 22 618.4 万亩旱田,这些旱田分布在山区,属于坡耕地,又不集中连片,难于发展灌溉农业。

表 8-3 全国灌溉面积发展预测   万亩

地区	耕地面积	现有灌溉耕地	现有旱作耕地面积		发展灌溉面积	
			南方 15 省	北方 16 省	南方 15 省	北方 16 省
全国	202 320.0	102 407.0	35 618.4	64 294.6	13 000	32 950
北京	320.6	164.6		156.0		

续表

地区	耕地面积	现有灌溉耕地	现有旱作耕地面积		发展灌溉面积	
			南方15省	北方16省	南方15省	北方16省
天津	655.2	457.0		198.2		
河北	9 778.4	6 738.5		3 039.9		500
山西	6 084.5	2 278.0		3 806.5		1 500
内蒙古	13 906.2	4 795.0		9 111.2		5 000
辽宁	7 457.4	2 429.0		5 028.4		2 500
吉林	10 480.1	2 839.7		7 640.4		4 500
黑龙江	2 3768.6	9 179.4		14 589.2		8 000
上海	287.4	286.1	1.3			
江苏	6 860.0	6 269.7		590.3		
浙江	2 965.5	2 161.2	804.3			
安徽	8 800.2	6 807.5		1 992.7		700
福建	2 005.4	1 627.8	377.6			
江西	4 629.0	3 048.0	1 581.0			
山东	11 384.7	7 854.0		3 530.7		1 500
河南	12 168.4	7 933.0		4 235.4		2 000
湖北	7 853.9	4 398.0	3 455.9		1 500	
湖南	6 226.5	4 746.0	1 480.5			
广东	3 899.6	2 662.8	1 236.8			
广西	6 581.3	2 560.4	4 020.9		2 000	
海南	1 083.0	435.9	647.1		200	
重庆	3 554.7	1 045.4	2 509.3		1 000	
四川	10 087.8	4 398.7	5 689.0		2 500	
贵州	6 778.2	1 698.2	5 086.0		2 300	
云南	9 320.0	2 847.2	6 472.8		3 500	
西藏	666.0	396.8	269.2			
陕西	5 974.4	1 912.5		4 061.9		2 000
甘肃	8 065.5	2 006.3		6 059.2		3 500
青海	885.2	321.0		564.2		300
宁夏	1 934.8	785.1		1 149.7		600
新疆	7 859.4	7 325.3		534		350

注：空白处为"0"

8.4　世界节水灌溉状况

目前世界发展中国家农业灌溉仍以漫灌为主，在发达国家已经逐渐淘汰漫灌，逐步向现代节水灌溉方向发展。

根据国家灌排委员会网站 2016 年 11 月 30 日数据，世界共有灌溉面积 45 亿亩，其中中国 11 亿亩、印度 9.5 亿亩、巴基斯坦 2.86 亿亩、伊朗 1.35 亿亩、美国 3.91 亿亩。美国喷灌 2.1 亿亩，占灌溉面积的 56.7%，滴灌和微灌 2 970 万亩，占灌溉面积的 8%，现代节水灌溉面积占灌溉总面积的 65%。以色列灌溉面积 660 万亩，滴灌面积占灌溉总面积的 90%，微喷和喷灌面积占灌溉总面积的 10%，瑞典、英国、奥地利、德国、丹麦、匈牙利、捷克、罗马尼亚等国家喷灌面积均占灌溉总面积的 80% 以上；瑞典喷灌面积占灌溉总面积的 97%；瑞士喷灌面积占灌溉总面积的 100%。现代节水灌溉逐步在向人工智能控制，实现水肥一体化，是提高化肥利用率的最有效措施。不仅节水省肥，同时节省了大量人力，在人工费用日益增高的形势下，是降低农业成本的有效措施，是现代农业的发展方向。我国目前有灌溉耕地 10.24 亿亩，喷灌面积仅 6 615.8 万亩（2018 年），仅占灌溉总面积的 6.46%，微灌面积 10 390.5 万亩（2018 年），占灌溉总面积的 10.1%。而且主要在新疆，新疆微灌溉面积 5 427.3 万亩，占全国微灌面积的 52.2%。我国仍以传统大水漫灌为主，与现代节水灌溉发展方向不适应，这是灌溉方式需改进的方向性问题。

8.5　走节水灌溉农业的发展道路

8.5.1　节水灌溉方式

所有灌溉用水都要通过输水工程线路将水从水源地输送到田间。输水途径主要是渠道输水，大型引水工程必须通过渠道输水，中小型取水工程有自流能力的也是用渠道输水。渠道输水中，因线路长，沿途渗漏损失较多。我国目前灌区用水的有效利用系数仅 0.55，45% 的水量在途中渗漏掉了。渠道防渗是减少途中损失的有效措施。

节水灌溉方式分为一般技术与高新技术。一般技术主要内容为平整土地，通过平整土地，使土地灌水均匀，减少灌水时间，减少渗漏损失；小田畦灌、沟灌，细流管，缩短灌水时间，减少灌溉深度，减少地下渗漏，达到节水目的，可以节水 20% 左右。膜上灌，通过膜控制水分蒸发，减少蒸发损失，膜上灌可以节水 20%~30%。

沟灌、畦灌等方式都属于漫灌。漫灌水的利用率低，耗水高，不能有效控制灌水深度，比较浪费水资源，而且地表土壤板结，影响土壤通透性，同时需要较多的劳动力。在发达国家已开始逐渐被淘汰，由于大水漫灌技术简单，资金投入少，在多数发展中国家被广泛利用。

8.5.1.1 喷灌

喷灌是借助水泵把具有一定压力的水喷到空中，形成小水滴，以雨滴状态降落到田间的作物上的灌溉方法。喷灌可以节水 20%～40%。喷灌不但节水而且人工投入少，一般喷灌管理所需劳动量仅是地面灌的 20%，通过管道输水，无须田间的灌水沟渠和畦埂，比地面灌更能充分利用耕地，提高土地利用率，比地面灌可节地7%～10%；增产效果明显，喷灌便于严格控制土壤水分，使土壤湿度维持在作物生长最适合的范围。喷灌时能冲掉植物叶面上的尘土，有利于植物呼吸光合作用。喷灌对土壤不产生冲刷作用，从而保持土壤的团粒结构，使土壤疏松多孔，通气性好，因而有利于增产，特别是蔬菜增产效果更为明显，喷灌的这一增产效果是任何灌溉方式不能比拟的；适应性强，喷灌对各种地形适应性强，不需要像地面灌溉那样平整土地，在坡地和起伏不平的地面均可灌溉，特别是在土层薄，透水性强的沙壤土，非常适合喷灌。喷灌不仅适应所有大田作物，而且适应各种经济作物、蔬菜、草场等，均有显著的经济效果。喷灌的缺点受风速和气候影响大，当风速大于5～5.5 m/s（相当于 4 级风）能吹散雨滴，降低喷灌的均匀性，不宜进行喷灌。当气候十分干燥时，蒸发损失大，会降低节水效果。

8.5.1.2 微喷灌

微喷灌是利用折射、旋转或辐射式微喷头将水均匀地喷洒到作物枝叶上的灌水形式，它是介于喷灌与滴灌之间的一种灌水方式。

微喷灌与喷灌的区别：①微喷射程较近，一般 5 m 以内，而喷灌射程较远，以全国 DY 系列摇臂式喷头为例，射程为 9.5～68 m。②微喷的雾化程度高，也就是雾滴细水，因而对农作物的打击强度小，均匀度好，不会伤害幼苗，而喷灌水滴较大，易伤害幼苗。③微喷所需工作压力低，在 0.7～3 kg/cm^2 范围内可以运行良好，而喷灌的工作压力在 3 kg/cm^2 以上才有比较显著效果。④微喷节水，喷水量为 200～400 L/h，而全国 PY 系列喷头的喷水量为 1.35～116.5 m^3/h，微喷比喷灌更节水，微喷比喷灌节水 10% 左右。微喷是给作物下 "毛毛细雨"，喷灌是给作物下雨滴。微喷头出水口直径仅 1 mm，所以对水质要求更高，必须进行过滤。

8.5.1.3 滴灌

滴灌是通过干管、支管和毛管上的滴头，在低压下向土壤缓慢滴水，是直接向土壤供应已过滤的水分、肥料或其他化学剂的一种灌溉系统，在重力和毛细管的作用下进入土壤。滴入作物根部附近的水，使作物主要根区的土壤经常保持最优含水状况，是一种先进的灌溉方法，它具有节水、节能、节肥、省工的特点，比地面灌节水 30%~50%，比喷灌节水 10%~20%。

滴灌与喷灌相比：①压力低、节能、灌溉水利用率高，可以实现水肥一体化，减少肥量损失量，滴灌自动控制，省工。②滴灌灌水均匀，滴灌可有效控制每个滴头出水量。③土地和地形的适应性强。滴灌灌水已适应任何复杂的地形，甚至在乱石滩上的树也可以滴灌。滴灌的灌水强度低，可以适应入渗率低的黏性土壤，由于灌水时间长、勤浇、勤灌，即使透水性很强的砂性土壤，也不会造成严重的深层渗漏。灌水均匀度高，均匀度可达 80%~90%。

滴灌缺点：①滴水器堵塞是当前滴灌中最主要的问题，如水中的泥沙、有机物或是微生物及化学沉凝物，因此滴灌的水质要求严格，一般应经过过滤；必要时还需经过沉淀和化学处理。②太阳阳光会影响滴灌管子使用寿命，塑料的种类多，当把塑料降解，使其变得脆弱，导致塑料保持弹性的雌激素化学物质（即化学物质复制女性荷尔蒙）被释放到周围的环境中。③安装不当会浪费水、时间等成本。这些系统需要仔细研究土地地形、土壤、水、农作物和农业气候条件等相关因素，以及滴灌系统及其组件的适用性。

滴灌的几种形式：①固定式。固定式系统是把全部管网安装后不再移动。适用于葡萄、瓜果、蔬菜等作物。②半固定式。半固定式滴灌系统是指干、支管道具为固定，只是田间的毛管是移动的，一支毛管可控制数行作物，灌水时，灌一行后再移另一行进行灌溉。这种形式，目前应用少于固定式。③移动式。灌水期间毛细管和滴水管在灌溉完成后由一个位置移向另一个位置进行灌溉的系统称为移动式。与固定式相比，它提高了设备的利用率，降低了投资成本，主要应用于大田作物和灌水次数较少的作物；缺点是操作管理比较麻烦，管理运行费用高，它适合于经济条件差的干旱地区，这种系统应用较少。根据控制系统的运行方式不同，可分为手动控制、半自动控制和全自动控制。

8.5.1.4　渗灌

渗灌即地下灌溉，是利用地下管道将水输入田间埋于地下一定深度的灌水管内，借助于毛细管作用湿润土壤的灌水方法。

渗灌的主要优点：①灌水后土壤仍保持疏松的状态，不破坏土壤结构，不产生土壤表面板结，为作物提供良好的土壤水分状况。②地表土壤湿度低，减少地面蒸发。③管道埋于地下，可减少占地，便于交通和田间作业。可同时进行灌水和农耕作业。④省水、灌水效率高。⑤减少杂草生长和植物病虫害。灌溉系统流量小，压力低，可减少能耗，节约能源。缺点：①表层土壤湿度低，不利于作物种子发芽和幼苗生长，对浅根作物不利。②投资与施工复杂，管理维修困难，一条管道堵塞或破坏难以检查和修理。③易产生深层渗漏，特别是透水性强的沙质土壤，易产生地下损失水分。果树、温室蔬菜效果好，适合于干旱地区大田作物、花卉、苗圃、果园、城市绿地等。

8.5.2 节水灌溉是灌溉农业的发展趋势

全国多年平均水资源量为 27 460.3 亿 m^3，其中约 60%是利用难度非常大的汛期洪水。为保障生态环境最低需水要求、保障河流健康，至少应保持 20%的河水水量。根据著名水利专家王浩院士《中国水资源问题与可持续发展战略研究》文献论述，我国水资源理论可利用量为 11 170 亿 m^3，经济可利用量 6 800 亿 m^3。我国人均水资源理论可利用量为 800.5 m^3，经济可利用量为 487 m^3。2018 年全国年供水量已达 6 015.5 亿 m^3，人均用水 432 m^3，水资源开发利用量已占理论可利用量的 53.9%，占经济可利用量的 88.5%。比较容易开发，开发成本较低的水资源大部分都已开发利用，继续开发利用供水的难度和成本不断加大和提高，同时水资源开发利用越来越受到生态环境的制约，特别是北方 16 省区近年来水资源危机不断加剧，供水总量增长较缓慢。一方面是节约用水取得显著的成效，另一方面说明扩大供水难度逐步加大，虽然还有大面积旱作耕地，但灌溉面积增长缓慢，满足不了农民日益增长的对灌溉农田的需求。存在着 20 世纪 90 年代以前修建的大批供水设施老化、供水能力衰减，甚至已该报废的问题。

随着工业化和城市化过程的不断提高，工业用水和城市生活用水持续增长，一些水利设施转变为工业和生活用水，如河北省潘家口水库为大型水库，以农业灌溉为主，后来全部转为工业和生活用水，为天津市供水。水资源形势要求，农业灌溉发展必须走节水灌溉的道路。

国家高度重视节水灌溉的发展，陆续发布了《关于加快水利改革发展的决定》《全国节水灌溉发展十二五规划》《国家农业节水纲要（2012—2020）》《关于推进农业水价综合改革的意见》《水权交易管理暂行办法》《推动水肥一体化发展实施方案（2016—2020）》《农田水利条例》等一系列政策文件，加快推进农业高效用水的发展。"十三五"的规划纲要中，明确提出重点灌区全面开展规模化高效节水灌溉行动，期间新增建设高效节水灌溉面积 1 亿亩。以东北节水增粮、西北节水增效、华北节水压采、南方节水减排为重点，区域性规模化推进高效节水灌溉工程建设；项目区农业灌溉水有效利用系数达到 0.8 以上，为实现全国农田灌溉水的有效利用系数 0.55 的目标提供支撑。

大力发展农业节水，推动节水灌溉技术，有利于在农业用水量基本稳定的同时，扩大灌溉面积，提高灌溉用水效率，是我国现代化农业发展的必由之路。

"十三五"期间，节水灌溉由具体管向出政策出制度方向转型；在强调受益人在项目中的主体地位基础上，多元化、多形式融资；水资源的量化、计量装备、水肥药的综合利用技术装备及相关控制系统成为新的行业增长点。

一是渗漏节水的主要措施，通过渠道防渗，减小渠道糙率、加大流速，减小沿程渗漏蒸发损失，提高利用率。渠道防渗的主要工程形式有黏土防渗、塑料薄膜防渗、混凝土板防渗等工程形式。渠道防渗是目前我国大型灌区各级输水渠道采取的有效措施，同时也是中小型自流灌区渠道采取的有效措施。

二是管道低压输水，通过低压管道输水，代替渠道，达到减少渗漏、蒸发节水的目的。低压管道输水形式，目前主要应用于小型灌区、微型灌区。目前主要利用在井灌区中。低压管道输水灌溉可以使水的有效利用率达到75%以上。

目前世界农业灌溉正向高新技术发展走向现代灌溉方式，主要有喷灌、微喷灌、滴灌、渗灌等。

8.6　我国农业灌溉发展构想

我国幅员辽阔，各地水资源分布不均。南方耕地少，水资源丰富，尤其是西南地区、东南地区，降雨多，水资源十分丰富，水资源开发利用量小。西南地区水资源总量达 5 800 亿 m³，目前利用率仅1%左右，绝大部分流向国外。东南沿海大部分水资源流入大海。我国北方地区，耕地多，是我国主要粮食产区，但降水量少，水资源缺乏，尤其是西北地区年降水量仅在 25~400 mm，严重缺水。

根据我国各地区水资源的特点，确定各地区农业节水灌溉发展战略，将农业灌溉划分5个区，充分灌溉一区、二区，节水灌溉一区、二区，非充分灌溉区。

8.6.1　充分灌溉一区

8.6.1.1　基本情况

这一区域主要在长江以南地区，包括西藏、云南、贵州、广东、广西、湖南、江西、浙江、福建、海南、上海。这些地区各省水资源丰富，多年平均水资源总量占全国水资源的62.9%，耕地仅占21.88%。2018年农业用水为 1 174.9 亿 m³，仅占本区水资源总量的6.8%，本区亩均水资源 3 887 m³/亩。本区水资源十分丰富，是国家重点粮食产区，耕地总面积为 44 445.5 万亩，占全国耕地面积的22%。2018年粮食总产量 12 153 万 t，占全国粮食产量 65 789.2 万 t 的18.5%。本区主要农作物为水稻、油料，2018年水稻产量 8 857.8 万 t，占全国水稻总产量的41.8%。本区是油料的主产区，2018年油料总产量767.4 万 t，占全国油料总产量的22.4%。

本区水资源丰富，很早就被开发利用，著名的广西兴安县灵渠在公元前214年兴建，它沟通了长江流域的湘江和珠江流域的漓江，并有水运和灌溉效益，至今还灌溉 6 万亩农田，已列为联合国世界水利工程遗产。浙江龙游县的姜席堰，始建于元朝至顺年间，目前仍灌溉着 3.5 万亩农田，已被联合国列为世界水利工程遗产。灌溉事业的发展，使本区形成以水田为农业作物主体，2018年水稻播种面积已达 21191.9 万亩，占本区农作物的47.7%，占全国水稻面积的46.8%。

本区农业灌溉要以丰产丰收为目标，灌溉水量充分满足作物各生长阶段的用水需求，使作物充分生长发育，获得丰产丰收。

本区有灌溉面积 24 319.4 万亩，其中耕地灌溉面积占为 22 470.3 万亩，林地灌溉面积 556.1 万亩，果园灌溉面积 1 056.4 万亩，牧草灌溉面积 236.6 万亩。在耕地中，灌溉农田占 50.6%。本区节水灌溉面积为 8 935.4 万亩，占灌溉总面积的 36.7%。其中现代节水灌溉面积为 1 266 万亩，占灌溉总面积的 5.2%；其中喷灌 580.3 万亩，微灌 685.7 万亩。

本区万亩以上灌区灌溉面积占比大，万亩以上灌区 2 801 处，灌溉面积 9 154.5 万亩，占灌溉总面积的 37.6%，其余为小型微型灌溉及井灌等。

8.6.1.2 本区农业灌溉发展战略

（1）调整农业种植结构，继续加快发展以水田为主的农业灌溉。本区尚有旱作耕地 21 975.2 万亩，占耕地总面积的 49.4%。发展灌溉农田潜力很大，今后灌溉农田中发挥水资源丰富的优势条件，重点发展高耗水作物水稻灌溉，以减少水资源不足的长江以北地区的水稻面积。

广西尚有旱作耕地 4 021 万亩，旱作耕地占耕地面积的 61%；云南尚有旱作耕地 6 472.9 万亩，占耕地面积的 69.5%；贵州尚有旱作耕地 5 079.9 万亩，占耕地面积的 74.9%。三省旱作耕地的比重高，农业灌溉发展滞后。如果广西再发展 2 000 万亩灌溉农田，栽培水稻，广西的灌溉面积将达到 4 679.4 万亩，灌溉耕地占比达到 71.1%，接近于届时全国灌溉面积占比 75% 的水平。根据广西壮族自治区灌溉定额，早稻、晚稻综合计 1 366.6 m²/亩，2 000 万亩水稻灌溉用水量 273.3 亿 m³。

贵州如果再发展 2 300 万亩灌溉农田，灌溉面积达到 3 998.3 万亩，灌溉耕地将占耕地面积的 59%，届时仍是全国灌溉耕地占比最低的省份。根据公布的调节系数，土渠输水取 1.0，小型灌区取 1.0，渠系有效利用系数按小型灌区取 0.75，则水稻灌溉定额为 422.3 m³/亩，因是双季稻，取值 2 倍为 844.6 m³/亩，2 300 万亩水稻年灌溉用水为 194.3 亿 m³。

云南再发展 3 500 万亩灌溉农田，将使灌溉面积达到 6 347.1 万亩，灌溉耕地将占耕地面积的 68.1%，根据云南省质量技术监督局公布的《云南省地方标准》DB 53/T168—2013，用水定额，灌溉保证率为 75%。渠系有效利用系数按 0.75 计，水稻年亩用水 1 253 m³/亩，发展 3 500 万亩水稻，年灌溉用水 438.6 亿 m³。

海南有耕地 1 083 万亩，尚有旱作耕地 647.2 万亩，占耕地面积的 59.8%，尚有发展水田的潜力，海南再发展 200 万亩灌溉耕地。根据海南省质量技术监督局发布的《海南省地方标准》DB 46/T-449—2017，海南省用水定额，在 8 个灌溉分区中，在灌溉保证率为 75% 时，水稻平均灌溉定额为 603.6 m³/亩，200 万亩水稻田灌溉年用水量为 12.07 亿 m³。

本区在 2035 年前完成 4 000 万亩耕地灌溉发展，在 2035—2050 年完成 4 000 万亩耕地灌溉发展。

本区发展扩大高耗水作物水稻的同时，降低低耗水作物种植。2018年本区有1 545.3万亩花生种植，占2018年全国花生面积的22.3%；2018年本区花生产量295.7万t，占全国花生产量1 733.2万t的17.06%；单产平均低于全国平均值的23.5%。花生作物习性适宜沙壤土栽培，沙壤土土壤含水量偏低，沙壤土孔大，有足够空隙来满足花生作物的根系吸收土壤中的氧气。如果土壤含水量高，水分占据土壤中孔隙，孔隙少了，氧气少了，花生作物生长受到抑制，严重者停止生长。花生适合在干旱、半干旱地区生长，长江以南降水多，严重影响花生作物的生长发育。2018年在干旱区的新疆、河南、山东、甘肃花生单产分别为296.6 kg/亩、317.2 kg/亩、294.1 kg/亩、262.5 kg/亩，而广东、广西、福建、湖南、贵州、云南花生单产分别为209.3 kg/亩、197.6 kg/亩、199.5 kg/亩、173.9 kg/亩、147.1 kg/亩、113.1 kg/亩。单产相差20%~64.3%。本区种植大面积耗水少的作物，显然和水资源优势不相匹配。

（2）林地、果园、牧草灌溉业发展。本区现有林地灌溉面积540.1万亩，林地灌溉主要是林业育苗，本区森林覆盖率相对较高，宜林地越来越少，林地育苗面积呈下降趋势，本区不再考虑林地灌溉再增加问题。本区现有果园7 792.9万亩，占全国果园面积的43.7%，果园灌溉面积仅1 056.4万亩，占全国果园面积的13.6%。本区果业的发展重点不是增加面积而主要是发展果园灌溉，提高产量，提高品质。果园灌溉面积增加按年均增长率3%左右计算，预测到2035年本区果园灌溉面积将增加738万亩，增加70%，到2050年增加1 828万亩，增加174.9%。

浙江省现有果园485.2万亩，灌溉果园110.3万亩，预测到2035年将增加果园灌溉面积73万亩，2035—2050年增加100.3万亩。根据《浙江省农业用水定额》DB 33/T769—2016，主要水果柑橘，常规灌溉保证率75%的灌溉净定额6个分区分别为120 m³/亩、115 m³/亩、115 m³/亩、130 m³/亩、110 m³/亩、125 m³/亩，全省平均为119.2 m³/亩。渠系有效利用系数按0.7计算，毛定额为170 m³/亩。到2035年果园灌溉用水增加1.32亿m³，2035—2050年果园灌溉水将增加1.7亿m³。

福建省现有果园497.7万亩，灌溉果园136万亩，预测到2035年将增加95万亩灌溉果园，2035—2050年将再增加128万亩灌溉果园。根据福建省质量技术监督局发布的《福建省地方标准》DB35/T 772—2013，行业用水定额，常规灌溉保证率75%。香蕉Ⅰ、Ⅱ区灌溉定额分别为380 m³/亩、310 m³/亩，平均345 m³/亩；柑橘Ⅰ、Ⅱ区分别为30 m³/亩、35 m³/亩，平均32.5 m³/亩；荔枝Ⅰ、Ⅱ区分别为15 m³/亩、20 m³/亩，平均17.5 m³/亩；3种主要水果平均为131.7 m³/亩，按水有效利用系数0.7计算，毛定额为188 m³/亩。到2035年果园灌溉用水1.78亿m³，2035—2050年果园灌溉用水增加2.4亿m³。

江西省果园面积617.6万亩，灌溉果园90.5万亩，预测到2035年灌溉果园将增加 84 万亩，2035—2050 年，灌溉果园将再增加 86 万亩。根据《江西省地方标准》农业灌溉用水定额，主要水果脐橙，按保证率 75%，滴灌灌溉净定额为 25 m³/亩，沙田柚滴灌净定额为 32 m³/亩。水有效利用系数按 0.7 计算，到 2035 年果园灌溉用水将增加 0.29 亿 m³，2035—2050 年果园灌溉用水将再增加 0.39 亿 m³。

湖南省现有果园面积 775.5 万亩，其中灌溉果园 73.4 万亩，占果园面积的9.8%，按 3% 的年均增长率到 2035 年，灌溉果园将增加 51 万亩。2035—2050 年将增长 6 万亩。根据湖南省质量技术监督局发布的《湖南省地方标准》DB 43/T 388—2014，用水定额，林果 90% 保证率，5 区灌溉净定额分别为 140 m³/亩、175 m³/亩、215 m³/亩、220 m³/亩、145 m³/亩，平均 179 m³/亩，水有效利用系数按 0.7 计算，到 2035 年新增果园灌溉用水 1.3 亿 m³，2035—2050 年新增果园灌溉用水 1.76亿 m³。

广东省现有果园面积 1 473.5 万亩，其中灌溉果园 356.6 万亩，灌溉占果园总面积的 24.8%，灌溉果园按 3% 年均增长率计，预测到 2035 年将新增 249 万亩，2035—2050 年将新增 358 万亩。根据《关于开展广东省用水定额试行工作的通知》，广东省 6 个灌溉分区，香蕉平均灌溉定额 439.7 m³/亩，荔枝平均 216.8 m³/亩，柑橘 388.2 m³/亩，菠萝为 312 m³/亩，4 种主要水果平均灌溉定额为 339.2 m³/亩，到 2035 年果园灌溉用水增加 8.4 亿 m³，2035—2050 年果园灌溉用水增加 11.46亿 m³。

广西区果园面积为 1 895.4 万亩，居全国第一位，其中灌溉果园 99.9 万亩，占比为 5.3%。根据广西灌溉定额，主要几种水果荔枝，桂东、桂西分区平均为99.8 m³/亩，香蕉为 390 m³/亩，柑橘为 249.2 m³/亩，3 种水果平均定额为244.7 m³/亩。到 2035 年果园灌溉用水将增加 1.69 亿 m³，2035—2050 年果园灌溉用水将增加 2.3 亿 m³。

云南省现有果园面积 899.7 万亩，灌溉果园 115.6 万亩，占果园总面积的 12.8%。云南灌溉果园按年均 3% 的增长率，到 2035 年将增加 74 万亩，2035—2050 年将增加100 万亩。根据云南省质量技术监督局发布的《云南省地方标准》DB 53/T 168—2013用水定额 75% 的保证率，喷灌净定额 6 个灌溉分区平均为 67.1 m³/亩，灌溉水利用系数按 0.7 计算，灌溉毛定额为 95.8 m³/亩。云南省到 2035 年果园灌溉增加用水量0.64 亿 m³，2035—2050 年果园灌溉增加用水量 0.83 亿 m³。

贵州省有果园面积 870.5 万亩，灌溉果园仅 6.8 万亩，仅占 0.8%，发展灌溉果园潜力很大，贵州果园灌溉业应高速发展。如果年均增长率按 10% 的速度，到 2035年灌溉果园将增加 38 万亩，2035—2050 年灌溉果园将增加 141 万亩。根据《贵州省地方标准》DB 52/T 725—2011 贵州行业用水定额，木本果树保证率 50%，喷灌净定额为 40 m³/亩，草本水果喷灌净定额为 70 m³/亩。灌溉水利用系数取 0.7，则毛定额为 100 m³/亩，到 2035 年贵州增加灌溉用水 0.38 亿 m³，到 2035 年，果树灌溉增加用水 0.2 亿 m^3，2035—2050 年果树灌溉用水将增加 1.41 亿 m^3。

海南省现有果园面积 256 万亩，其中灌溉果园 30.6 万亩，占果园面积的 14.6%。灌溉面积按现有果园面积的 3% 年均增长率，到 2035 年将增加灌溉果园 25 万亩，2035—2050 年将再增加灌溉果园 34 万亩。

根据海南省质量技术监督局发布《海南省地方标准》DB 46/T 449—2017，海南省 8 个灌溉分区香蕉平均灌溉定额为 298 m^3/亩，杧果、荔枝、菠萝平均灌溉定额为 150 m^3/亩，橘、橙、柚平均灌溉定额为 287 m^3/亩，五类水果平均灌溉定额为 206.2 m^3/亩。到 2035 年灌溉果园用水增加 0.52 亿 m^3，2035—2050 年果园灌溉用水增加 0.7 亿 m^3。

牧草灌溉。本区除西藏有大片牧草地外，其他各省只有一些零星的小面积牧草，而且多在山地，不具备大面积灌溉条件。

其他灌溉，主要是花卉、中草药等灌溉，这些作物总量很少，已基本处于稳定状态，没有大面积灌溉的可能。

（3）加强水源工程建设和灌区改造。今后本区发展农业灌溉工程主要是小型灌区，小型灌区首先做好水源工程建设，才能保障灌溉用水量。在渠首修建小型蓄水工程。有足够的可以有效利用的水资源才能保证下游灌溉用水。近几年南方一些省份经常出现极端气候，湖南、江西、云南、贵州、广西一些局部地区经常出现干旱，甚至出现地面干裂。把时空分布不均的降水径流转化为可持续利用的水资源，才能保护灾年不减产。加强渠系改造，减少跑、冒、漏，加强渠道防渗，提高渠系水的利用系数，减少水的浪费损失。本区域水资源以地表水为主，地下水较少，地表水利用都要经渠道输水，通过渠系改造，提高水的利用率 10% 是比较容易做到的，力争在 2050 年以前，将渠系全部改造好，节水 213.1 亿 m^3。

本区到 2050 年农业灌溉面积由 2018 年的 24 319.4 万亩提高到 34 147.4 万亩，提高 40.4%，农业灌溉用水由 2018 年的 1 174.9 亿 m^3，增加到 1 917.9 亿 m^3，增长 63.2%，增加用水 743 亿 m^3。

8.6.2　充分灌溉二区

8.6.2.1　基本情况

本区主要包括四川、重庆、湖北、安徽、青海 5 省市，水资源比较丰富。本区地处成都平原、长江中下游平原、淮河下游平原，耕地平坦、肥沃，是国家重要的农业产区。耕地面积占全国耕地的 15.4%，水资源占全国水资源的 19.7%。2018 年粮食产量 11 522.9 万 t，占全国粮食产量 65 789.2 万 t 的 17.5%。本区主要农作物为水稻、小麦、油料、豆类、薯类。2018 年水稻产量 5 603.3 万 t，占全国水稻产量 21 212.9 万 t 的 26.4%；是全国小麦第二大产区，小麦产量 2 366 万 t，占全国小麦产量 13 144 万 t 的 18%；薯类产量 973.9 万 t，占全国薯类产量 2 865.2 万 t 的 34%，是全国第一大薯类产区；是油料主要产区，2018 年油料产量 886.7 万 t，占全国油料产量 3 433.4 万 t 的 25.8%；豆类在本区占有重要地位，2018 年豆类产量 306.7 万 t，占全国豆类产量 1 920.3 万 t 的 16.1%。

本地区应进行充分灌溉，完全满足作物各生长期的需求量，达到丰产丰收的目标，保障农作物高产量。本区虽然水资源比较丰富，但还是要适度推行节水灌溉。本区和华北、西北接壤，是南水北调调水区。重庆、湖北是中线向华北地区调水的调水区，安徽节省的水资源可以使本流域的水量向北调出。

8.6.2.2　农业灌溉发展

（1）调整农作物种植结构。适度减少高耗水作物水稻种植面积，2018 年水稻种植面积 11 199.3 万亩，占全国水稻面积 45 238.5 万亩的 24.7%。至少应减少 3 700 万亩，改种玉米，可减少农业灌溉用水量 132 亿 m³。

四川省水稻平均灌溉定额为 312.5 m³/亩、小麦平均灌溉定额为 80 m³/亩、玉米平均灌溉定额为 55.7 m³/亩。玉米灌溉单位面积较水稻节水灌溉 256.8 m³/亩，按渠系水有效利用系数 0.7 计算，玉米节水 366.9 m³/亩，如果四川减少 1 000 万亩水稻，改为玉米，将节水 36.7 亿 m³。安徽省水稻平均灌溉定额为 327.1 m³/亩、小麦平均灌溉定额为 70.7 m³/亩、玉米平均灌溉定额为 83.6 m³/亩、大豆平均灌溉定额为 77.1 m³/亩。大豆灌溉单位面积较水稻节水定额 250 m³/亩，按渠系水有效利用系数 0.7 计算，安徽未来减少 2 000 万亩，水稻改种大豆，将节水 71.4 亿 m³。

湖北省水稻平均灌溉定额为 252.5 m³/亩，大麦、小麦平均灌溉定额为 42.9 m³/亩，棉花平均灌溉定额为 69.8 m³/亩。小麦灌溉单位面积较水稻节水 209.6 m³/亩，按渠系水有效利用系数 0.7 计算，湖北未来减少水稻面积 500 万亩改种小麦，将节水 15 亿 m³。

水稻改种玉米和小麦将节水 123.1 亿 m³。水稻改种玉米和小麦应在 2035—2050 年完成。

（2）加强灌区改造。本区域引水灌溉发展最早。我国历史上最早的都江堰水利灌溉工程建于公元前 3 世纪，是古代无坝引水的代表性工程，以"乘势利导，因地制宜"和"深淘沙，低作堰"等技术特点而著称，引岷江之水灌溉成都平原，造就了"天府之国"，被联合国列为世界水利工程遗产。

本区域万亩以上灌区有 1 685 处，灌溉面积 9 637.5 万亩，占本区灌溉耕地面积的 53.9%。灌区大多在 20 世纪六七十年代修建，运行时间较长，灌区老化，应加强渠系改造，增加渠道防渗长度，减少渠道渗漏，提高水的利用系数；特别要加强土地平整，减少田间渗漏。做好灌区改造，至少可以节水 10% 以上。在 2035 年完成灌区改造，四川省可节水 6.9 亿 m³，重庆可节水 0.6 亿 m³。安徽可节水 6.9 亿 m³，青海可节水 0.9 亿 m³，湖北可节水 13.2 亿 m³，5 省市共节水 28.5 亿 m³。

（3）发展现代节水灌溉。本区现有耕地 31 181.8 万亩，灌溉耕地 16 970.5 万亩，现有旱作耕地 14 211.3 万亩，占耕地面积的 45.6%。发展灌溉农田有很大的潜力。四川省现有旱作耕地 5 689 万亩，占耕地面积的 56.4%。再发展 2 500 万亩灌溉农业；湖北省现有旱作耕地 3 456.1 万亩，占耕地面积的 44%，再发展 1 500 万亩灌溉农田；重庆市现有旱作耕地 2 509.3 万亩，占耕地面积的 70.6%，重庆市再发展 1 000 万亩灌溉耕地；安徽省现有旱作耕地 1 992.7 万亩，占耕地面积的 22.6%，再发展 700 万亩灌溉耕地；青海省现有旱作耕地 564.2 万亩，占耕地面积的 63.7%，再发展 300 万亩灌溉耕地。

本区现有灌溉面积中，喷灌面积仅 500.4 万亩，微灌面积 542.6 万亩，合计为 1 043 万亩，在灌溉面积中仅占 5.8%。现代灌溉方式不仅是节水数量，它可以实现水肥一体化，将有助于减少化肥的使用，减少土地污染，它节能省工，是现代农业发展的方向。2035 年前新增加 6 000 万亩灌溉耕地宜全部采用现代节水灌溉方式，采用喷灌和微灌。喷灌节水按 25% 计算，四川省常规灌溉小麦灌溉定额为 80 m³/亩，灌溉水有效利用系数按 0.7 计算，四川省增加 2 500 万亩喷灌方式的小麦，灌溉用水量为 21.43 亿 m³；湖北省小麦常规灌溉定额为 42.9 m³/亩，增加 1 500 万亩喷灌小麦灌溉用水量为 6.9 亿 m³；重庆市玉米常规灌溉定额为 58.8 m³，增加 1 000 万亩喷灌玉米，灌溉用水量为 6.3 亿 m³；安徽省大豆常规灌溉定额为 17.1 m³/亩，增加 700 万亩喷灌大豆，灌溉用水量为 5.8 亿 m³；根据青海省用水定额规定，马铃薯常规灌溉定额为 160 m³/亩，增加 300 万亩马铃薯，灌溉用水量为 3.6 亿 m³。本区再增加 6 000 万亩现代节水灌溉面积，本区增加用水量为 44 亿 m³。

（4）有效拦蓄降雨径流。把时空分布不均的降雨径流转化为可持续利用的水资源，增加水资源的可利用量。

本区在 2035 年完成灌区改造，增加渠系防渗长度、提高标准，新增 6 000 万亩现代节水灌溉面积。到 2035 年灌溉耕地由现在的 16 970.5 万亩增加到 22 970.5 万亩，届时灌溉用水总量由现在的 509.1 亿 m³，增加到 528.3 亿 m³，增长 3.8%。2035—2050 年调整作物结构，再减少水稻面积 3 700 万亩，农业灌溉用水总量将下降到 411.1 亿 m³，较 2018 年下降 19.2%。

根据重庆市灌溉用水定额规定，水稻和玉米灌溉定额分别为渝西丘陵区 370 m³/亩、60 m³/亩，渝东武陵山区 375 m³/亩、65 m³/亩。全市水稻平均灌溉定额为 363.8 m³/亩、玉米平均为 58.8 m³/亩，玉米灌溉净定额比水稻低 305 m³/亩，按灌溉水有效利用系数 0.7 计算，如果重庆市减少 200 万亩水稻面积，改种玉米将节水 8.7 亿 m³。

（5）林地、果园、牧草及其他灌溉业发展。林地灌溉主要是林业育苗地灌溉，本区地处中原，宜林地随着造林的发展，逐年减少，育苗地只能缓慢减少，不能增加。本区降水量为 600~1 200 mm，所以林地灌溉只能维持现状不变。

本区 5 省区现有果园 2 351.3 万亩，占全国果园的 1.2%，其中果园灌溉面积仅

392.3 万亩，占果园面积的 16.7%，果园灌溉业的潜力很大。今后果品增产主要依靠发展果园灌溉增加产量。从 2018 年以后按年均增长率 3% 的速度增加果园灌溉面积。

四川省现有果园 1 116.8 万亩，果园灌溉面积为 208.7 万亩，按 3% 的年均增长率，到 2035 年将增加 141 万亩，2035—2050 年将增加 192 万亩果园灌溉面积，占比达到 53.3%。根据四川省质量技术监督局发布的灌溉用水定额，保证率 75% 的苹果灌溉净定额为 55 m²/亩、梨为 60 m³/亩、桃为 140 m³/亩、柑橘为 55 m³/亩，平均为 79.5 m³/亩，按灌溉水有效利用率数 0.7 计算，灌溉毛定额为 110.9 m³/亩，到 2035 年果园灌溉用水增加 1.56 亿 m³，2035—2050 年果园灌溉用水增加 2.13 亿 m³。

湖北省有果园 549.3 万亩，其中灌溉果园为 103.8 万亩，占比为 18.9%。灌溉果园的年均增长率按 3% 计算，到 2035 年将增加灌溉果园 74 万亩，2035—2050 年将增加灌溉果园 100 万亩。湖北省灌溉定额未标示果园灌溉定额，故采用相邻的四川标准，因四川与湖北基本处于同一纬度，到 2035 年湖北果园灌溉将增加用水量 0.82 亿 m³，2035—2050 年将增加果园灌溉用水 1.1 亿 m³。

重庆市果园面积 461.1 万亩，重庆灌溉果园按 10% 的高速增长，到 2035 年将增加 70 万亩，2035—2050 年将增加 100 万亩。根据重庆市水利局公布的农业用水定额，重庆市果树保证率 75% 的灌溉净定额为 126.7 m³/亩，灌溉水有效利用率系数按 0.7 计算，重庆市到 2035 年果园灌溉用水增加 1.81 亿 m³。

安徽省有果园 213 万亩，其中灌溉果园 74.5 万亩，占果园面积的 35%。灌溉果园潜力很大。按年均 3% 的增长率，到 2035 年安徽省将增加 53 万亩灌溉果园，2035—2050 年将再增加 72 万亩灌溉果园。根据安徽省质量技术监督局公布的农业灌溉用水定额，苹果、梨、葡萄保证率 75% 的微灌定额均值为 47.2 m³/亩。灌溉水有效利用系数按 0.7 计算，安徽省到 2055 年果园灌溉用水增加 0.36 亿 m³，2035—2050 年果园灌溉用水增加 0.49 亿 m³。

到 2035 年本区灌溉果园将由现在的 392.3 万亩增长 338 万亩，增长 86.2%。到 2050 年，在 2035 年基础上再增加 464 万亩，较现在增长 304%。灌溉果园达到 1 194.3 万亩，占果园总面积的 50.8%，到 2035 年增加果园灌溉用水 4.01 亿 m³，2035—2050 年增加果园灌溉用水 5.53 亿 m³。

牧草灌溉业，本区只有青海有大量草场，其他很少。其他省区没有大面积发展牧草灌溉条件。

通过灌区节水改造，增加渠道防渗长度，扩大喷灌、微灌等现代节水灌溉面积，调整作物种植结构，减少高耗水作物水稻面积等节水措施，本区再扩大耕地灌溉面积 6 000 万亩，扩大果园灌溉面积 802 万亩。到 2035 年农业灌溉面积由现状的 17 884 万亩增长到 24 222 万亩，农业灌溉面积较 2018 年增长 35.4%，用水仅增长 3.8%，到 2050 年农业灌溉面积由现在的 17 884 万亩增长到 2 468.6 万亩，较 2018

年增长 38%，而农业用水由 2018 年的 509.1 亿 m³，下降到 411.1 亿 m³，下降 19.2%。

8.6.3 节水灌溉一区

8.6.3.1 基本情况

本区主要是辽宁、吉林、黑龙江东北三省区，本区水资源总量为 1 529 亿 m³，占全国水资源总量的 5.7%。本区水资源不丰富，如果采取有效节水措施，完全能够满足供水需求，因此必须把节水放在首位。本区有耕地 41 706.1 万亩，占全国耕地面积的 20.6%，亩均水资源为 366.7 m³/亩，亩均水资源处于全国低水平，本区地处东北平原，土地肥沃平坦，是我国重要粮食产区、重要农业区。2018 年粮食产量 13 331.9 万 t，占全国粮食总产量的 20.3%，玉米、大豆是本区主要农作物，是全国第一大玉米产区，第一大大豆类产区。2018 年玉米总产量 8 444.9 万 t，占全国玉米总产量 25 717.4 万 t 的 32.8%；2018 年产大豆 671.3 万 t，占全国大豆总产量 1 920.3 万 t 的 39.6%；水稻产量也在全国占有重要地位，2018 年水稻总产量 3 749.9 万 t，占全国水稻总产量 21 212.9 万 t 的 17.7%。

本区现有农业灌溉面积 14 746.7 万亩，其中，耕地灌溉面积 14 448 万亩，林地灌溉面积 63.6 万亩，果园灌溉面积 188.2 万亩，牧场灌溉面积 46.9 万亩。

耕地灌溉面积占耕地总面积的 34.3%，尚有旱作耕地 27 404.3 万亩，旱作耕地仍占耕地总面积的 65.7%，耕地灌溉发展潜力很大。

8.6.3.2 本区农业灌溉发展

（1）调整农业种植结构。本区耕地较多，尚有 2/3 的旱作耕地，但水资源不太丰富，亩均水资源仅 366.7 m³/亩，却种植着大面积的高耗水作物水稻，2018 年水稻种植面积为 7 666.8 万亩，占全国水稻种植面积 45 283.5 万亩的 16.9%，占本区耕地灌溉面积的 55.2%。

东北地区历史上一直以玉米、大豆、马铃薯、高粱为主，近些年高粱转为玉米，水稻面积一直呈上升趋势。水稻灌溉用水量占农业全部用水量的 84%，水稻是高耗水作物。根据辽宁省质量技术监督局发布的行业用水定额，辽宁省水稻平均用水基本定额为 579 m³/亩，小麦平均用水基本定额为 153.7 m³/亩，玉米平均用水基本定额为 109.3 m³/亩，水稻单位面积用水是玉米的 5.3 倍，是小麦的 3.8 倍。

根据吉林省质量技术监督局发布的吉林省主要粮食作物用水定额，全省水稻平均用水基本定额为 530 m³/亩，玉米平均灌溉用水低压管灌为 72 m³/亩，膜下灌为 53.4 m³/亩，水稻单位面积用水是玉米的 7.4 倍。

根据黑龙江省质量技术监督局发布的黑龙江省主要旱田作物灌溉净定额，黑龙江省水稻平均灌溉净定额为 391 m³/亩，玉米平均灌溉净定额为 97.9 m³/亩，春小麦平均灌溉净定额为 83.4 m³/亩，大豆平均灌溉净定额为 94.5 m³/亩，分别为水稻的 25%、21.3%、24.1%。调整作物结构减少水稻种植面积，增加大豆、玉米、小麦种植面积，节水效果是非常显著的。

本区域内水资源分布不均衡，一些市县近水楼台先得月，大面积发展水稻，这和本区水资源不相匹配。

辽宁省 2018 年种植水稻 732.6 万亩，除辽河三角洲盐碱地种水稻外，其他地区应大幅减少水稻种植面积。辽宁如果减少水稻种植面积 400 万亩，改种玉米，每年可节省灌溉用水 18.8 亿 m³；吉林省 2018 年种植水稻 1 259.6 万亩，如果减少 900 万亩水稻改为种植玉米，每年可节省灌溉用水 58.5 亿 m³，黑龙江省 2018 年种植水稻 5 674.7 万亩，如果黑龙江省除三江平原低洼地及盐碱偏高的地区种植水稻外，其他地区减少 2 000 万亩水稻种植面积，改种大豆，每年可节省农业灌溉用水 84.7 亿 m³。我国目前大豆 85% 依靠进口，黑龙江土地肥沃，很适合种植大豆。黑龙江大豆在历史上就很著名。黑龙江增加大豆种植面积有利于解决我国大豆供应安全问题。

（2）发展耕地现代节水灌溉面积。本区有耕地灌溉面积 14 448 万亩，占耕地面积的 34.6%，是全国耕地灌溉面积占比最低的地区。本区尚有 27 258.1 万亩旱作耕地，旱作耕地占耕地面积的 65.7%。农业上经常受干旱而减产。增产潜力很大，大力发展灌溉农业是农业可持续发展高产稳产的根本措施。本区在 2050 年前再发展 1.5 亿亩灌溉农田，使耕地灌溉面积达到 29 448 万亩，届时耕地灌溉面积将占耕地总面积的 70.6%。灌溉耕地的发展对我国粮食供应安全、大豆供应安全具有重要的战略意义。

本区农业灌溉面积中现代节水灌溉面积为 4 226.3 万亩，占灌溉总面积的 28.7%，本区现代节水灌溉面积占比仅次于新疆处于全国较先地位，但与世界农业发达国家现代节水灌溉面积占比 80% 以上的水平相比还是很低的。本区今后农业灌溉发展应全部采用现代节水灌溉方式。

辽宁省尚有 5 028.4 万亩旱作耕地，在 2035 年前发展 1 250 万亩现代节水灌溉耕地，2035—2050 年再发展 1 250 万亩现代节水灌溉耕地，全部为玉米。辽宁的灌溉耕地达到 4 929 万亩，其中现代节水灌溉面积达到 3 295.7 万亩，届时占灌溉耕地的 66.9%。辽宁玉米的基本用水定额为 109.3 m³/亩，现代节水灌溉方式至少节水 25%，玉米灌溉基本定额下降到 80.5 m³/亩。2 500 万亩玉米灌溉总用水为 20.1 亿 m³。

吉林省现有旱作耕地 7 640.5 万亩，2035 年前再发展 2 250 万亩现代节水灌溉耕地是适宜的，以玉米灌溉为主，吉林玉米 2035—2050 年再发展 2 250 万亩现代节水灌溉耕地，低压管道灌溉用水定额为 72 m³/亩，现代节水灌溉方式在管灌基础上节水 15% 以上，灌溉定额由 72 m³/亩下降到 61.2 m³/亩。灌溉水有效利用系数按 0.7 计算，14 500 万亩节水灌溉玉米总用水量为 39.4 亿 m³。黑龙江省现有旱作耕地

14 589.2 万亩，在 2035 年前发展 4 000 万亩现代节水灌溉耕地，在 2035—2050 年再发展 4 000 万亩现代节水灌溉耕地。8 000 万亩节水灌溉耕地全部种植大豆。根据黑龙江地方标准，大豆喷灌净定额为 56.8 m³/亩，灌溉水有效利用系数按 0.7 计算，毛定额为 81.1 m³/亩。8 000 万亩大豆灌溉用水总量为 64.9 亿 m³。届时耕地灌溉面积将达到 17 179.4 万亩，占耕地面积的 72.3%。

本区有万亩以上灌区 616 处，灌溉面积 3 228 万亩，延长渠道防渗长度，平整土地，减少田间渗漏。灌区节水改造至少节水 10%。灌区节水改造是投资少、见效快、效益高的措施。

力争在 2035 年前完成灌溉区节水改造。通过灌区节水改造辽宁省可以节水 2 亿 m³，吉林省可以节水 1.8 亿 m³，黑龙江可以节水 6.5 亿 m³。

应广泛修建水库有效拦蓄径流，使时空分布不均的降水径流转化为可持续利用的水资源，建立本区域、本省的独立水网，做好区间调控，在区域内有效分配调度、解决区域间水资源不平衡问题。

（3）有选择的非充分灌溉。本区虽然水资源相对能基本满足本区用水的需求，但区域间不平衡，如吉林的西部白城地区、辽宁的西部地区，水资源相对不足。在这些区域的河流的上游，水资源严重不足，部分耕地采用非充分灌溉方式。取得农业较好的收成，使单位水取得最大的生产率。

（4）林业、果园、牧草等灌溉业的发展。

林业灌溉业：本区林业灌溉业总面积不大，3 个省合计仅 63.6 万亩，主要是苗圃育苗灌溉，育苗面积增长缓慢。而育苗灌溉逐步转向喷灌，喷灌节水 25%，预测在 2050 年前育苗面积不会再增加。所以林业灌溉面积及灌溉用水仍按 2018 年数字计算，宜林地随着每年大面积造林，逐年减少，造林难度逐年加大，每年的造林面积不会大量增加。

果园灌溉业：本区有果园 596.1 万亩，其中灌溉果园为 188.2 万亩，尚有旱作果园 407.9 万亩，占 68.4%。本区果业发展不是再增加面积，而重点是发展果园灌溉提高果品产量来满足市场需求，灌溉果园产量是旱作果园的 1~2 倍，而且果品品质好。2018—2050 年果园灌溉面积按年均 3% 的增长率发展，2018—2035 年本区灌溉果园增长 126.3 万亩，灌溉用水增加 1.96 亿 m³，2035—2050 年本区灌溉果园增加 160 万亩，灌溉用水增加 2.5 亿 m³。根据辽宁省地方标准，苹果、梨基本灌溉定额全省平均为 228.3 m³/亩，按滴灌节水 30% 计算，滴灌定额为 160 m³/亩，辽宁 2035 年前增加 110 万亩滴灌果园，用水增加 1.76 亿 m³，2035—2050 年再增加 150 万亩滴灌果园，灌溉用水增加 2.4 亿 m³。根据《吉林省地方标准》，吉林省果园灌溉喷灌净定额为 100 m³/亩，毛定额为 143 m³/亩，2018—2035 年果园灌溉面积增加 9.30 万亩，灌溉用水增加 0.13 亿 m³。根据《黑龙江省地方标准》，果园喷灌净定额为 65 m³/亩，灌溉水有效利用系数按 0.7 计算，毛定额为 92.9 m³/亩。黑龙江省

2018—2035 年灌溉果园增加 7 万亩，灌溉用水增加 0.07 亿 m³，2035—2050 年灌溉果园增加 10 万亩，灌溉用水增加 0.1 亿 m³。

牧草灌溉业：本区域牧草灌溉业很少，3 个省牧草灌溉面积仅 46.9 万亩，灌溉用水量仅 0.7 亿 m³。牧草业发展将在生态修复章节有专门论述，在专门论述全国牧草业发展中，用水量超过全国农业用水量。

其他灌溉业：包括麻类、花卉、中药材等，这类灌溉面积总量不大。其他类灌溉业目前灌溉面积已处于稳定状况，未来不会有大发展，本着"通过节水措施，降低灌溉定额，减少单位面积用水量，虽然增加灌溉面积，但供水不增加"的原则。

本区通过作物种植结构调整，减少高耗水作物水稻面积，灌溉渠系节水改造、平整土地、发展现代节水灌溉面积、局部地区采取非充分灌溉等措施，大力发展农业灌溉。本区农业灌溉面积由 2018 年的 14 746.7 万亩到 2035 年达到 22 373 万亩，增长 51.7%，农业用水由 2018 年的 469.7 亿 m³ 到 2035 年提高到 524 亿 m³，增长 11.6%；到 2050 年农业灌溉面积达到 30 033 万亩，较 2018 年增长 103.6%；农业用水由 2018 年的 469.7 亿 m³ 下降到 427.2 亿 m³；农业用水总量下降 9%。耕地灌溉面积占耕地总面积的 70.6%。到 2050 年现代节水灌溉面积由现在占比的 28.7% 增长到 65%。

8.6.4 节水灌溉二区

8.6.4.1 基本情况

本区主要是华北地区省份，包括北京、天津、河北、河南、山东、江苏、山西、陕西 8 个省市。本区一直是我国主要粮食产区，是中华民族农业的发源地。本区 2018 年粮食产量 22 179.8 万 t，占全国粮食总产量的 33.7%。本区是全国小麦、玉米、花生、油料、水果的主要产区。2018 年小麦产量 9 506.7 万 t，占全国产量 13 144 万 t 的 72.3%，是全国小麦第一大产区；玉米产量 7 921.7 万 t，占全国玉米产量 25 717.4 万 t 的 30.8%，是全国第二大玉米产区；花生产量 1 020 万 t，占全国花生产量 1 733 万 t 的 58.9%，是全国第一大花生产区；水果产量 10 273.2 万 t，占全国产量 25 688.4 万 t 的 40%，是全国第一大产区。油料产量 1 226.8 万 t，占全国油料产量的 35.7%。本区地处华北平原及黄河沿岸平原耕地作区，有耕地面积 53 046.2 万亩，占全国耕地面积的 26.2%，而多年平均水资源仅 1 945.8 亿 m³，占全国水资源的 7.1%，全区亩均水资源仅 367 m³/亩，是全国亩均水资源的 26.3%，处于全国最低水平。本区严重缺水，水资源开发大部分省市已达到极限。如河北省 2018 年农业及生活用水总量达到 182.4 亿 m³，占全省水资源 236.9 亿 m³ 的 77%；山东 2018 年工农业及生活用水量达到 212.7 亿 m³，占全省水资源总量 335 亿 m³ 的 63.5%；北京、天津市全部依靠外调水来解决水资源不足；山西 2018 年工农业及生活用水量达到 74.3 亿 m³，占山西省水资源总量的 51.8%。本区是严重缺水区，地下水严重超采，在华北平原已形成大面积漏斗区，河北有 10 多万 km² 产生地面沉降。本区是我国主要农业区，农业灌溉是本区农业发展的主要措施，本区必须走节水农业之路。

8.6.4.2 农业灌溉发展

（1）调整作物种植结构。本区虽然水资源短缺、工农业用水不足，需从外流域调入，但本区仍有 4 760.4 万亩高耗水的水稻种植面积。从水资源角度应减少水稻种植面积，种植低耗水作物。

灌溉定额是区域衡量用水效率、未来灌溉用水发展的重要指标。根据河北省质量技术监督局发布的河北省主要作物用水定额，河北省全省平均水稻灌溉净定额为 576.2 m³/亩，春小麦地面灌为 190 m³/亩，低压管灌为 170 m³/亩；冬小麦地面灌为 188.3 m³/亩，低压管灌为 141.7 m³/亩；玉米地面灌为 95 m³/亩，低压管灌为 85 m³/亩；玉米地面灌为 190 m³/亩，低压管灌为 170 m³/亩；地膜花生地面灌为 95 m³/亩，低压管灌为 85 m³/亩；棉花地面灌为 95 m³/亩，低压管灌为 85 m³/亩；马铃薯地面灌为 157.5 m³/亩，低压管灌为 142.5 m³/亩。总体上看河北省灌溉定额数值处于全国半干旱区较低的水平，节水较好。

河北省水稻净定额为 576.2 m³/亩，春玉米为 190 m³/亩。水稻单位面积灌溉耗水是春玉米的 3.03 倍，如果河北省减少 30 万亩水稻改种春玉米，灌溉水有效利用系数按 0.7 计算，可节水 1.658 亿 m³。河北省在沿海地区碱性土地耕地种植水稻外，现状 117.6 万亩水稻减少 30 万亩是能够做到的。

河南省现种植水稻 930.6 万亩，减少 670 万亩水稻是必要的。根据河南省质量技术监督局公布的河南省平均小麦用水基本定额为 157.9 m³/亩，小麦喷灌为 97.9 m³/亩，微灌为 80.5 m³/亩；玉米灌溉用水基本定额为 100 m³/亩，玉米喷灌为 62 m³/亩，微灌为 51 m³/亩；水稻灌溉用水基本定额为 580.8 m³/亩。河南省喷灌节水 38%，微灌节水 49%，河南省喷灌、微灌节水效果十分显著。

河南水稻灌溉基本定额是 580.8 m³/亩，玉米是 100 m³/亩，水稻耗水是玉米的 5.8 倍，调节系数按 1 计算，减少 500 万亩水稻，改种玉米可年节水 24 亿 m³。

山东省有水稻面积 170.7 万亩，除黄河入海口三角洲碱性土壤外，其他地区减少 50 万亩水稻是可行的。根据山东省质量技术监督局发布的山东省平均小麦常规灌溉净定额为 172 m³/亩，玉米常规灌溉净定额为 82 m³/亩，水稻常规灌溉净定额为 397.5 m³/亩，是玉米的 4.85 倍。如果山东减少 50 万亩水稻面积，灌溉水有效利用系数按 0.7 计算，可节水 2.25 亿 m³。

陕西省关中南部、关中安康丘陵区、汉中盆地陕南川道区种植水稻 158.4 万亩，主要是利用渭河水资源。根据陕西种植业地面灌溉定额，水稻平均灌溉净定额为 551.7 m³/亩，玉米为 99 m³/亩，水稻单位面积灌溉用水量是玉米的 5.57 倍，如果陕西省减少 100 万亩水稻种植面积，改种玉米，灌溉水有效利用系数按 0.7 计算，可节水 6.5 亿 m³。

江苏省玉米灌溉定额较水稻低 527.6 m³/亩，如果江苏减少 2 000 万亩水稻改种玉米，将节水 105.5 亿 m³。

本区在河南、河北、山东、陕西、江苏五省除盐碱偏高的耕地、低洼地种植水稻外，减少 2 850 万亩，改灌溉玉米等，每年可节水资源 147.1 亿 m³。本区是南水北调中线受水区，将丹江口水库年调水 100 亿 m³，为本区补水。本区首先节水是必要的。

（2）灌区节水改造。本区修建灌渠灌溉农业历史悠久，早在春秋战国时期就修建了郑国渠等大型灌区，引水灌溉农田，黄河沿岸大量灌溉渠引水灌溉。现有万亩以上灌区 1 774 处，灌区控制灌溉面积 16 584 万亩，占本区灌溉面积的 45.8%。黄河沿岸灌区修建年代比较早，灌区老化，防渗渠道不足，渗漏比较严重。加强灌溉改造，增加防渗渠段长度，减少渗漏损失是必要的。

河南、河北、山东、天津等省市土地多数为沙壤土，沙壤土孔隙大，渗透系数大，渗水偏重，灌溉源系渗漏水要多一些。灌区多是一些老灌区，渠系老化，加强灌溉改造，增加防渗渠道长度，平整土地，加强节水改造是十分必要的。中等程度的改造，节水至少在 10% 以上，如果在 2035 年前完成灌区节水改造，提高 10% 的水利用率完全是能够做到的。按节水 10%，灌区面积占灌溉面积的 45.9%，按 2018 年全区农业用水 752.4 亿 m³ 计算，灌区改造可节水 36.4 亿 m³。

（3）现代节水灌溉发展。本区 8 省市耕地面积 53 046.2 万亩，耕地灌溉面积为 33 607.5 万亩，占耕地面积的 63.4%，仍有旱作耕地 19 438.7 万亩，现代农业必须是灌溉农业，只有灌溉农业才能保证高产、稳产、高效。

特别是干旱地区发展耕地灌溉对农业发展非常重要。本区农业灌溉发展中，存在现代节水灌溉发展缓慢问题。本区共有喷灌面积 1 162.4 万亩，微灌面积 759.5 万亩，合计为 1 921.9 万亩，仅占农业灌溉总面积的 5.3%。今后应该大力发展现代节水灌溉，以现代节水灌溉喷灌、微灌为主。

河北省现有旱作耕地 3 039.9 万亩，再发展 500 万亩灌溉耕地面积。根据《河北省地方标准》春玉米常规灌溉定额为 190 m³/亩，采取喷灌、微灌等灌溉方式，至少节水 25%，灌溉净定额降为 142.5 m³/亩，灌溉水有效利用系按 0.7 计算，灌溉用水量为 10.18 亿 m³。

山西省现有旱作耕地 3 806.4 万亩，再发展 1 500 万亩灌溉耕地。根据山西省作物灌溉用水定额，山西省全省平均小麦灌溉净定额为 168.8 m³/亩，小麦喷灌定额为 103 m³/亩，微灌为 91.2 m³/亩；谷子净定额为 118.3 m³/亩，喷灌为 72.2 m³/亩、微灌为 63.9 m³/亩。山西省粮区作物以低耗水作物为主，单位面积灌溉用水偏低，喷灌节水率达到 39%，微灌节水率达到 46%，节水效果显著。

山西省谷子喷灌灌溉定额为 72.2 m³/亩，灌溉水有效利用系数按 0.7 计算，增加 500 万亩灌溉耕地灌溉用水总量为 15.5 亿 m³。

山东省灌溉耕地面积比较大，但仍有 3530.7 万亩的旱作耕地，再发展 1500 万亩灌溉耕地。根据《山东省地方标准》，小麦喷灌净定额为 138 m³/亩，玉米常规灌溉为 82 m³/亩，喷灌按节水 19.8% 计算，为 65.8 m³/亩，小麦与玉米平均为 101.9 m³/亩，灌溉水有效利用系数按 0.7 计算，增加 1 500 万亩耕地灌溉用水量为 21.8 亿 m³。

河南省现有旱作耕地 4 235.3 万亩，再扩大 2 000 万亩灌溉耕地。根据《河南省地方标准》，玉米喷灌为 62 m³/亩，小麦喷灌为 97.9 m³/亩，河南农作物种植基本是冬小麦收割后种玉米，灌溉综合定额为 159.9 m³/亩，灌溉水有效利用系数按 0.7 计算，增加用水量 45.7 亿 m³。

陕西省现有旱作耕地 3 881.9 万亩，再增加 2 000 万亩灌溉耕地。根据陕西省种植业地面灌溉定额，陕西省全省平均小麦灌溉净定额为 111 m³/亩，控制灌溉为 89 m³/亩；小麦控制灌溉节水 19.8%，夏玉米净灌溉定额为 94 m³/亩，控制灌溉为 66 m³/亩，春玉米灌溉定额为 111.3 m³/亩，春玉米控制灌溉为 80 m³/亩，春玉米控制灌溉节水 27.9%；棉花净灌溉定额为 95 m³/亩，控制灌溉为 77.5 m³/亩，控制灌溉节水 18.4%；水稻净灌溉定额平均为 551.7 m³/亩，控制灌溉为 373 m³/亩，水稻控制灌溉节水 32.4%。陕西省是我国第一个提出控制灌溉标准的省份，从相关数据反映出无论小麦、玉米、水稻控制灌溉节水效果十分显著，控制灌溉是缺水区提高水单位产量的有效措施。从相关数据显示陕西省灌溉定额总体偏低，灌溉节水效果好。

在全省增加的 2 000 万亩灌溉耕地中，其中 1 000 万亩为陕西中、南部，冬小麦、下茬玉米，采用控制灌溉，小麦灌溉定额为 89 m³/亩，夏玉米为 66 m³/亩，亩定额为 155 m³/亩，中、北部为一季玉米，春玉米净定额为 80 m³/亩，全部采用喷灌可节水 20%，灌溉水有效利用系数按 0.7 计算，用水量为 26.88 亿 m³。

本区增加 7 500 万亩灌溉耕地，到 2035 年完成 3 750 万亩，2035—2050 年完成 3 750 万亩，7 500 万亩灌溉耕地灌溉用水量为 120.06 亿 m³。到 2035 年耕地灌溉面积占耕地面积比例由 2018 年的 62.6% 提高到 69.6%；到 2050 年耕地灌溉面积占耕地的比例由 2035 年 69.3% 提高到 76.6%。

（4）林地、果园、牧草地及其他灌溉业发展。

林地灌溉业发展：本区有林地灌溉面积 1 043.9 万亩，主要是林业育苗地，林业育苗地与造林面积有一定的比例关系。本区宜林地随着造林的发展逐年减少，而且条件好的林地已优先造林。今后每年造林面积不会大面积增加，而且逐年减少。因此育苗地不会再增加。

果园灌溉业发展：本区有果园面积 4 943 万亩，占全国果园面积 17 812.5 万亩的 27.7%，果园灌溉面积 1 513.9 万亩，占全国果园面积的 30.6%，今后果业发展主要是发展灌溉果园增加产量和提高果品质量。果园灌溉面积按年均 3% 的增长率计算，到 2035 年将增加 1 072.6 万亩，2035—2050 年将增加果园灌溉面积 921.9 万亩。

天津市到 2035 年将增加 7.1 万亩灌溉果园，2035—2050 年将增加 9.2 万亩灌溉果园。根据天津市农业用水定额，果园灌溉定额常规灌溉为 200 m^3/亩，微灌为 120 m^3/亩，灌溉水有效利用系数按 0.7 计算，到 2035 年将增加果园灌溉用水 1 217 万 m^3，2035—2050 年将再增加灌溉用水 1 577 万 m^3。

河北省现有果园 794.6 万亩，灌溉果园 316.1 万亩，到 2035 年再增加灌溉果园 247.8 万亩，2035—2050 年增加灌溉果园 230.7 万亩。根据河北省用水定额，保证率为 75%。苹果滴灌灌溉为 132 m^3/亩、梨树滴灌灌溉定额为 168 m^3/亩，按平均 150 m^3/亩计算，灌溉水有效利用系数按 0.7 计算，到 2035 年果园灌溉增加用水 5.3 亿 m^3，2035—2050 年果园灌溉用水增加 4.9 亿 m^3。

山西省现有果园面积 545 万亩，灌溉果园 79.8 万亩，到 2035 年将增加灌溉果园 56 万亩，2035—2050 年将增加灌溉果园 76 万亩，根据山西省用水定额，果树保证率 75% 灌溉净定额 4 个分区平均 153.8 m^3/亩，微喷调整系数为 0.7，灌溉水利用系数 0.7 计算，到 2035 年果园灌溉用水增加 0.9 亿 m^3，2035—2050 年果园灌溉用水增加 1.2 亿 m^3。

山东省现有果园 862 万亩，其中灌溉果园 563.1 万亩。果园全部灌溉到 2035 年将增加灌溉果园 298.9 万亩，根据山东省农业用水定额，保证率为 75%。苹果微灌毛定额全省平均为 181.2 m^3/亩，梨树灌溉保证率 85%，毛定额全省平均 183 m^3/亩。到 2035 年山东省果园灌溉用水增加 5.5 亿 m^3。

河南省现有果园 651.2 万亩，有灌溉果园 84.7 亩，占果园面积的 12%，尚有 566.5 万亩属旱作果园。果园灌溉潜力很大，按年均 3% 的增长率，到 2035 年增加灌溉果园 58% 万亩，2035—2050 年再增加 78 万亩。根据河南省农业用水定额保证率为 75%，平均苹果灌溉定额 140 m^3/亩、猕猴桃 250 m^3/亩、油桃 160 m^3/亩、西瓜 95 m^3/亩，综合定额为 165 m^3/亩，全部改造为微灌，节水 30% 计算，微灌定额为 115.5 m^3/亩。按灌溉水有效利用系数 0.7 计算，到 2035 年果园灌溉用水增加 1 亿 m^3，2050 年灌溉用水增加 1.3 亿 m^3。

陕西省果园面积为 1 670.9 万亩，陕西灌溉果园 203.4 万亩，占果园面积的 12%，旱作果园面积 1 467.5 万亩。发展果园灌溉业潜力很大，按年均 5% 的增长率，到 2035 年将增加果园灌溉 285 万亩，2035—2050 年将增加果园 528 万亩。根据陕西省行业用水定额，中等年份苹果灌溉定额全省平均 107 m^3/亩，葡萄平均 120 m^3/亩，猕猴桃平均 210 m^3/亩，梨、桃平均 99 m^3/亩。全省平均综合灌溉定额为 134 m^3/亩。到 2035 年果园增加灌溉用水 3.8 亿 m^3，2035—2050 年果园灌溉用水增加

7.1 亿 m^3。

北京市现有果园 69.6 万亩，灌溉果园为 62.5 万亩，占果园总面积的 89.8%，尚有 7.1 万亩旱作果园，到 2035 年北京市将再发展 7.1 万亩果园灌溉，将 7.1 万亩改为微灌面积，灌溉用水为 1.2 亿 m^3。

江苏省果园面积为 306.8 万亩，果园灌溉面积为 194.1 万亩，占果园面积的 63.3%，到 2035 年将增加 112.7 万亩果园灌溉面积。根据江苏省规定，林果灌溉定额为 180 m^3，江苏省到 2035 年果园灌溉用水将增加 2 亿 m^3。

本区果园灌溉面积现状为 1 513.9 万亩，到 2035 年将达到 2 586.5 万亩，果园灌溉面积由现状的 30.6% 增长到 52.3%，灌溉用水增加 18.9 亿 m^3；到 2050 年果园灌溉面积达到 3 508.4 万亩，果园灌溉面积占比增长到 71%，灌溉用水增加 33.4 亿 m^3。71.1% 的果园能够灌溉，果品产量会大幅增长，果品品质有很大的改善。

本区草场面积相对较少，暂时现状不变，牧草业灌溉在生态修复一章有专门论述。

本区通过调整作物种植结构、进行灌区节水改造、平整土地等节水措施，发展现代节水灌溉方式等。到 2035 年农业灌溉面积将由 2018 年的 36 214.6 万亩增长到 41 037.2 万亩，增长 13.3%。农业用水由 2018 年的 762.4 亿 m^3 增长到 804.8 亿 m^3，增长 5.6%。到 2050 年灌溉面积增长到 45 709.1 万亩，较 2018 年增长 26.8%，农业用水增长到 739 亿 m^3，较 2018 年增长 -2.9%。8 个省市农业灌溉中，长期发展预测，到 2050 年耕地灌溉面积由现状 33 607.5 万亩增长到 41 107.5 万亩，增长 22.3%，占耕地面积的 77.5%。旱作耕地仅剩 22.5%，是一些坡耕地、零散地块，又难于实现灌溉的坡耕地，灌溉基本达到极限。现代节水灌溉面积由 1 921.9 万亩增长到 11 515.2 万亩，增长 5 倍，占灌溉面积的比例由 5.3% 增长到 25.2%，农业灌溉有很大的发展。

8.6.5 非充分灌溉区

8.6.5.1 基本情况

本区包括内蒙古、甘肃、宁夏、新疆西北四省区。四省区国土面积广阔，达到 326.72 万 km^2，占全国总面积的 34%，耕地面积 31 766 万亩，占全国耕地面积的 15.6%，多年平均水资源量仅 1 673.7 亿 m^3，占全国水资源量的 6.1%。耕地灌溉面积 14 911.4 万亩，灌溉耕地面积占耕地面积的 47.1%；本区有现代节水灌溉面积 8 829.5 万亩，占灌溉总面积 18 648.7 万亩的 47.3%，现代节水灌溉方式占比全国最高，其中微灌面积 7 695.8 万亩，占灌溉总面积的 42.3%。现代节水灌溉方式发展较快。

西北部是我国重要农业产区，本区有优越的光照、温度条件，盛产棉花，棉花单产高于其他区 1 倍以上。2018 年棉花产量 514.6 万 t，占全国棉花产量的 84.3%；

本区玉米是主要粮食作物，2018 年玉米产量 4 352.2 万 t，占全国玉米产量的 10.9%；本区薯类是主要粮食作物之一，2018 年产量 400 万 t，占全国薯类产量 2 865.4 万 t 的 14%；豆类和小麦也占有重要地位。2018 年豆类产量 253.1 万 t，占全国豆类产量 1 920.3 万 t 的 13.2%，2018 年小麦产量 1 096.3 万 t，占全国小麦产量的 8.3%；本区盛产甘草、枸杞、葡萄、哈密瓜等特产而闻名。

8.6.5.2　本区农业灌溉发展

（1）调整农业结构。本区是全国最严重的缺水区，但农业种植结构中仍存在一定面积的高耗水作物水稻，2018 年四省区种植水稻 465.9 万亩。水稻是高耗水作物，宁夏 2018 年种植水稻 117 万亩，宁夏在河套地引黄灌区种水稻。宁夏多年平均水资源量仅 9.9 亿 m^2，而 2018 年农业用水达 56.7 亿 m^3。根据水稻净定额为 735.7 m^3/亩、春玉米为 256.2 m^3/亩、套种大豆为 133.4 m^3/亩、春小麦为 292.6 m^3/亩。水稻是春玉米的 2.87 倍，是套种大豆的 5.51 倍，是春小麦的 2.51 倍。如果宁夏在河套引黄灌区内减少 110 万亩水稻，改种玉米和夏种大豆，引黄灌区渠系有效利用系数取 0.65，取玉米和套种大豆的平均灌溉定额，每年将节水 6.6 亿 m^3。

内蒙古自治区 2018 年种植水稻面积为 225.6 万亩，内蒙古自治区耕地广阔，降水量少，水资源不足，除低洼地、盐碱地外，减少 60 万亩水稻种植是可行的。

从灌溉定额可知，内蒙古粮食作物灌溉定额明显高于东北、华北地区。以玉米为例，内蒙古低压管灌为 190.7 m^3/亩、吉林为 72 m^3/亩，相差 1 倍以上；春小麦内蒙古地面灌为 321.7 m^3/亩，低压管灌为 233.6 m^3/亩，河北分别为 190 m^3/亩、170 m^3/亩，内蒙古相差 69%~37.3%。主要是因为内蒙古地区降水偏小，降水利用少所致。内蒙古水稻平均灌溉定额为 562 m^3/亩，春小麦地面灌定额平均 312.7 m^3/亩、地下管灌平均 233.6 m^3/亩，喷灌平均 216 m^3/亩，喷灌较地面灌节水 30.9%，节水效果明显。玉米地面灌定额平均 253.4 m^3/亩、低压管灌平均 190.7 m^3/亩、喷灌平均 170 m^3/亩，喷灌较地面灌节水 32.9%。大豆地面灌定额平均 180 m^3/亩，低压管灌平均 133.3 m^3/亩，喷灌平均 123.3 m^3/亩，喷灌较地面灌节水 31.5%。大豆单位面积用水明显低于玉米，较玉米低 27%~40%。内蒙古水稻渠道衬砌灌区灌溉净定额为 536 m^3/亩，大豆灌溉定额为 162.7 m^3/亩，水稻灌溉定额是大豆的 3.29 倍，将水稻改为大豆，渠系有效利用系数取 0.65，减少 170 万亩高耗水作水稻面积，可节水 10.8 亿 m^3。

（2）灌区改造。本区共有万亩以上灌区 985 处，灌溉面积 12 367 万亩，占全区灌溉面积的 66.3%。本区以灌区灌溉方式为主，灌区多为老灌区，一部分灌区渠系老化、年久失修，由于投入不足，渗漏严重。宁夏有 33 处万亩以上的灌区，灌区控制面积为 867 万亩，占全省灌溉面积的 92.8%。甘肃有万亩以上灌区 250 处，灌溉面积 1 785 万亩，占全省灌溉面积的 76.8%。内蒙古有万亩以上的灌区 210 处，灌溉面积 2 100 万亩，占全区灌溉面积的 36.7%。新疆有灌区 492 处，有 6 630 万亩灌溉面积，占全区灌溉面积的 68.6%。

四省区土地大部分属于沙壤土。沙土地，普遍渗漏严重，灌区改造的重点是增加渠道防渗长度，减少输水过程损失，加强土地平整，减少灌水时间、减少田间渗漏损失。通过灌区改造和平整土地，至少能节水 10%，新疆渠系防渗占比较大，按 0.05 计，新疆通过灌区改造可以节水 33.9 亿 m³，宁夏通过灌区节水改造可以节水 5.3 亿 m³，甘肃通过灌区改造可以节水 6.9 亿 m³，内蒙古通过灌区改造可以节水 5 亿 m³。通过灌区节水改造共可以节水 51.1 亿 m³。

（3）发展现代节水灌溉耕地。四省区普遍降水量少，降水在 200~500 mm，一些沙化、沙漠地区降水在 0~250 mm，本区是绿洲农业，有水就有一片绿洲，就有一片农业耕作区。

本区光照条件好，灌溉就高产，旱田则产量十分低。灌溉是本区农业可持续发展的根本途径。本区尚有旱作耕地 16 854.6 万亩，占耕地面积的 53.1%，发展灌溉农业潜力很大，发展灌溉农业是现代农业的必走之路。本区有喷灌 1 133.7 万亩，占灌溉面积的 6.1%，微灌面积 7 695.8 万亩，占灌溉面积的 41.2%，喷灌、微灌等现代节水灌溉面积为 8 829.5 万亩，占灌溉面积的 47.3%。新疆现代节水灌溉面积发展较快。

内蒙古有耕地 13 906.2 万亩，灌溉耕地 4 794.8 万亩，尚有旱作耕地 9 111.4 万亩，占耕地面积的 65.5%。再发展灌溉耕地 5 000 万亩，将使耕地灌溉面积达到 9 794.8 万亩，占耕地面积的 70.4%，将使农业得到很大的发展。根据内蒙古行业用水定额，大豆保证率为 75%。大豆喷灌净定额为 123.3 m³/亩，玉米喷灌净定额为 170 m³/亩，发展灌溉大豆与玉米各 2 500 亩，灌溉水有效利用系数取 0.7，新增灌溉用水 104.75 亿 m³。

甘肃省有耕地 8 605.5 万亩，灌溉耕地 2 006.3 万亩，尚有旱作耕地 6 599.2 万亩，旱作耕地占 76.7%。灌溉耕地发展潜力很大。甘肃宜再发展 3 500 万亩灌溉耕地。根据甘肃省主要作物用水定额显示，甘肃省冬小麦常规灌溉用水定额平均为 315 m³/亩，喷灌为 160 m³/亩，喷灌节水 49%；马铃薯常规灌溉定额平均为 217.4 m³/亩；春小麦常规灌溉定额平均 340 m³/亩，低压管道灌溉为 300 m³/亩，较常规灌溉节水 11.8%，喷灌灌溉定额为 110 m³/亩，较常规灌溉节水 67%；玉米常规灌溉定额为 395 m³/亩，低压管灌为 350 m³/亩，节水 11.4%，滴灌灌溉定额为 300 m³/亩，较常规灌溉节水 24%；水稻常规灌溉为 410 m³/亩。

甘肃省玉米灌溉定额是东北地区的 4 倍，冬小麦灌溉定额是华北的 2 倍。甘肃灌溉定额在北方干旱区、半干旱区是比较高的，主要原因甘肃降水少所致。甘肃现代节水灌溉喷灌节水率高于东北、华北。

甘肃春小麦保证率 75% 的喷灌灌溉定额为 160 m³/亩，玉米喷灌平均定额为 300 m³/亩，马铃薯常规灌溉定额平均为 217.4 m³/亩，马铃薯按喷灌节水 25% 计算，可降为 163 m³/亩，春小麦、马铃薯作物各 1/2。渠系水有效利用系数按 0.7 计算，甘肃增加 3 500 亩灌溉耕地增加用水量为 80.75 亿 m³。

宁夏有耕地 1 934.2 万亩，灌溉耕地面积为 758.1 万亩，尚有旱作耕地 1 176.1 万亩，占耕地面积的 60.8%，灌溉耕地发展潜力很大。宁夏再发展 600 万亩灌溉耕地技术上是可行的。宁夏灌溉耕地将达到 1 358.1 万亩，占比为 70.2%。根据宁夏地方标准，宁夏农业灌溉定额，保证率 75% 春玉米为 256.2 m³/亩、套种大豆为 133.4 m³/亩，全部发展为喷灌可节水 25%，玉米定额降为 192.2 m³/亩，大豆降为 100 m³/亩，灌溉水有效利用系数取 0.7，增加 600 万亩春玉米套种大豆，则增加灌溉用水 12.5 亿 m³。

新疆耕地面积为 7 859.4 万亩，耕地灌溉面积为 7 325.2 万亩，耕地灌溉面积已占耕地的 93.2%，在全国各省区中是最高的。

新疆降水少，依靠降水是不能维持作物正常生长的。新疆农业必须是灌溉农业，新疆还有旱作耕地 534.2 万亩。新疆农业只有灌溉才能高产稳产，旱作耕地几乎没什么产量，新疆应再发展 350 万亩灌溉耕地面积。

根据新疆农业灌溉用水定额，新疆灌溉用水定额是北方地区最高的。新疆偏高的原因是降水太少所致，常规灌溉、膜上灌、喷灌、微灌 4 种灌溉方式中，平均定额冬小麦分别为 345 m³/亩、303.3 m³/亩、260.7 m³/亩、239.2 m³/亩；春小麦分别为 315 m³/亩、266.5 m³/亩、241 m³/亩、218.7 m³/亩；春玉米分别为 353.7 m³/亩、300.1 m³/亩、266.7 m³/亩、251 m³/亩；夏玉米分别为 367.1 m³/亩、365.7 m³/亩、277.9 m³/亩、260 m³/亩；水稻分别为 890.6 m³/亩、754 m³/亩；薯类分别为 331.8 m³/亩、283.9 m³/亩、251.4 m³/亩、234.7 m³/亩；豆类分别为 314 m³/亩、268.6 m³/亩、236.7 m³/亩、222.3 m³/亩；棉花分别为 428 m³/亩、367 m³/亩、322.3 m³/亩、296.5 m³/亩；葡萄分别为 441.9 m³/亩、375.5 m³/亩、336.9 m³/亩、310.4 m³/亩。膜上灌、喷灌、微灌同常规灌溉比较节水率分别为 15%、24%、30%，节水效果明显，在这水资源匮乏地区非常重要。

本区域虽然单位灌溉用水偏高，但本区有优越的光照、温度条件，只要能灌溉就高产，而且农产品质量好。如新疆棉花单产达 136.7 kg/亩，其他几个棉花大省湖北为 62.5 kg/亩，山东为 78.9 kg/亩，安徽为 68.4 kg/亩，河北为 78.5 kg/亩，新疆单产高出各省区分别为 54.3%、42.3%、50%、42.6%，而且棉花质量好。大枣、葡萄久负盛名，单产、质量均位于全国前列，灌溉农业在本区效益十分显著，是本区农业的发展方向。

新疆棉花高产质优，再发展 350 万亩棉花，对农业全面发展意义重大。按水有效利用系数 0.7 计算，棉花微灌定额为 296.5 m³/亩，350 万亩棉花灌溉用水量为 14.8 亿 m³。本区再发展耕地灌溉面积 9 450 万亩，需灌溉用水 213 亿 m³。

（4）林地、果园、牧草地及其他灌溉发展。

①林地灌溉。本区有林地灌溉面积1 665.2万亩，林地灌溉主要是育苗地灌溉，育苗是造林的一部分，它与每年造林面积有一定比例。目前，每年人工造林面积比较大，也比较稳定，所以每年林业育苗不会有大的变化。

②果园灌溉。本区有果园总面积为2 130万亩，其中内蒙古124.7万亩，甘肃470.6万亩、宁夏138.6万亩、新疆1 396.1万亩。灌溉果园面积为817.7万亩，占果园总面积的38.4%，在这干旱地区来讲显然太低了。本区果品产量增长主要是扩大灌溉果园。内蒙古灌溉果园较少，占比仅12.4%，果园灌溉业发展滞后，今后要加快发展，按年均增长率5%速度发展。新疆灌溉果园占比较大，达到48.4%，今后按年均增长2%的速度增长。甘肃灌溉果园仅占果园面积的14.2%，甘肃果园建设将加快发展灌溉果园，按年均6%的速度增长。宁夏灌溉果园为59.3万亩，占果园面积的42.8%，今后按年均1.5%的速度增长。内蒙古到2035年灌溉果园将增长1.4倍，增加果园灌溉面积22万亩；2035—2050年果园灌溉面积增长108%，增加果园灌溉面积40万亩，到2050年果园灌溉面积将达到77.5万亩，占果园面积的62.1%。甘肃果园灌溉面积到2035年将增长1.85倍，增加灌溉面积110万亩；2035—2050年果园灌溉面积增长1.4倍，增加果园灌溉面积237万亩，届时果园灌溉面积占比达到88%。宁夏果园灌溉面积到2035年将增长31%，增加灌溉面积19万亩，2035—2050年将增长25%，增加20万亩，届时果园灌溉面积占比将达到71%，新疆果园灌溉面积到2035年将增长42.8%，增加灌溉面积297万亩，届时果园灌溉面积占比将达到70%。

根据内蒙古行业用水定额，保证率为75%。果树滴灌定额为240 m³/亩。根据《甘肃地方标准》农业用水定额，保证率75%，果树滴灌定额为84 m³/亩，灌溉有效利用系数按0.65计算，果树灌溉定额为124 m³/亩。根据宁夏行业用水定额，保证率为75%。5个灌溉分区果树常规灌溉定额均值为187.2 m³/亩，按微灌节水30%，灌溉水有效利用系数0.7计算，微灌定额为187.2 m³/亩。根据新疆农业用水定额，保证率为75%，12个灌水分区果树微灌定额均值为325 m³/亩，灌溉水有效利用系数为0.7，亩均定额464 m³/亩。

本区牧草面积广阔有几十亿亩，是我国主要草场区，现状灌溉面积仅1 244.89万亩，牧场灌溉大力发展，草场灌溉将在生态修复中有专门论述。

（5）控制灌溉。本区是我国最严重的缺水区，大量缺乏生态用水、农业用水，是绿洲农业区，有水就有一片农业耕作区，一片高产区，无水则是荒漠区。本区水资源远远不能满足农业充分灌溉的需求，必须采取科学地利用有限的水资源，不能追求传统的单产最高为目的，而以总产量最佳为目标，通过优化水量分配执行节水管理行为的非充分灌溉，即控制灌溉。

综合国内外试验研究成果表明，根据作物不同的生育时期，不同的生理过程，水分亏缺的反应不同。在作物营养生长盛期和授粉、授精期避免严重的水分亏损，而在苗期和营养生长结束，生殖生长开始阶段，可以适度水分亏损而不减产。另外，干旱锻炼能增加渗透调节能力和促进根系发达，提高作物忍受干旱的能力和代谢潜力。同时在禾谷类作物结实器官分化初期和籽粒灌浆期，采取促控结合的供水方法，以增强营养物质向生产器官转移，增强代谢活力，避免早衰是挖掘禾谷类作物生产潜力，提高作物水分生产率的途径。在中等水分亏缺条件下，虽然生长受到明显抑制，但光合作用基本不受影响，物质运输可不受阻，根冠比将增大，渗透调节增强，并随着蒸腾大幅度降低，将有利于作物水分生长率的提高，在这种情况下，仍可获得较好的收成，这是作物适度进行亏缺性控水的理论依据。

我国北方长期的农业生产经验，玉米蹲苗控水，促进根系下扎，对增产有显著的作用。许多试验证明，实行非充分灌溉（有限灌溉）收到良好的效果，中国农科院农田灌溉所 20 世纪 90 年代在山西夏县进行小麦有限灌溉试验表明，冬小麦浇 3 次水（127 m³/亩）处理，亩产 256.41 kg，浇 5 次水（220 m³/亩）处理，亩产小麦 272.4 kg，仅差 5.9%，但节水 93 m³/亩，节水 42.3%。在陕西洛口的小麦低定额灌溉试验表明，在年降水 600 mm 条件下，冬小麦低定额灌溉 78 m³/亩的产量为 152.6 kg/亩，比常规灌溉 144 m³/亩的产量 159.1 kg/亩，无明显差异，但节水 45.8%。中澳合作研究曾德超等对北方果树调亏灌溉，密植节水增产技术研究指出，在果树果实生产缓慢（果实生长第 II 期），叶枝生长迅速的时期，对植株适度水分亏损缺胁迫，对果实生长和最终果实产量的影响较小，而控制枝叶旺长，达到节水增产的目的。

作物水分生产率是作物单位耗水量的单产量，它不是作物水分生产函数，它是水分生产函数曲线上，有关点的斜率，作物水分生产率是节水农业中重要的综合性指标，它与另一个指标——水的利率形成节水农业和节水灌溉的重要指标。

本区农作物多数作物灌水次数为 6 次左右，少部分灌溉 8 次，以灌水次数 6 次为标准，采取基本不影响或影响产量很小的情况下减少一次灌水，进行控制灌溉，可减少灌水 16% 左右。如果在本区中等以上降水区，在某些作物减少一次灌溉影响很小的情况下，以 50% 作物计算，实行控制灌溉，可减少灌溉用水 8%。采取控制灌溉有很多技术问题需要进一步研究，适合的作物、控制的作物生长期、单位水产生的产量效果、经济效益等。

到 2050 年，通过作物种植结构调整，灌区节水改造，耕地、果园现代节水灌溉发展，控制灌溉等措施，灌溉总面积由 2018 年的 18 648.9 万亩增长到 28 983.7 万亩，增长 55.4%。农业用水由 777.1 亿 m³，增长到 958.9 亿 m³，增长 23.4%。耕地灌溉面积由 14911.4 万亩增长到 24 411.4 万亩，增长 63.7%，耕地灌溉面积占耕地面积的 76.8%。果园灌溉面积由 811.7 万亩增长 1 562.7 万亩，增长 91.1%，果园灌溉面积占果园面积的 73.3%。现代节水灌溉方式有很大的发展，现代节水灌溉面积由 2018 年的 8 829.5 万亩增长到 19 074.9 万亩，增长 116%，现代节水灌溉面积占灌溉面积的 65.8%。

2050 年全国农业灌溉面积较 2018 年增加了 5.17 亿亩。达到 16.36 亿亩，增长 46.3%，耕地灌溉面积由 10.24 万亩增长到 14.84 亿亩，增长 44.9%。

到 2050 年农业用水较 2018 年增加 761 亿 m³，主要增加地区是长江以南地区，增加 743 亿 m³，水资源不足的长江以北地区减少农业用水 18 亿 m³，东北地区农业用水减少 42.5 亿 m³，长江沿岸以北的四川、重庆、安徽、湖北 4 省市减少农业用水 98 亿 m³，华北地区减少农业用水 23.4 亿 m³，西北地区增加农业用水 181.8 亿 m³。

现代节水灌溉面积由 2018 年的 17 277.7 万亩增长到 58 779.9 万亩，增长 240.2%，现代节水灌溉面积占灌溉面积的比重由 15.5%增长到 35.9%，取得显著的节水效果，提高了化肥利用效率，减少了化肥使用量。

9　水土保持发展战略

9.1　水土保持的重大意义

9.1.1　保护水土资源

水资源和土壤资源是人类赖以生存的基础，没有水就没有生命，没有土壤人类不能生存。水土资源可持续利用才能维持社会可持续发展，保护水土资源就是保护生产力、基本生产条件，就是保护经济社会可持续发展。水土保持可以有效地减少水土资源的流失，从而保护人类社会生存发展的基础条件。

9.1.2　减轻水灾，增加地下水资源

水土保持措施可以有效地拦截降水径深，延长洪水汇流时间，水土保持措施使降水下渗增加，减少洪水流量，减轻水灾，下渗的雨水缓慢地变为地下水，增加地下水总量，增加可持续利用的水资源量。

9.1.3　减少淤积，减轻旱灾

水土保持措施，植物措施和工程措施，拦截土壤流失，使降雨径流泥沙含量降低，减少对下游河床淤积，减少水库、湖泊泥沙淤积，延长蓄水工程使用寿命。降水径流减少，雨水下渗进入土壤，土壤中的水分增加了，提高土壤的抗旱能力，减轻旱灾。

9.1.4　改善生态环境

水土保持，减少土壤流失，减少土壤养分损失，使土层保持一定厚度，保持土壤肥力，有利于林草等植物的生长，使地表植被较好，改善生态环境，提高了环境质量，使受破坏的生态系统逐步得到修复。

9.1.5　推动农村社会经济发展

水土保持，小流域综合治理，可以改善农村生产条件，促进农村经济综合开

发，促进新农村建设是美丽乡村的重要内容。增加农民收入，提高农民生活水平，改变农民生产、生活方式，加快农民奔小康进程，是农业现代化的组成部分。

9.2 我国水土流失现状

9.2.1 水土流失现状

由于自然条件及人为因素的双重影响，我国水土流失和生态环境恶化是长期积累而形成的，治理与修复难度大。根据《中国水利统计年鉴》到 2018 年，全国水土流失面积 273.68 万 km^2，占全国总面积的 28.5%，其中水利侵蚀面积 115.09 万 km^2，风力侵蚀面积 158.6 万 km^2。根据水利统计年鉴数字，到 2018 年年底，全国累计治理水土流失面积 131.5 万 km^2，2018 年全国治理水土流失面积 5.69 万 km^2。按 2018 年的治理速度，全国水土全部面积治理一遍需要 48 年。但存在着"边治理，边流失，边破坏"的局面，当年新增水土流失面积 0.37 万 km^2，全国全部控制水土流失，至少到下个世纪初。

每年水土流失经济损失占全国 GDP 的 3.5%，约 3.2 万亿元，损失土地约 100 万亩。我国水土损失是巨大的，水土流失虽然有改善，但速度缓慢。

9.2.2 水土流失分布状况

根据中国科学院地理科学与资源研究所研究员、中国科学院院士、中国科学院副院长孙鸿烈在全国人大常委会专题讲座的内容，我国水土流失状况表现三大特征。

（1）面积大，范围广。水土流失不仅在农村发生普遍，城市、工矿地区全部都有水土流失。西部地区最为严重，西部地区水土流失面积占全国水土流失总面积的 83.4% 以上，中部地区占全国水土流失总面积的 14%，东部地区占全国水土流失面积的 2.6%。

（2）强度大，侵蚀重。我国农村土壤侵蚀总量较大，占全球总侵蚀量的 1/5。流域年均土壤侵蚀量每平方千米为 340 多吨，黄土高原部分地区甚至超过 3 万 t，相当于每年 2~3 cm 厚的表层土壤流失。全国侵蚀量大于 5 000 t/km^2 的面积为 112 万 km^2。

根据水土流失占国土面积的比例及流失强度综合判定，我国严重水土流失县有 646 个，其中长江流域 265 个，黄河流域 225 个，海河流域 71 个，松辽流域 44 个。

从省级行政区来看，水土流失最严重、最多的县市，四川省 97 个、山西省 84 个、陕西省 63 个、内蒙古自治区 52 个、甘肃省 50 个。

（3）水土流失成因复杂，区域差异明显。全国有几个重要水土流失类型区：

①东部黑土区，分布于黑龙江省、吉林省、辽宁省及内蒙古自治区东北部，为世界三大黑土区之一。水土流失主要发生在耕地上，这一地区地形多为漫岗长坡，在顺坡耕地作物的情况下，水土流失加剧。根据第一次全国水利普查数据，东北黑土区土壤侵蚀沟已达 29.566 万条，经测定，东北黑土区平均每年流失表土 0.4～0.7 cm，初始黑土层厚度一般 80 cm，至 20 世纪 90 年代后降至 50～60 cm。水土流失严重的耕地黑土层完全消失，露出下层黄土，当地群众称为"破皮黄"。东北黑土区面积为 17 万 km²。

②北方土石山区，分布于北京、河北、山东、辽宁、山西、河南、安徽等省区，大部分地区土层浅薄，岩面裸露，土层厚度不足 30 cm 的土地占总面积的 76.3%。

③黄土高原区，分布于陕西、山西、甘肃、内蒙古、宁夏、河南及青海等省区。区内土层深厚、疏松、沟壑纵横、植被稀少、降水分布不均，这一区域面积 60 万 km²，严重水土流失面积 43 万 km²。有 11.5 万 km² 的土地的侵蚀量每年大于 5 000 t/km²。每年流入黄河的泥沙约 15.8 亿 t。

④北方农牧交错地区，分布于长城沿线的内蒙古、河北、山西、甘肃等省区。由于过度开垦和超载放牧，植被覆盖面积、风力侵蚀和水力侵蚀交替发生。

⑤长江上游及西南诸河区域，分布于四川、云南、湖北、重庆、陕西、甘肃及西藏等省区。该区地质构造负载而活跃，山高坡陡，人地矛盾突出，坡耕地比较大，坡耕地占 68.5%。耕作层厚约 30 cm 的耕地占 18.8%，由于负载的地质条件和强降雨作用下，滑坡流失严重，本地区严重水土流失面积约为 35 万 km²。每年流入长江土壤 22 亿 t，是土壤流失量最大的区域。

⑥西南岩溶区，分布于贵州、云南、广西等省区，土层贫瘠，降雨强度大，坡耕地多，耕地层薄于 30 cm 的耕地占 42%，有的地区土层甚至消失殆尽，形成石漠化，石漠化面积已达 12 万 km²。

⑦南方红壤区，分布于江西、湖南、福建、广东、广西、海南等省区。岩层风化壳深厚，在强降雨作用下，发生崩塌侵蚀。

⑧西部草原区，分布于内蒙古、陕西、甘肃、青海、宁夏、新疆等省区。由于干旱少雨，超载过牧，过度开垦，草原面积大，退化，沙化严重。

9.3 水土流失的危害

9.3.1 水土流失的历史变化

9.3.1.1 水土流失的历史变化

我国自西汉时代人口较快增加，公元 2 年，全国人口达到 6 000 万人，需要大量食物、木材、薪柴。随着人口的增加，对水土资源开发利用程度加大，耕地达到8.2亿亩。到南宋时期，人口南移，大量山丘被开发利用，水土流失逐步发展和加剧。20世纪上半叶，我国水土流失进一步加剧，东北中部和北部，清朝以前森林覆盖率94%以上，基本没有水土流失，清朝晚期，开发东北，从华北大量移民东北，毁林开荒耕种，东北开始出现水土流失，逐步加剧。

20世纪50年代以来，人口快速增长，为满足食物、木材、薪柴需求，许多地方提出向山要粮，掀起大片开山扩种的高潮，牧区草场超载，树木大量采伐，滥垦滥牧滥伐现象普遍，形成新的水土流失区。80年代以来，国家加大了生态保护力度，采取一系列措施，过垦、过牧、过伐扭转，但城市建设、矿产资源开发，公路、铁路建设及新的农村开发等发展导致新一轮的水土流失。

9.3.1.2　水土流失的自然因素

（1）土质结构松散，遇水分散、崩解，抗侵蚀能力低。

（2）降雨强度大，暴雨多，集中在6—9月，占全年60%~70%，降水量超过土壤渗透速度的量。

（3）植被稀少，不能有效地拦截降雨径流。

（4）地貌由梁、岗、沟、谷组成，沟壑纵横，坡陡沟深，使土壤侵蚀极易发生、发展。

9.3.1.3　水土流失的社会因素

（1）对森林、草地植被破坏严重，导致地表蓄水能力减弱。暴雨产生后，立即山洪暴发，冲刷坡面土壤，产生沟壑纵横。

（2）过度放牧使草地覆盖率降低，限制了草地资源的再生速度，使草地不能有效地抵抗风侵、水侵。

（3）乱挖药材致使草地千疮百孔，小土坑、小土丘星罗棋布，破坏了植被，引起风蚀和水土流失。

（4）坡陡开采、毁林造林，造成植被破坏，生态环境恶化，水土流失加剧。

（5）不合理的耕作制度，农机数量少，耕翻困难，耕层变薄，犁地层上移，土壤物理性质变化，蓄水能力下降。坡耕地不是等高耕作，垄向不垂直坡向，而是与坡面相向而行。

（6）生产模式落后，长期沿循"农业就是粮，农民就是种地"的观点，以种植业为主，从而导致毁林开荒、毁草开荒，弃牧种粮，形成"人口—耕地—粮食"的循环。

（7）工程建设的影响，工程建设发展遇山开路、遇沟架桥要占用一些耕地、草地，在山丘区通过时，要形成新的坡面，这些工程建设产生了新的水土流失。

9.3.2 水土流失造成的损失

9.3.2.1 土地退化

全国因水土流失每年损失耕地 100 多万亩,每年流失土壤 50 亿 t,流失氮磷钾等有机物质 4 000 万 t。这对于我国人多地少的土地资源产生的危害是很大的,西南岩溶区和长江上游区有部分农田耕作层土壤已经流失殆尽,母质基岩裸露,丧失了农业生产能力。按现在的流失速度计算,50 年后东北区 1 400 万亩耕地的黑土层将丧失殆尽,35 年后西南岩溶地区石漠化面积将由现在的 12 万 km² 增加到 24 万 km²,每损失 1 mm 厚的土壤,降低谷物产量 0.67 kg/亩。

9.3.2.2 导致江湖库淤积

全国 98 822 座水库年淤积 16.24 亿 m³,洞庭湖每年淤积 0.95 亿 m³,泥沙淤积造成蓄水能力下降。使上游地区土层变薄,土壤蓄水能力降低,增加了山洪暴发的频率和洪水流量,增加泥石流灾害发生的频率,泥石流是水土流失的一种极端表现形式。植被破坏,陡坡开采,建设中乱挖乱弃等不合理活动导致径流增加,加大泥石流发生频率。

9.3.2.3 恶化生态环境,加剧贫困

水土流失已成为制约山丘区经济社会发展的重要因素,水土流失破坏生态、土地资源、降低耕地生产力,不断恶化农村经济、生活条件,制约经济发展。加剧贫困程度,不少山区出现"耕地少,吃水难,增收难",水土流失与贫困互为因果,水土流失最为严重地区往往是贫困地区。我国 76% 的贫困县和 74% 的贫困人口生活在水土流失最严重区。多数革命老区水土流失严重,群众生活困难。赣南 15 个老区县中有 10 个县水土流失严重,陕北老区 25 个县,全部为水土流失严重县,贵州省地区和布依族自治区 11 个民族县,全部为水土流失严重县,甘肃临夏回族自治州 7 个民族县,全部为水土流失严重县。

9.3.2.4 削弱生态系统功能,加重旱灾损失和水源污染,对我国生态安全和降水安全构成严重威胁

水土流失和生态恶化互为因果,一方面,水土流失导致土壤涵养水源能力降低,加剧旱灾。另一方面,水土流失作为水源污染的载体,在输送大量泥沙过程中,也输送大量化肥、农药和生活垃圾等水源污染物,加剧水源污染。全国现有重要饮用水源区中作为城市水源地的湖库 95% 以上处于水土流失严重区,水土流失还导致草地退化,防风固沙能力减弱,加剧沙尘暴发生,导致河流湖泊萎缩,野生动物栖息地消失,生物多样性降低。

根据亚洲开发银行的研究,水土流失给我国造成的经济损失相当于 GDP 总量的 3.5%,每年约 3 万亿元。水土流失即是土地退化和生态恶化的主要形式,也是土地退化和生态恶化的集中反映,对我国经济社会发展的影响是多方面的、全局性的和

深远的，甚至是不可逆的。

9.4　水土保持工作取得的显著成效

根据水利部水土保持司公布情况，党的十八大以来，水土保持工作切实贯彻"创新、协调、绿色、开发、共享"发展理念，按照《水土保持法》和国务院批复的《全国水土保持规划（2015—2030 年）》总体要求和任务，积极推进重点区域水土流失综合治理；全面加强预防保护及生态修复，厚植绿色发展根基，着力改善生态环境，促进群众脱贫致富，将新理念转化为新举措新行动，实施"绿水青山就是金山银山""改善生态环境就是发展生产力"生态文明发展之道。

9.4.1　水土保持法规体系基本完善

积极构建与生态文明要求相适应的水土保持法律法规体系，29 省修订了省级水土保持法规实施办法或条例，水利部联合财政部、国家发展和改革委员会、中国人民银行印发了《水土保持补偿费征收使用管理办法》，从国家层面建立水土保持补偿费管理办法，基本形成了自上而下、系统的法规体系，为加强水土保持工作，控制人为水土流失，促进水土资源保护和合理利用提供了坚定的法律保障。

9.4.2　水土保持综合治理加快推进

根据国务院批复的《全国水土保持规划（2015—2030 年）》和全国水土保持"十二五""十三五"专项规划，从中央水土保持投资的小流域综合治理、病险淤地坝除险加固、清洁小流域建设和崩岗治理等水土保持重点工程，坡耕地水土保持项目为主，积极推进长江上游、黄河中游、丹江口库区及上游、京津风沙源区、西南岩溶区、东北黑土区等重点区域水土流失综合治理。在全国 700 多个县实施了国家水土保持重要治理工程，在国家重点治理工程中，统筹水土流失治理，经济资源扶贫政策，坚持山水田林统一规划，综合治理。5 年来累计安排中央治理资金 260 多亿元，全国共完成水土流失综合治理面积 27.22 万 km^2，改造坡耕地 133 万亩 km^2，实施生态修复 88 万 hm^2，新建生态清洁小流域 1 000 多条。到 2018 年年底全国累计水土流失治理面积完成 131.53 万 km^2，小流域累计治理面积 40.85 万 km^2，取得了明显生态、经济和社会效益，治理区农业生产条件和生态环境明显改善，覆盖率增加 10%～30%，平均每年减少土壤侵蚀量超 4 亿 t，特色产业得到大力发展，许多水土流失严重贫困村成为经济发展、环境美丽乡村。

9.4.3　水土保持监督管理不断强化

在全国简政放权，加强事中事后监管的新形势、新要求下，依法加强水土保持法，各级水利行政主管部门，认真履行生产建设项目水土保持监督管理职责，全面落实预防保护要求，强化对重要生态功能区和生态脆弱区生态建设活动监管。依法履行水土保持方案审批职责，强化源头控制，严把水土保持方案审批。全面强化水土保持监督检查。制定印发了《水利部流域管理机构生产建设项目水土保持监督检查办法》《水利部办公厅进一步加强流域机构水土保持监督检查的通知》，建立了水利行政主管部门依法履行逐级督查制度，切实加强事中事后监管，进一步加大了对违法违规行为的查处力度。同时，积极应用卫星遥感影像和无人机等信息化手段，创新监管方式，加强对水土保持方案实施情况的跟踪检查。

5 年来，全国共有 14.6 万个生产建设项目依法编报了水土保持方案，对 3.2 万个生产建设项目进行了水土保持设施验收，各级水行政主管部门开展执法检查 6 万次，通过推动水土保持"三同时"制度落实，督促生产建设单位投入水土流失防治资金 6 200 亿元，防治水土流失面积 6 万 km²，减少水土流失量 7 亿 t，有效遏制了人为新增水土流失。

9.4.4 水土保持监测和信息化扎实推进

第一次全国水利普查水土保持情况成果，全面反映了全国土壤侵蚀面积、分布、强度等状况，为全国水土保持规划编制和全国水土保持宏观决策提供了重要依据，基本建成了覆盖我国主要水土流失类型的水土保持监测网络，督促实施全国水土流失动态监测与公共项目。在 35 个重要防护区和 1 个生产建设项目之中开展了水土流失动态监测，完成 63 万 km² 监测范围的土地利用、植被覆盖、水土流失状况及生产建设活动，扰动情况的动态监测保持开张了 69 条类型小流域和 92 个典型监测站，水土流失定位观测工作，监测范围扩大到 79 万 km²。水利部和 28 个省份分别发布了水土保持公报，按照生态文明建设要求，进一步完善了监测工作的顶层设计，印发了《水利部关于加强水土保持监测工作的通知》，提出了《水土保持监测实施方案（2017—2020 年）》，明确了新时期监测工作思路，目标任务和职能定位，推动各级水行政主管部门和监测机构切实履行法定职责。编制完成的《全国水土流失动态监测与公共项目规划（2018—2022 年）》，要求采用卫星遥感地面观测调查与模型计算相结合的方法，扎实推进水土保持动态监测、监管重点监测等工作，着力提升水土保持监测对国家生态文明建设的基础支撑能力。

水土保持信息化水平明显提升，根据国家信息发展战略部署，制定印发了《全国水土保持信息化规划（2013—2020 年）》，编制完成了《全国水土保持监管规划（2018—2020 年）》，明确了近期水土保持监管的主要目标、任务和进度安排。初步建成了水土保持业务管理系统，生产建设项目和综合治理信息化监管示范工作取得积极进展，全国有 35 个县基本实现了生产建设项目"天地一体化"动态监管示范，31 个县基本实现了水土保持重点工程图斑精细化管理示范。在监管示范基础上，进一步加快了卫星遥感、无人机等监督管理综合治理，监测评价中的全面应用，以省为单位，推进了重点省生产建设项目监管全覆盖，对各类国家水土保持重点工程建设任务完成情况和实施效益进行了跟踪核实，使监管更精准，保证了监管到位，不缺位，有效提升了水土保持管理水平和管理效率。

9.4.5 《全国水土保持规划（2015—2030年）》实施

按照水土保持法有关要求，水利部会同发改委等九部委编制了《全国水土保持规划（2015—2030年）》经国务院批准实施。《全国水土保持规划（2015—2030年）》提出了全国水土保持区划、国家级水土保持重点防治区和全国水利保持工作的总体布局和主要任务，为今后一个时期我国水土保持工作提供了发展蓝图和重要依据。在此基础上，编制完成了《全国水土保持"十三五"规划》《东北黑土地侵蚀沟综合治理规划》《全国坡耕地水土流失综合治理专项建设方案》《丹江口库区及上游水污染防治和水土保持"十三五"规划》《黄土高原沟壑区〈固沟保塬〉综合治理专项规划》等，省级水土保持规划编制完成并已批复，水土保持规划体系逐步完善。

9.4.6 水土保持改革发展活力进一步增强

水土保持改革不断深化，政策机制进一步完善，有效释放了市场的活力与动力。一是积极引导民间资本参与水土流失治理。认真贯彻落实《鼓励和引导民间资本参与水土保持工程建设实施细则》，按照科学引导、积极扶持、依法管理保护权益的原则，对民间资本投入水土流失治理在资金、技术方面予以扶持，民间资本投入逐年增加，多元化投入机制逐步建立。5年来，民间资本投入水土流失治理达260亿元。二是按照国务院"放管服"的要求，水利部大幅减少了水土保持行政审批事项，将绝大部分生产建设项目水土保持方案审批和验收，审批权限按要求下放至省级水行政主管部门，水利部本级审批项目减少了2/3。进一步规范和优化行政审批服务，方便行政管理，简化审批细节和规程，提高审批效率，实现了审批时间减半，审批信息全面公开，申请人满意率达100%。同时，切实加强审批下放事项后续监管，印发了《水利部办公厅关于强化依法行政进一步规范生产建设项目水土保持方案监督管理工作的通知》，强化了事中事后监管，落实了地方监管责任。三是制定了《水利部关于加快推进水土保持目标责任考核的指导意见》，推动了省级政府对市县级政府的考核，强化跟踪考核时效，落实了地方政府水土流失防止主要责任。四是创新机制，水利部会同各部委建立了部际工作协调机制，强化了部门之间的沟通协作和信息共享。努力做好《全国水土保持规划（2015—2030年）》实施工作。湖北省建立了水土保持工作部的联席会议制度，进一步落实了相关部门水土保持职责。长江上游水土保持委员会和黄河中游水土保持委员会专项研究加强省级协作和部门协调工作，大力推动了长江经济带和黄土高原水土流失防治工作。

9.4.7　水土保持基础工作进一步夯实

水土保持科技支撑能力显著增强。积极推动国家"973"计划、国家"十二五"科技支撑计划、国家自然科学基金及水利部公益性行业项目水土保持重大科技项目立项和联合攻关，促进了科技成果转化与推广。在重大基础理论研究和关键基础研究引用方面取得了重要进展，在坡面土壤侵蚀机理、流域侵蚀产沙机制、区域水土流失过程、水土保持综合效益分析等领域取得一批重要科技成果，集成研发了一批关键基础和新材料、新工艺，建成了一批高水平水土保持重点实验室和实验基地，科技成果转化力度明显增加，为水土流失防治提供了科技支撑。

水土保持技术标准体系逐步完善，在充分考虑国家生态文明建设、水土保持法，全面深化水利改革对水土保持标准体系的新要求基础上，聚焦水土保持事业发展需求，全面加强水土保持标准顶层设计，修订形成了涵盖综合、建设、管理三大类别14个功能序列的水土保持技术标准体系，5年来共颁布修订水土保持技术标准14项，已累计颁布水土保持技术标准50项，有效地指导了生产实践，对规范水土流失防治，推进生态文明建设起到了重要的支撑作用。

9.4.8　水土保持宣传教育工作开创新局面

各级水利部门积极开展水土保持国策宣传教育，不断强化宣传引导，印发了《水利部办公厅关于加强水土保持宣传教育工作的通知》，面向各级党政领导、社会公众、中小学生开展了教育行动，在全国范围内组织开展水土保持生态文明示范工程创建活动，累计建成89个国家水土保持生态文明示范园，127个国家级水土保持科技示范园，其中24个科技示范园被教育部、水利部联合命名为全国中小学生水土保持教育社会实践基地，成为公众体验参与、开展水土保持教育、普及生态文明理念的主要平台，发挥了很好的示范和引领作用。依托水土保持科技示范园每年开展中小学生宣传教育活动达1 200批次。大力推进水土保持进党校工作，每年培训各级党政领导干部3.8万人次，强化了各级领导的生态文明意识，不断强化生产建设单位和社会公众的水土保持意识，深入开展水土保持法制宣传，制作了一批优秀的水土保持电视作品、公益广告，创作了一批文学力作，全社会的水土保持法制观念和公众对水土保持的认知明显增强。

党的十八大以来，水土保持生态文明建设中的基础作用得到加强，水土保持为了经济发展、社会进步、民生改善和生态安全等提供了重要支撑，但水土流失防治进程与生态文明建设、全面建设小康社会目标的要求还有很大差距。

9.5 当前水土流失防治中存在的问题

9.5.1 部分生产建设项目未采取水土保持措施

生产建设项目要产生新的水土流失，生产建设项目前期工作编制了水土保持建设方案。但在实际建设中有相当一部分生产单位和个人为了降低工程建设成本而逃避水土保持法律责任，没有采取相应的水土保持措施，随意弃土、弃渣破坏地貌、植被，其中铁路、公路、城镇建设、煤矿、铁矿、水利水电等工程建设，造成水土流失都很严重，施工中没有认真落实水土保持方案，大量的采石挖沙、取土等活动造成新的水土流失，全国每年建筑弃土弃渣 20 亿 t 左右。同时部分山丘区林果业开发无序，没有相应的保护性措施，也造成严重的水土流失，特别是我国南方地区，近年来经济林和速生林发展加快，荒山荒坡开发强度大，不少新开垦山区远远超过严禁开垦的 35°坡。

9.5.2 坡耕地、侵蚀沟大量存在成为主要流失源

9.5.2.1 坡耕地

目前我国直接用于坡耕地改造的投入非常有限，坡改梯进展缓慢，长江上游、三峡库区坡耕地面积占耕地面积的 57.7%，怒江流域坡耕面积占耕地面积的 68.9%，黄土高原地区坡耕地每生产 1 kg 粮食，流失土壤 40~60 kg。坡耕地产量低而不稳，在水土流失作用下越垦越低，陷入"越垦越穷，越穷越垦，越垦越流失"的恶性循环。

9.5.2.2 侵蚀沟

我国山丘区侵蚀沟水土流失严重，当侵蚀沟发育到一定程度时，就形成了沟壑，而沟壑发育又使坡面稳定性降低，坡度逐步加大，侵蚀逐步加大、加剧。有关研究表明，当 15°以上坡耕地普遍发育浅沟时期，它的侵蚀量比原来增加 2~3 倍，沟壑侵蚀水土流失量占全国水土流失量的 40%左右，部分地方到达 50%以上。在各类侵蚀沟中，黄土高原的沟壑、黑土区的沟道、西南地区的泥石流沟和南方红壤区崩岗四大类侵蚀沟水土流失最为严重，黄土高原有长度超过 1 km 的侵蚀 30 多万条，红壤区崩岗有约 22.2 万处，黑土区长度超过 1 km 的侵蚀沟约 8 万条；长江上游及西南诸河有泥石流沟 1 万多条。我国现状水土流失保持治理中对侵蚀沟的治理相对滞后，在土层薄土层下为石质山的山丘，侵蚀沟已岩石裸露，土壤的形成是一个漫长演变的过程，地球表面的岩石在风化作用下能成为土母质，成土母质在气候、生物因素长期的作用下形成由矿物质、有机质和微生物等组成可供植物生长的土壤，土

壤形成是一个复杂而缓慢的过程。根据成土母质和环境的不同，演变形成 1 cm 厚的土壤一般需要几百年的时间，在我国西南岩溶区需上千年时间，演变形成植物能生长的厚度 20~30 cm 的土层需要几万年甚至上亿年的时间。土壤在整个生态系统中起到关键的作用，是人类赖以生存的基础。

9.5.3　部分地区防治水土流失的措施配置不当

9.5.3.1　植被建设中忽视了地区性的规律

有的地区在干旱、半干旱地区土层比较薄的立地条件下，种植乔木成活率低，保存率低，成活后生长缓慢，甚至几年后停止生长，成为小老树。在北方以陕西、山西、河北、辽宁、北京等区沿长城沿线的一些石质山坡，自然生长着荆条，荆条耐干旱，耐贫瘠，有着几千年的历史，为水土保持立下大功的灌木。但一些地区在坡面治理中，搞一些竹节壕、鱼鳞坑等工程，挖掉了荆条、栽侧柏，结果侧柏非常缓慢地生长，长期不能覆盖地面，形成新的水土流失。有的地方铲除了坡面上的适应性很强的自然生杂草，改种为牧草，因为土地条件和降水条件太差，结果几年后，人工牧草逐步死亡，土地沙化。产生新的水土流失，违背地区性规律，造成事倍而功半。

9.5.3.2　生态建设、经济建设有机结合不够

一些地方在水土保持生态建设措施中未能与经济发展有机结合，造成治理成果难以巩固。在生态建设中就生态论生态，不主张解决农民的吃饭、烧柴等基本生态问题，一些生态工程忽视了农田基本建设，坡耕地单产量低，农民收入低，农民便开垦荒坡耕种，造成水土流失。大山区的农民烧柴不足，就砍伐薪柴，造成新的水土流失，一些地区虽然注意了与当地经济建设相结合，但规模小，难以形成规模优势和产业化，经营效益一般，水土保持成果难以巩固。

9.5.3.3　对生态自然修复认识不足

一些地方在建设中对生态自然修复的功能认识不足，在工程建设中主要依据人工治理，每年有限的资金下，治理面积小，影响了生态修复时效和进展。在一定条件下，生态自然修复是一条投资少、生态修复快的途径，而它不仅能促进植被较快地恢复，且能够有效地适应当地自然条件，稳定当地生态的原始种群。

9.5.3.4　贫困地区、革命老区投资不足

目前，在总资金投入有限的情况下，尽管各级水土保持部门始终把投入的重点放在贫困地区、革命老区和少数民族地区，但仍然不能满足这些地区防治水土流失的迫切要求。在全国 646 个水土流失严重县中，开展重点治理的县不过 200 个，水土保持治理工程一直属于资金补助性质投资。中央投入标准不高，群众投工投劳折算成投资的政策取消后，基层政府和主管部门再投入困难。一些地区水土保持治理工作进展缓慢，甚至处于半停滞状态，贫困地区、革命老区、少数民族地区水土流

失严重，亟须改变生态环境，改善生产条件。这些地区经济欠发达，地方无能力对水土保持治理工程投入，为了加快改善这些地区生态环境、生产条件脱贫致富，应对这些地区投资政策倾斜。

9.6 水土保持发展战略

9.6.1 水土保持工作指导思想

我国水土流失治理工作取得很大成绩，水土流失治理面积逐年增加，水土流失面积逐年减少，全国水土流失面积高峰期为 367.03 万 km^2，根据 2018 年全国水土流失动态监测成果已下降到 273.7 万 km^2，下降 25.4%，当前我国水土流失仍然十分严重。在今后相当长的时期内，我国人口、资源、环境矛盾十分突出，水土流失仍将面临巨大的压力，特别是工业化、城市化进程中，开发建设强度大，新的水土流失不断产生，未来防治形势十分严峻。水土保持工作以有效防治水土流失、改善生态环境、改变农业生产条件为主要目的，综合工程、植物、农业技术三大措施，统筹考虑经济、生态、社会三大效益，它是我国生态建设的主要内容，是山丘区新农村建设的基础工程，是农业现代化建设的重要组成部分。水土保持不仅关系当前社会经济发展，它关系到子孙后代的生活发展，必须把水土保持工作作为我国一项长期的战略发展任务，坚持不懈持之以恒地走下去。

9.6.2 坚持科技进步，提高水土保持效益为先行

水土保持是一个多学科工程，在水土保持工程建设中依靠科学技术进步，增强科技含量，群策群力，集中力量打好生态工程建设，大面积推广先进的水土保持技术尽快转化为生产力。

做好治理工程的规划工程，规划先行。按当地条件制定符合当地可行的实施计划蓝图，有效稳步推进。

9.6.3 坚持预防为主，保护优先，坚持遏制新增人为水土流失

今后相当长的时间内，我国各类生产建设活动将会维持在一个较高的水平，为此，应当加强预防保护工作。一是加强重点预防保护区水土资源保护。对重点的生态保护区、水源涵养区、江河源头和山地灾害易发区，需要严格控制进行任何形式的开发建设活动，有特殊情况必须建设的，应充分进行水土保持方案论证，切实采取水土流失防治措施，防治水土流失的发生和发展。二是依法强化开发建设项目水土保持监管。对扰动地表，可能造成水土流失的生产建设项目，都应当实施水土保

持方案管理。监督管理部分要跟踪检查，做好验收把控，保证水土保持防治措施能够落到实处。同时，需要在法律上严格有关管理制度，明确处罚措施，使水土保持违法案件能够得到查处，全面落实水土保持"三同时"制度。三是要加强水土流失防治的社会监督。采用政府组织、舆论导向、教育深入的形式，广泛、深入、持久地开发宣传，并充分发挥各级人大的作用，开展经常性的监督检查，同时不断强化群众监督，唤起全社会水土保持意识，大力营造防治水土流失人人有责、自觉维护、合理利用水土资源的氛围。四是需要尽快建立水土保持补偿制度。同时，对于水土流失区的水电、采矿等工业企业，要建立和完善水土流失恢复治理责任机制，从水电、矿山等资源的开发收益中，安排一定的资金用于企业所在地的水土流失治理。

9.6.4　大力推动小流域综合治理，突出打好坡耕地和侵蚀沟综合整治

小流域为单元综合治理是被实施证明非常成功、有效的一条技术路线，应坚持不懈地抓紧抓好，在当前我国退耕还林、退牧还草工作取得阶段性成果的情况下，生态建设应尽快改变偏重单项措施的做法，加大山、水、田、林、草综合治理力度。特别是应把坡耕地和侵蚀沟综合整治提上重要日程，优先解决群众生产问题，实现综合效益，以弥补以往建设的不足。

实施坡耕地和侵蚀沟综合整治一举多得。一是从源头上控制水土流失，对下游起到缓洪减沙的作用。二是能够改善当地的基本生产条件，解决山丘群众的基本口粮等生计问题，巩固退耕还林成果。坡耕地改造为梯田种粮食产量可以翻一番，黄土高原梯田的单产一般为坡耕地的4倍。三是可以增强山丘区农业综合生产能力，促进农村生产结构调整，为发展当地特色经济奠定基础，四是可以有效地保护耕地资源，减轻对土地的蚕食，守住国家耕地的红线做出贡献，保障粮食安全，坡耕地和侵蚀沟整治是目前我国建设基本农田最有潜力的一个途径。

9.6.5　加大封禁保护力度，充分发挥生态自然修复力

发挥生态自然修复力是加快水土流失防治步伐的一项有效措施。在人口密度小，降雨条件适宜，水土流失比较轻微地区，可以采取封林保护，封山封牧等举措，推广沼气池、以电代柴、以煤代柴、以气代柴等措施；促进大范围生态恢复和改善。在人口密度相对较大，水土流失较为严重地区，可以把人工治理与自然修复有机结合起来，通过小范围标准的人工治理，增加旱涝保收基本农田、人工草场，解决农民、牧民的吃饭、花钱问题，为大面积林育保护创造条件。

9.6.6　坚持因地制宜，分区确定防治目标和关键措施

根据各地的自然条件和社会经济条件，分类指导，分别确定当地水土流失防治

工作的目标和关键措施。黄土高原区，应以减少进入黄河泥沙为重点，将多泥沙区治理作为重中之重。措施配置应以坡面梯田和沟道淤地为主，加强基本农田建设，荒山荒坡和退耕的陡坡地开展生态自然修复或营造以适应性灌木林为主的水土保持。长江上游及西南诸河区重点是控制坡耕地水土流失，提高土地生产力。在溪河沿岸沿脚建设基本农田，在山腰建立茶叶、柑橘等经济作物。在山上部营造水源涵养林，形成综合防治体系，东北黑土地区应有效控制黑土流失或退化的趋势，使黑土层厚度不再变薄，生产力不再下降，保障国家粮食安全。治理措施应以改变耕作方式、控制沟道侵蚀为重点。西南岩溶区，重点是拯救土地资源，维护群众基本的生存条件。应紧紧抓住基本农田建设这个关键，有效维护和可持续利用水土资源，提高环境承载力。西北草原区，加强对水资源管理，合理有效利用水资源，控制地下水位下降。对已经退化的草地实施轮封轮牧，有条件的建设人工草原，科学合理地确定草地面积的载畜量。对风沙源区实施重点治理。

9.6.7 强化地方政府水土流失治理目标责任

水土流失是一个综合的自然与社会经济问题，水土保持是一项复杂的系统工程，应在政府层面确定水土流失防治目标，认真落实防治责任。研究防治的重大问题和相应的政策措施，在政府统一协调下各职能部门按照岗位职责分工，各司其职，各负其责，各部门密切配合综合防治本地区的水土流失。

9.6.8 加大投资力度，改革投资体制

目前我国对水土流失治理工程投资额比较大，但与水土流失的严峻形势、水土流失治理的巨大任务相比较，投入的资金显然不足，尤其是贫困地区、革命老区、少数民族地区，投入的资金与治理任务失调。水土流失治理投资是事半功倍的事情，国家应加大对水土流失治理的投资，尤其是贫困地区、革命老区、少数民族地区，也是一项扶贫工程，国家经济不断改善，水土流失治理投资比例应逐年提高。

水土流失长期以来一直是各级政府投资，在新时代，要改变投资体制，要多元化投资，广泛聚集资金。要鼓励企业、个体大户控股或购买"四荒"治理经营权，要不分城市、农村、地区，谁有能力治理，就将"四荒"拍卖给谁，拍卖"四荒"的收入用来水土流失工程治理、农村集体发展高效农业。拍卖荒山不能按农村人口平均分配，切忌"见田分垄，见山扒条"的做法。多数农民没有资金能力用于见效迟缓的水土流失治理。如果大部分"四荒"按人口分配分给农民，等于水土流失治理处于半停滞状况。个人必须遵守水土流失规划大纲，必须按规定期限完成治理任务。总体治理目标任务未能按期完成治理任务的企业或个人无条件、无偿退还经营治理权，由职能部门负责转交其他经营治理单位或个人。

9.6.9　控制区域人口，实施生态移民

　　水土流失区主要农业资源是土地、草原。本区产生水土流失原因是人口密度大，区域内的耕地、草原等农业资源与人口不相匹配，为了生存便毁林开垦耕地，砍伐树木作薪柴，过度利用草地放牧，人利用的林草量超过自然生产量，造成生态环境下降，形成水土流失。人口数量必须与自然资源相匹配。

　　水土流失区应控制人口数量，实施生态移民，根据各水土流失区域的农业资源配置人口，多余人口要实施生态移民，移入城市内。生态移民是城市化进程的一部分，城市化是世界发展方向，工业化国家城市人口占 80% 以上，我国城市化人口应该更严峻。美国国土面积和中国相近，美国从事农业的人员仅占总人数的 1.5%，德国为 2.5%，法国为 3%。我国目前城市人口 58.9%，这包括城郊从业的农业人口，实际城市人口为 44% 左右，我国农村人口比重大，按欧盟每个人从事农业耕种 120 亩耕地标准，我国农业从业人员为 1 686 万，按美国从业人员耕种 900 亩耕地标准，我国从事人员为 225 万人，按加拿大农业从业人员耕地 3 000 亩地的标准，我国农业从业人口为 66 万人。我国农业从业人员耕种为 9 亩地，农业实现现代化，农业人口必须要大移民，城市化进程本质是农业人口大移民，生态移民是减少水土流失、生态修复的重要举措。生态移民是城市化进程的一部分，是扶贫工程，是一个政策性强、复杂、艰难的工作。生态移民要有配套完善的政策、移民安置、补助标准及农民职业技能培训等一系列政策，要做到"移得出、移得稳，要致富"。

10 最严格的水资源保护，确保用水安全

10.1 水污染形势

10.1.1 水污染的危害

水污染是水体因外界物质的进入，使水体的化学、物理等方面特性发生改变，从而影响水的有效利用，危害人体健康，破坏生态环境，造成水质恶化，水资源不能利用。

10.1.1.1 水体污染对人体健康的危害

水是人体的主要组成部分，人的一切生理活动，如输送营养、调节温度、排泄废物等都是要靠水体来完成。

水污染后通过介质或食物链污染物进入人体，使人急性或慢性中毒。砷、铬、铵类，6 苯芘、101 芘等可能诱发癌症。被寄生虫、病毒或其他致病菌污染的水，会引起多种传染病和寄生虫病。重金属污染的水，对人的健康均有危害。被锌污染的水、食物人饮用后，会造成骨骼病变，人体摄入硝酸镉 20 mg 将会造成死亡、造成中毒，引起贫血，神经错乱。六价铬有很大毒性，引起皮肤溃疡，还有致癌作用，饮用含砷的水，会发生急性或慢性中毒，砷使许多酶受到抑制或失去活性，造成机体代谢障碍，皮肤角质化，引发皮肤癌。有机磷农药会造成神经中毒，有机氯农药会在脂肪中蓄积，对人和动物的内分泌免疫功能、生殖机能造成危害。烷环芳烃多数有致癌作用，氰化物也是剧毒物质，进入血液后，与细胞的色素氧化酶结合，使呼吸中断，造成呼吸衰弱窒息死亡。世界上 80%的疾病与水有关，伤寒、霍乱、胃肠炎、痢疾、传染性肝病等人类五大疾病，均由水的不洁引起。

10.1.1.2 对工业的影响

水质污染后，工业用水必须投入更多的处理费用，造成资源能源的浪费。重工业用水要求更严格，水质不合格会使生产停顿。

10.1.1.3　对农业渔业生产的影响

农田水分对农作物发育及生长的影响，不仅表现在数量上而且表现在质量上，使用污染的天然水体或直接使用污染水灌溉农田，会破坏土壤影响农作物的生长，造成减产，严重时颗粒无收。当土壤被污染的水体污染后，会在今后长时间内失去土壤的功能作用，造成土地资源严重浪费。据统计，由于水污染，已造成了160多万 hm^2 农田减产减少粮食达100亿 kg。

水也是水生生物生存的介质，当水受到污染，就会危及水生生物的生长和繁衍，并造成渔业大幅减产。如黄河的兰州段，原有18种鱼，其中8个鱼种已绝迹。自1989年以来连续3次发生的死鱼事件，直接经济损失达1 000万元。由水体污染会使鱼的质量下降，据统计，每年由于鱼的质量问题造成的经济损失多达300亿元。

10.1.1.4　对水资源可利用的影响

各种污染物进入水体，最直接的危害后果是降低和破坏了水体的质量。当污染的水体水质量下降到劣 V 类后，这种劣 V 类水质是不能应用于工农业及生态用水，是一种废水。2018年全国地表水资源量为26 323.2亿 m^3，地下水资源不重复量为8 246.5亿 m^3，2018年1 935个监测断面中地表水评价劣 V 类水质占6.7%，地下水极差级水质占46.9%，劣 V 类地表水总量为1 763.7亿 m^3，极差级地下水为3 867.6亿 m^3，合计为5 631亿 m^3。说明2018年全国有5 631亿 m^3 的水不能应用，成为废水，实质将中国水资源总量下降了5 631亿 m^3。

10.1.2　水污染的分类

10.1.2.1　无机毒物污染

无机毒物污染是重金属污染，比重大于4的金属元素及其化合物对水体造成的污染。重点是镉、铅、汞、铬等金属及化学性质与金属相似的砷元素等。重金属在水中不易被微生物分解，重金属通过化学反应生成硫化物、磷酸盐、硝酸盐等物质，积累沉淀在水底泥中，重金属能被水中的腐殖质、胶质体、黏土矿物吸附，在水体中移动或随悬浮物沉降，成为长期的二类污染源。重金属的污染很难消除，重金属污染的主要危害：①对人体的危害，重金属汞、镉等，多数重金属在水中的含量超过0.1~1 mg/L就对人体产生毒害。②生物放大效应，重金属通过藻类、浮游动物鱼类及水禽的食物链而产生生物放大效应。20世纪60年代美国图尔湖一带的生物放大效应研究发现，湖泊中 DDT（双对氯苯基三氯乙烷）浓度为0.06~0.1 mg/L，经过藻类—浮游生物—鱼类、水禽的食物链浓度放大，最后水禽脂肪中的 DDT 浓度放大到6万倍，达到3 600~60 000 mg/L。人食用了这类鱼类或水禽将造成严重毒害，甚至死亡。③毒害增大效应，某些重金属在外界条件作用下产生化学反应，产生毒性更大的化合物。例如汞是毒性大的重金属，废水中的汞在微生物的作用下，会变成毒性更强的甲基汞。甲基汞通过饮水或食物链进入人体后，难于体内排泄出来，会进入肝、肾等人体器官中，严重损害肝肾功能和脑神经。出现神经麻痹，全身震颤，直到疯狂而死。

10.1.2.2 有机毒物污染

含有生物毒性的污染称为有机物污染。如有机农药、酚类化合物和其他有机毒物。有机毒物能引起人体急慢性中毒，有的引起遗传基因变异，能致癌或胎儿畸形等。含有生物毒性的有机物大部分是人工合成的高效有机物，结构稳定，很难降解，对环境安全构成长期危害。

（1）有机农药。有机农药包括杀虫剂、杀菌剂、除草剂。其化学成分可分为有机磷、有机氢、有机氯。有机汞、有机氯类农药结构稳定，毒性残留时间长，不易生物降解，危害比较大。现在已限用或禁用，但市场仍有有机磷农药，对人畜危害是很大的。

（2）酚类化合物。酚类化合物主要来自煤化工、石油化工、木材加工、饲料厂、农药、生活污水等有机物的水解、化学、氧化过程和生物降解。酚类中挥发性酚的毒性及对生态环境的危害比不挥发性酚类大得多。酚类化合物能使水体带酚味，鱼肉带酚味，严重的造成鱼类大量死亡。

（3）其他有机毒物。如多氯联苯、多环芳烃、芳香族氨基化合物及高分子化合物，如塑料、合成橡胶等，含有多种毒性，其结构稳定，不易降解，对生态环境造成危害。

10.1.3 水污染的基本概念

10.1.3.1 溶解氧（DO）

水是溶解能力很强的溶剂，自然界中的大多数固态或气态物质都可以在水中溶解。在大气与水面接触的气水界面，大气中的各种可溶物质进入水体中，也可从水中释放出来。水生物的化学反应和光合作用会从水中释放出各种气体，这种气体主要是 CO_2、O_2、N。

在水中的分子态氧叫溶解氧（DO）。溶解氧是水生生物维持生长的基本元素，是衡量水质的重要指标。影响水中溶解氧含量的几个因素：①水生植物的光合作用，水生植物白天的光合作用吸收 CO_2 放出 O_2，夜间呼吸作用吸收 O_2，放出 CO_2。昼夜水中溶解氧的含量是不同的。②水生动物的数量，水生动物在水中要消耗 O_2，放出 CO_2，水生动物较多水体中，当耗氧量大于补氧量时，溶解氧就会下降，当溶解氧浓度下降到 4 mg/L 时，水生动物就会因缺氧而死亡。③水体曝气过程，增加气水界面，加快水体流动，可增加溶解氧的含量，如在鱼池中设置水输机，直达扰动水，来增加溶解氧。④气质与温度，水中的溶解氧浓度与水温有关，水温越高，溶解氧越少，气温越低，水中溶解氧含量越高。⑤水体中有机物，因有机物在分解，氧化过程中消耗 O_2，放出 CO_2，水中有机物增加会使溶解气变水。

10.1.3.2 生物需氧量（BOD）

生物需氧量（BOD）又称生化需氧量，在一定条件下微生物分解有机物因生物化学氧化过程所消耗的溶解氧。BOD 的测定一般采用生物检验法，即取一式两种水样放置测试溶解氧的容器中，先测定一个水样溶解氧，另一个在 20℃ 的环境下培养 5 天然后测定其溶解氧。两个水样的溶解氧之差即为微生物分解水中有机物所消耗的溶解氧。

10.1.3.3 化学需氧量（COD）

用氧化剂还原处理水样时，水中溶解物或悬浮物的氧化还原过程中所有消耗氧化剂的数量。通常以 COD 作为水体有机物污染的综合指标。COD 的测定方法随不同的氧化剂而异。

BOD 和 COD 都是测定水中生物降解或氧化还原有机物或无机物在生化反应中所消耗的氧，来间接反映水体受污染的程度，称为氧的指标体系。总需氧量 TOD 也是氧的指标体系，三者关系 BOD<COD<TOD。

10.1.3.4 水体富营养化

水的富营养化正常情况下，氧在水中有一定的溶解度。溶解氧是水生生物赖以生存的条件，而且氧参加水中的多种氧化还原反应，促进污染物软化降解，是天然水体有自净能力的重要原因。含有大量氮、磷、钾的生活污水的排放；大量有机物在水中降解，放出营养元素，促进水中藻类丛生，使水体通气差，溶解下降，甚至出现无氧层，以至水生植物大量死亡，水面发黑；水体发臭形成"死湖""死河"，进而变成沼泽。珠江发生的"赤水"现象，海湾发生的赤潮现象，这种现象称为水的富营养化，富营养化的水臭味较大、颜色深、细菌多、水质差、水不能直接利用，水中鱼大量死亡。导致水体富营养化的氮、磷等营养物质中，主要作用是磷。

10.1.3.5 水质的物理指标

物理指标主要包括水温、悬浮物、浓度、透明度、电解质、放射性指标以及色、嗅、味等。

10.1.3.6 水质的化学指标

（1）酸碱度（pH）、矿化度等一般化学指标。

（2）DO、BOD、COD、TOD 等指标体系，用来衡量水中的有机物污染程度的多少，还有采用总碳、总有机碳等碳指标体系的。

（3）氨氮、亚硝酸氮、硝酸盐氮、总氮、总磷、硝酸盐等指标来衡量水中营养物质多少及有机污染程度。

（4）汞、镉、铅、铬、砷、铜、锌、锰等金属元素及其化合物指标，用于衡量水体中重金属污染的程度。

（5）挥发酚、氰化物、油类、氟化物、硫化物、有机农药及多环芳烃等致癌物质的指标。

10.1.3.7 水质生化指标

生化指标包括细菌总数、大肠埃希菌群等微生物指标，用于衡量水体受致病微生物污染的程度。

10.1.4 水污染的主要形式

10.1.4.1 全国废水污水排放量情况

我国废污水排放量随着工业进程和城市化进程的速度，呈现快速增长的趋势。1980 年污水排放量仅为 315 亿 t，到 2000 年增长到 620 亿 t，年均增长率为 3.4%，2000 年后有所放缓，2000 年以后以年均增长率 2.5% 的速度持续增长，到 2010 年排放总量达到 792 亿 t。2010 年后，废污水总量排放量呈下降趋势，但下降趋势缓慢，2010—2016 年，年均下降率为 0.56%。全国人口持续增加，国内经济增加值的 GDP 不断上升，废水排放总量下降，是一个好的形势，说明节水形势转好。

10.1.4.2 农村面污染源

农村面污染是我国水污染的主要来源之一。目前是我国第一大污染源，总氮、总磷和 COD 超过城市生活废污水、超过工业废污水的含量。

（1）农业化肥施用污染。多年来，我国化肥施用量逐年增加，1980 年施用化肥 1 269.4 万 t，到 2015 年已达到 6 022.16 万 t，增长 476%。2016 年后有所下降。化肥亩施用量 2018 年为 27.8 kg/亩，世界平均值为 9.2 kg/亩，我国化肥亩施用量是美国的 3.5 倍，欧盟的 2.5 倍。

目前我国的化肥利用率仅 37.8%，大量化肥溶于水渗入地下水中，增加了总氮、总磷量。

我国农药使用量也是逐渐增加，根据中国农药网报道，1996 年全国农药使用量为 114.08 万 t，到 2014 年已达到 180.69 万 t，19 年增长 58.4%，年均增长 2.6%。近 20 年多数国家农药用量减少，英国减少 44%，法国减少 38%，日本减少 32%，意大利减少 26%，越南减少 24%。全球杀虫剂、杀菌剂、杀鼠剂等每年用在作物上 350 万 t，中国占 50% 左右。农药作为一种化学防治手段，是不可持续的，长期使用农药会造成药物抗性，病虫害频繁发生，生态环境恶化，导致农药使用量增加的恶性循环，污染水质，危害人类健康。

克百威被世界卫生组织列为高毒农药，吸入人体后影响人的生殖与发育，同时对水生物有较大的伤害。氟虫腈其实有一定的神经毒物，对人体甲状腺、肝、肾具有高毒性，且能在生物体内蓄积。

（2）畜类粪便。我国畜牧业发展很快，现在全国农村普遍有畜牧养殖主业户。养殖场以小型为主。目前养殖场的粪多数是用水冲洗排放。由于在农村是分散的养殖很少有无公害化处理。很多材料报道，我国目前畜禽粪便污水排放量为 100 亿 t。这是个估算数字，我国畜禽粪便（稀）17 亿 t，这个数字几乎一致认定的。粪用 5~6

倍的水冲洗是合乎逻辑的，以此推断，畜禽类粪便排泄污水应该是 93 亿~102 亿 t。畜牧养殖业的粪便含有大量的各种重金属、抗生素、激素添加剂、细菌、寄生虫等病原微生物。粪便不经处理到处排放，随着冲洗水、雨水渗入地下，污染地下水，养殖场的粪便冲洗加入了大量的火碱，这种粪便不仅不能肥地，其中的火碱抑制作物生长。

（3）农村日常生活用水。农村居民日常生活用水总量大、分散，基本无处理而排入地下，以地下水的形式排入河道。根据 2018 年水资源公报数字，农村人均用水 89 L/d，按消耗 10 L/d，排放 79 L/d 标准计算，2018 年，农村人口 5.64 亿人，年排放生活污水约 162.6 亿 m³，排放的 COD 约 162.6 万 t、总氮约 113.4 万 t、总磷约 27.3 万 t，这是一个分散面广的污染源。

（4）乡镇工业。乡镇工业多数是低端工业，粗放经营，材料消耗高，用水高，由于是小型分散企业，难于将废水集中处理，多数自由排放，乡镇工业每年排放废水、污水约 70 亿 m³。

10.1.4.3　酸雨

酸雨在不断地损坏我国水质，酸雨污染主要分布在长江以南，云贵高原以东，包括浙江、上海、江西、福建的大部分地区，湖南中东部、广东中部、重庆南部、江苏南部和安徽东部。

根据 2018 年中国环境公报，根据 471 个检测降水城市，酸雨频率 10.8% 以上，酸雨频率 25% 以上的城市比例为 16.3%，酸雨频率 50% 以上的城市比例为 8.3%，酸雨频率 75% 以上的城市比例为 3%，酸雨面积为 53 万 km²，占全国面积的 5.5%。化学组成，降水中的主要阳离子为钙和铵，分别占总量的 26.6% 和 15%；阴离子为硫酸根、硝酸根，硫酸根当量浓度 19.9%，硝酸根当量浓度 9.5%，硝酸根和铵主要是燃烧和石油化工业排出的硝、氮氧化物所形成的。硝和氮氧化物在北方，由于降雨少，空气中的水汽少且漂流而去，在降水多、空气水汽多的地区溶于水，随着降雨而下落，形成酸雨。

10.1.5　水污染防治中存在的主要问题

（1）执法力度有待进一步提高。非法排污、超标排污现象依然存在，如近几年曝光的大型污染事故，像腾格里沙漠排污问题，吉林化工厂污染松花江河流问题，因企业排污造成农业上重金属超标问题等。

（2）资金投入相对不足。全国现在还有很多市县城市没有污水处理厂，有的污水处理厂收集污水管网不配套、管网不足，投入的污水处理费过低，污水厂运行成本过高等使污水处理厂不能保持正常运行，尤其是小型污水处理厂经常停止运转。

（3）农村面源是我国当前最主要的水污染。农村面源的污水处理很少，多数地区还是空白，因而造成地下水水质逐年下降。

（4）水污染治理的管理和机制不够完善，监督管理急待提高。全民对水环境保护意识不强，需要进一步提高。

（5）水污染的地方行政领导负责制体系不完善，绿色 GDP 核算体系不完善，强调的多，行动的少，虽然有绿色 GDP 核算制度，但实际实施的不多。

10.2　我国淡水水质情况

近 30 年来，我国的水环境状况不断恶化，主要江河流域的地表水和地下水普遍存在不同程度的污染，水污染和污染纠纷不断发生。从河流水质、湖泊水质、水库水质、水功能区水质、浅层地下水水质来看，我国水污染严重。

10.2.1　我国地表水水质

10.2.1.1　我国河流水质

近 20 年来，我国一直加强水污染防治和水资源保护力度，水污染加剧的趋势得到遏制，形势有好转。符合 I 类（优）、II 类（良）、III 类（较好）的河长比例从 1991 年后总趋势是逐年增加，但年际之间有波动。IV 类（较差）、V 类（差）、劣 V 类（很差）水质的河长比例从 1991 年逐年减少趋势，但年际之间也有波动。1980—1991 年 10 年间是我国河流水质下降最快的 10 年。现在河流的水环境与 20 世纪 90 年代初期相比有所好转。

10.2.1.2　湖泊水库水质

全国湖泊水质很差、水污染严重，而且湖泊水质近十几年来几乎没有好转，而且呈现加重趋势。严重污染水质的湖泊数量和富营养化水质的数量到 2016 年全部上升到 3/4 以上。2010 年以来国家对太湖等淮河下游的湖泊进行了很大投资，但尚未从根本上转变湖泊水质的严重形势。主要污染指标为总磷、化学需氧量和高铝酸盐指标。

10.2.1.3　水库水质

我国水库水质总体上看，水质较好的水库数量现已上升到 87.3% 以上，从 2010 年以后水质明显好转，十几年来水库水质逐年上升。水库富营养化的数量从 2005 年以后逐年下降，由近 3/4 下降到近 1/4，中营养化的水库数量由 2005 年的近 1/4 上升到近 3/4。我国水库水质出现逐年好转的趋势。

10.2.1.4　省界水质

根据评价情况，省界水质 10 多年来有明显的好转，评价数量中，IV～劣 V 类水质断面比例逐年减少。所占比例已由 2005 年的 64.7% 下降到 2018 年的 30%，下降 46.4%，年均下降率为 3%。

10.2.1.5　水功能区水质

水功能区是水资源利用的重要水源区域。根据 2010—2018 年的评价结果，水质处于波动状况，但有明显的好转。

10.2.1.6　城市集中式饮用水水源地水质

城市集中式饮用水水源地水质评价结果，总体情况来看，水质达标率较高，水质情况较好，呈现逐年上升趋势。地表水主要超标为总磷、碳酸盐和锰，地下水主要超标为锰、铁和氨氮。

10.2.2　地下水水质

主要是浅层地下水水质，流域地下水质检测井（点）主要分布在松辽平原、黄淮海平原、山西及西北地区盆地、平原、江汉平原重点区域，基本涵盖了地下水开发利用程度较大、污染较严重地区。监测水系以浅层地下水为主，易受地表水或水污染下渗影响。水质评价结果总体较差。总体上地下水水质逐年下降。

主要污染物指标除总硬度、溶解性、总固体、锰、铁和氟化物可能由于水文地质化学背景值偏高外，"三氮"污染情况较重，部分地区存在重金属和有毒有机物污染。

10.3　我国水资源保护正处于积极发展阶段

10.3.1　完整的水资源保护机构

全国已建立完善的水资源保护管理体制、保护机构、监测机构、体系。

（1）1998 年根据国务院精神，在水资源保护工作中，水利部职能：拟定水资源保护规划，组织水功能区的划分和排污控制，监测江河湖库的水量、水质，审定水域纳污能力，提出限制排污总量的意见。环保部职能：组织拟定和监督实施国家确定的重点区域、重点流域污染防治规划和生态保护规划；组织和协调国家重点流域水污染防治工作。交通部负责防治船舶污染。各级地方政府机构与中央政府对应。

（2）1975 年以后，黄河流域、长江流域、淮河流域、珠江流域、海河流域、松辽流域、太湖流域先后成立了水源保护局。1983 年 5 月以后，各流域实施环保部、省级和水利部的双重领导，好多流域水源保护局后来又更名为流域水资源保护局。流域水资源保护局的职能：①协助草拟水资源保护法规条例。②牵头组织水系干系所经省的行政区的水利、环保部门制定干系水资源保护规划。③协助环保部门的审批建设项目环境影响评价报告书，监督检查水环境保护执行情况。④对不合理利用滩、川地，任意堆放有害物质，向水体倾倒和排放污染物等破坏生态环境的行为进行监督。⑤在全国环境监测网的指导下组织协调本流域水环境监测，提出流域水环境质量报告书。⑥进行有关水资源保护的科研工作。

（3）水利部负责全国水资源监测网及监测工作管理，以及全国水资源质量信息的发布。各省级行政区水资源局设立水环境检测中心，负责管理辖区内的水环境监测工作。各地区行政区的水文水资源分局负责辖区内的水量水质监测。全国已有2600多个水环境监测站。

（4）《中华人民共和国水土保持法》于1991年6月颁布。

（5）《中华人民共和国清洁生产法》2013年3月20日颁布，2017年3月6日全国人大常委会通过《中华人民共和国清洁生产促进法》修正方案。

10.3.2　相关法规

国务院于2015年4月颁布《水污染防治行动条例》，环保部、国家发改委等11部委联合发布《水污染防治行动计划实施情况考核规定》，对《水污染防治行动计划》即实施情况及水环境管理进行年度考核和终期考核。《河道管理条例》《水土保持法实施办法》《水污染防治法实施细则》《取水许可与水资源费征收管理条例》《淮河流域水污染防治》《中共中央办公厅国务院办公厅印发〈关于全面推行河长制的意见〉的通知》《水利部、环境保护部关于印发贯彻落实〈关于全面推行河长制的意见〉实施方案的函》等。水利部、环境保护部及国务院其他部门先后颁布了一些与水资源保护相关的规章。

我国水资源保护的法律、法规已完善，确立了水资源保护的框架。

10.3.3　严格的水资源保护制度、措施

30年来根据国家水资源保护相关法律、法规，建立了严谨的水资源保护制度措施，使水污染得到遏制，污水排放量逐年有所减少。

10.3.3.1　水资源保护规划

水资源保护规划是开展水资源保护工作的依据。水利部负责组织编制流域水资源保护规划，环境保护部负责组织编制流域水污染防治规划，两部委这种规划的协调进一步推动水资源保护工作的发展。

10.3.3.2　水功能区划

水功能区划是国家为保护水资源环境而制定的预防措施。同时也是水资源合理利用的战略发展。水功能区划是水政主管部门根据水资源条件社会发展对水资源的要求，确定不同水域的服务动能和水资源的保护标准。

10.3.3.3　水环境监测

水环境监测由水利部门、环保部门承担，主要监测地表水和地下水的水量监测、水质监测。通过监测数据掌握水环境的实际状况。

10.3.3.4 建设项目环境影响评价

各类建设项目规划、设计报告中必须包括环境影响评价报告书，建设项目对环境影响可行性全面分析评价。提出减小或弥补不利影响的措施。未经环境影响评价审查，建设项目不得审批，从源头上把关环境影响。

10.3.3.5 取水许可与排污许可

为强化水资源合理利用和保护水资源水质量，国务院 1995 年颁布《用水许可与水资源费征收管理条例》，在水污染防治中实行排污申请和排污许可证制度。

10.3.3.6 入河排污口监督管理

排污口的位置和污水扩散方式与水体污染程度有一定的关系，排污口位置和排放方式不当会形成严重的岸边污染。将排污口的地质、排污方式、排放量与水功能区结合起来。同时与水系特征、水体循环特征有机结合，在客观上控制污染物总量，并做到不同时段、不同水域的水功能水质达标。

10.3.3.7 水土保持方案报告、水资源论证

实行建设项目水土保持方案报告制度、建设项目水资源论证制度。水土保持是水资源数量、水环境、减少下游水污染的主要措施之一。水资源论证是水资源保护、河道清淤纳污、保护水环境的保障措施。

10.3.3.8 地下水保护制度

地下水是北方省区主要利用的水资源。地下水自净能力较弱，一旦污染治理难度大。近 20 年来，采取了法律、行政、经济、技术等多种措施，切实加大了地下水保护力度。各级地方政府都加强了地下水开发利用规划和水保护规划。很多市县采取了封井禁采、防污染措施等。但是地下水污染面广，尤其农村面源污染，治理难度较大，现状是地下水污染逐年加重，地下水质越来越差。地下水保护工作任重而道远。

10.4 深度开展水资源污染防治工作

10.4.1 重点加强农村面源污染防治

农村面源污染是当前我国水污染分布最广、数量最大、对水危害最严重的污染，尤其是对地下水的污染。当前我国地下水水质逐年下降，2018 年全国优良、较好水质的地下水占 12.9%，较差、极差水质的地下水已占 86.1%，已处于非常严峻的形势。全国必须把农村面源污染放在水污染的首位加以防治。

10.4.1.1 农业化肥污染治理

我国农业施肥越来越单一依靠化肥，化肥逐年增加，全国农业化肥施用量已由

1980 年的 1 269.43 万 t，增加到 2018 年的 5 653.4 万 t，35 年增长 3.5 倍，亩施肥已达到 23.5 kg/亩，是欧盟国家亩施用量的 2.5 倍、美国的 2.6 倍。化肥使用增加总氮量、总磷量。长期大量施用化肥不仅污染地下水，而且使土地板结，土壤通气性差，破坏了土壤结构。我国土壤有机质含量仅 1.5%，美国土壤有机质在 3.5% ~ 4%，我国历史上传统施用农家肥，近些年又改变了，大量农家肥被遗弃入路边、沟边、河道内。我国畜牧业发展很快，近几年畜禽粪便已达到 17 亿 t，施用于农田部分不足 1/4，大部分被遗弃。

中国几千年的俗语"地靠粪养""苗靠粪长"。畜禽粪便含优质有机质，它能提高土壤的全磷、无机磷及有效磷的含量，农家肥中的钾以离子态存在，易被淋洗出来，速效钾在土壤中大幅提高，使土壤中有益的微生物大量繁殖，如固氮菌、铵化菌、纤维素分解菌、硝化菌等。动物消化道分解的活性酶可提高土壤的酶活性，农家肥中有许多有机胶体，借助微生物的作用，把许多有机物化解转化成有机胶体，增加土壤吸附表面并且产生许多胶黏状物质，使土壤颗粒胶结起来，变成稳定的团粒结构，提高土壤保水保肥和透气性能，调节土壤的温度能力，提高土壤的吸收性能、缓冲性能和抗逆性能，提高土壤的活性和生物繁殖转化能力。有机肥稳定而长效供氧，肥效时间长、损失小，氮磷钾利用率达到 80% 以上。一些材料报道，我国有机肥全氮磷钾总量约 2 550 万 t，如果全部施用农田，氮磷钾有效利用按 0.6 计算，有效氮磷钾可达到 1 550 万 t。

目前，我国农业有机肥施用量约占 1/4，有效利用全氮磷钾约 386 万 t，2018 年化肥施用量 5 653.4 万 t，含氮磷钾 42%，利用率约 37%，有效利用全氮磷钾 878.5 万 t。如果国家采取有力的政策措施，利用好畜禽粪便的 50%，可为农田提供有效全氮磷钾 772 万 t，化肥施用量可减少到 685.3 万 t，亩施化肥量为 5.85 kg，低于欧盟 8.65 kg/亩标准。

当前施用有机肥的障碍是，农村强壮劳动者外出打工，农业从业人员为高龄男性和年龄中等以上女性，缺乏向田间运输有机肥的劳动能力，而且运输成本偏高，同时高温发酵畜禽类粪便又需要一定的劳动强度，这些因素影响了畜禽类粪便的有效利用，致使畜禽类粪便成为废物、水污染物。

国家调整农业补贴政策，减少粮食直补资金，将这部分资金用于畜禽类粪便高温发酵无害化处理，畜禽粪便向田间运输费补助。将使畜禽粪便有效利用，减少水污染，减少化肥用量。国家这种农业补贴政策是事半而功倍的事情，是从根本上治理农村面源污染水质战略决策。当前化肥利用量大，存在利用不科学，未充分采取测土施肥方法，农民无限增加用量，认为越多越好，结果利用率很低仅 35%，积极推广测土施肥，根据土壤情况和不同作物需求科学施量，对化肥供应应加以控制，按亩按作物进行定额分配，由农业部门实施化肥施肥管理，减少不必要的化肥施用量，提高肥效。

10.4.1.2　畜禽粪便等污染治理

当前全国畜禽粪便年产量约 17 亿 t（稀粪便），冲洗污水约 100 亿 t。现状是绝大多数自由堆放、废物遗弃，冲洗污水自由排放。畜禽粪便、废水已成为农村的严重水污染物质，农村养殖场绝大多数为小型养殖场，经营规模不大，养殖场无资金能力购买微型污水处理设备。目前日处理污水 10 m³/d 的微型设备一般为 10 万元，处理成本为 9.5 元/m³。大中型污水场污水处理成本为 5 元/m³，以养鸡为例，1 只鸡 1 年产生约 0.65 m³ 的污水，污水处理成本为 6.17 元，中小型养鸡场养 1 只鸡的年利润 5.8 元左右，如果再进行污水处理，养鸡场基本没有效益。目前畜禽饲养量比较大的是养猪业，养猪业以中小型家庭养猪为主。以年出栏 600 头计算为例，1 头猪毛利润 250 元/头，人员工资 120 元/d，2 名工人约每头猪费用 146 元/头，养猪设备和污水设备折旧各 24 元/头，每头猪年产生污水 5.45 m³/a，污水处理费是 5 元/头，药费 10 元/头，扣除各种费用，每头猪纯利润 40 元，市场变化、病害风险等，40 元/头的利润风险太大了，养猪户是难于接受的。对于每个小型养殖场安置微型污水处理设备难于推行。

畜禽养殖污水处理只能靠大中型污水处理设备，降低污水处理成本，畜禽养殖采取集中，规划区域养殖，各个县区根据农业耕地状况，按农业需求有机肥数量合理布局，集中饲养，集中化经营。集中后对粪便统一进行无害化处理，建设大型沼气池，高温发酵，产生的沼气用于发电或农村生活燃气。发酵后的沼液统一送到农田作有机肥，运输费用由国家农业补贴支付。集中后的废水应用大中型污水处理设备处理，成本大幅降低。处理后的中水再利用。畜禽粪便集中处理后有效利用于农田，增加农田有机含量，减少化肥施用量，这两项有效措施后，可减少农村面源污染的 70%，实施的核心是国家对畜禽粪便处理和输送至农田间国家给予农业资金补贴。

10.4.1.3　农药水污染治理

我国 2014 年农药（含除草剂）施用量已达到 180.69 万 t，占世界总用量 50% 以上，化学农药对水污染已严重危害居民的健康，近几年来我国农药用量呈现负增长，对农药使用已出现好的苗头。

（1）休耕轮作。我国农药使用量大的主要原因是作物病虫害严重。产生的原因是我国人多地少，农业经营者平均仅 9 亩农田，做不到像美国、加拿大等西方国家那样，实行休耕制度，即使轮作也很少。连续重茬，在耕地里长时期种植一种作物，使土壤中对这种作物产生危害的病菌、病毒、虫卵成几何级数增加。如果实行倒茬轮作，第二年对这种作物产生危害的病毒、病菌、病害等失去了生存条件会大量死亡。轮作或休耕 1 年，可使土壤中危害这种作物的病菌、病毒死亡 70% 以上，危害减少 50% 以上。轮作 2 年，可使土壤中危害这种作物的病菌、病毒减少 85% 以上、虫害减少 70%。尤其一些蔬菜、瓜果类作物比粮食作物严重几倍。如西瓜，如果重茬,第二年几乎绝收。霜霉病、白粉病、立枯病等几种对农作物危害较大的病害,轮作倒茬,防治效果十分显著。2017 年 12 月 18—20 日中央经济工作会议提出,扩大轮作、休耕制度试点,发出了农药使用减少,增加产量的信号。加快农业经营制度改革,扩大经营规模,只有规模经营才能呈现轮作、休耕。一家一户的小规模散户经营是难于休耕轮作的。

有关研究表明,如果农业经营主体单位耕地面积达到 75 亩以上,农资消费主体可比现在减少 90%。规模经营是减少农药使用的主要措施,规模经营减少化肥用量、降低农资消费、降低成本。加快农业经营体制改革是减少农药、化肥对水污染的根本措施。

农药施用量较大的蔬菜、瓜果类作物,几乎是几十年长期单一经营。国家应实行强制性措施,蔬菜、瓜果与大田作物实行轮作,可以减少大量化学农药的使用,减轻对水污染,减少农产品农药残留,有利于居民健康。

(2)推广生物农药。民间在历史上就有使用生物农药的习惯,如辣椒水、烟叶水防治普遍发生的蚜虫,辣椒水、烟叶水这种生物农药应用起来,虽然没有污染,但成本高于化学农药,只有国家给予一定的农业补助才能大面积推广。

(3)推广生物防治。充分利用生物食物链关系,采用生物防治的办法,防治农业虫害。用赤眼蜂防治玉米螟,防治松毛虫、七星瓢虫,这些生物防治措施效果都很好,在 20 世纪 70 年代曾广泛推广,后来因成本高于化学防治而消失了。国家对生物防治给予一定的农业补贴才能有效发展。

10.4.1.4 乡、镇企业水污染治理

我国乡镇企业 20 年来快速发展,乡镇企业发展作为一个历史时期,有着推动农民就业致富、商品供应的作用。但乡镇企业是小型、分散的企业,多数是低端工业,消耗资源多,技术相对落后,单位 GMP 废水排放量大,每年排放废水约 70 亿 t,是一个不小的数字。由于它十分分散的特点,很难做到废水集中处理,对乡镇企业而言,应该要求一律安装日处理 10 m³ 污水的微型污水处理设备,对高耗水、高污染的企业采取关停处理。

一般乡镇企业采取逐步转移到市、县工业园区的办法,分散而又小的微型乡镇企业是高资源消耗、高用水消耗,不能实现资源节约型循环经济,与现代化工业不相适应,是不可持续的,它仅是一个历史时期的需要。集中于工业园区,废水处理成本低,处理效果好,企业集中于工业园区,形成一个工业链,节约资源,生产成本低。

10.4.1.5 农村生活污水处理

现状农村每年排放生活污水约 170 亿 t,农民居住分散,多为平房,农村分散在全国各地,农村生活污水基本没有处理,而且自由排放,全国大大小小的河流几乎都不同程度地受到农村生活污水的污染。农村生活污水治理难度大。①加快城市化

进程，减少农村人口，从根本上减少生活污水排放。②在农村居住的农民，国家尽快推行农村城市化进程，农村城市化是农村现代化的一个重要方面，是未来的发展方向，实现农村城市化后，污水排放便于集中处理。③现在农村有部分乡镇人口密集，人口较多，有类似条件的，可以将农村生活污水通过管网集中，进行污水处理。

10.4.1.6 酸雨污染治理

酸雨已对我国水资源造成很大的污染，酸雨类型主要为硫酸性酸雨，主要化学成分为硫酸根、硝酸根和氨，形成的原因是大量燃煤后排放的 SO_2、NO_x 等离子物质，在空中与水汽相结合形成硫酸根、硝酸根和氨等。我国煤化工、石油化工也有一定量的 SO_2、NO_x 的排放。根治的办法就是减少煤炭消费，用清洁能源太阳能、风能、水能、生物质能替代化工原料中石油基、煤基化工原料，用生物质基化工原料所替代，这需要国家彻底改变能源结构、化工原料结构、经济结构重大调整，经几十年努力来实现。

10.4.2 严格控制工业污染水质、城镇生活污染水质

我国工业节水效果显著，工业废水排量已由 1996 年的 270 亿 t 下降到 2015 年的 199.5 亿 t。工业废水排放减少 26.1%，年均下降 1.23%，但工业废水总量仍很大。城镇生活废水排放量却逐年上升，城镇生活废水排放量已由 1996 年的 150 亿 t，上升到 2018 年的 550 亿 t，增长 2.67 倍，年均增长率 6.1%。随着经济的发展，居民生活水平的提高，人均生活用水逐年增加，生活废水中洗涤剂含量高，对水污染更严重，对工业废水和生活废水必须严格控制，做到全部净化处理。现状是大中城市工业废水和生活废水净化处理率比较高，县城、县级城市工业废水和生活废水净化处理率低，很多县城污水处理厂开工率不足，国家应对城市排放废水严格管理，必须全部达标处理。上级部门对下级政府按《中华人民共和国水污染防治法》条例标准进行约谈问责。

城市污水处理和城市供水全部由水务部门统一负责，本着谁污染谁负责的精神，水费征收中应包括排污费（税），排污费（税）用于废水处理，做到收支平衡。

10.4.3 实行水环境保护目标责任制和考核评价制度

水资源严格保护，有优质的水资源供应，是我国经济可持续发展的基础因素。水环境保护是国家战略，各级政府应该把水环境保护列为重要的工作议程。国家应对各级政府实行水环境保护目标责任制和考核评价制度，将水环境保护目标完成情况作为对地方政府及其考核评价内容，纳入工作业绩之内，达不到目标标准的进行上级约谈问责。现在推行的河长制，已从小河流源头落实了村、乡、县、市、省各级负责制体系，河长制的体系是水环境保护的完善保障体系，认真落实河长制，加强水环境严格保护。

10.4.4 征收水污染环境税

本着谁污染谁治理的原则，对排放污染水资源废物和废水的企业、单位、个人都要征收水污染税。征收水污染环境税与征收水污染环境费有很大的不同，征税是法制行为，是强制行为，是法律，拒绝被征收是违法行为，加大了征收力度。根据污染物、污染水按不同单位、性质不同的标准。征税标准不应全国统一标准，而是各省（区内）根据各自情况，制定不同标准，征收水污染环境税应留给各地级市，用于废水处理费用。

对于跨省的河流，应由国家税务总局协调征收，征收水污染环境税应本着收支平衡的原则制定，即收取的水污染环境税能满足污水处理费用，征收水污染环境税有利于减少排放，有利于污水处理。

11　水能

11.1　水能资源蕴藏量

11.1.1　水能资源量

水能这里专指河流水力资源，为狭义水能，广义水能包括河流水能和海洋水能。

世界河流水能理论蕴藏量为 40 万亿 kW·h，技术可开发量为 14 万亿 kW·h，经济可开发量为 8 万亿 kW·h。我国水力资源是世界最丰富的国家之一。根据国家发改委 2005 年公布的全国水力资源复查成果，我国水力资源蕴藏量为 6.94 亿 kW，年发电量为 6.08 万亿 kW·h，技术可开发量 5.4 亿 kW，年发电量为 2.47 万亿 kW·h，经济可开发量为 4.018 亿 kW，年发电量为 1.753 4 万亿 kW·h，分别占世界的 15.2%、17.2%、21.9%，居世界第一位。

我国水力资源主要分布在西南地区，西藏、四川、云南、重庆、新疆、贵州、广西 7 省区，水能蕴藏量占全国的 73.2%。

按流域划分，水力资源主要集中在长江、西藏诸河、西南诸河。我国水力资源大部分分布在西南部地区的河流或河段上。长江中上游宜宾以上、金沙江、雅砻江、大渡河、乌江、澜沧江、怒江、雅鲁藏布江、红水河、黄河上游，形成一批可供梯级开发的水电基地。我国水力资源分布相对集中。

11.1.2　我国水力资源特点

（1）总量丰富，人均资源量偏低。我国水力资源总量占世界的 15%，居世界第一位，人均水力资源量仅是世界人均值的 70%。

（2）地区分布不均。我国水能资源主要集中在西南地区，华北、华中、华东、东北地区较少。

（3）河流落差集中。长江水能资源丰富，落差 5 400 m，在宜宾以上有 5 000 m，黄河落差 4 520 m，主要在上游，西南诸河落差主要在中上游。

（4）河川径流季节变化大。由于降雨受季风的影响，降水量年内高度集中，6—9月占全年的60%~80%。河流流量相差悬殊，稳定性较差。水电站建设中，必须修建水库进行调节。

（5）水力资源中大型电站比重大。装机容量在25万kW以上的大型电站约占总量的82%，而且多数处在深山峡谷中，开发条件艰巨，但淹没损失小。

（6）小型水能分布在全国山丘区。我国水能资源中，小型水电站理论蕴藏量为1.8亿kW，占总水能资源量的26%。100 kW以上的小型水电技术可开发量为1.28亿kW，年发电量为2 477亿kW·h，居世界第一位。全国流域面积100 km²的河流有5 000多条，适合建设小型水电站的站址广泛分布在全国的山区和丘陵，其中，四川（2 065万kW）、云南（1 623万kW）、西藏（900万kW）、福建（826万kW）、湖南（788万kW）、新疆（751万kW）、贵州（744万kW）、广东（685万kW）、湖北（562万kW）、广西（524万kW）最丰富。

小水电资源分布广泛，规模小，适合地方小型企业或农民自办开发；小水电工程结构简单，工程量小；小水电移民淹没损失小或没有；小水电工程建设一次性投资小，管理费用低。小水电是解决农村电力供给、保护农村环境、推动农村经济发展、解决边远山区电网覆盖的重要措施。

11.2 水力资源开发利用现状

我国是世界上水力资源利用最早的国家，早在三四千年以前，我国劳动人民就开始利用水能资源，利用水力磨面、舂米、提水灌溉农田等。20世纪初，开始建设水力发电站。1912年在云南昆明市郊区螳螂河的上游修建了石龙坝水电站，这是我国第一座水力发电站，装机容量480 kW，以后陆续扩建，但水力发电事业进展缓慢，到1949年，全国水电装机容量仅32万kW。中华人民共和国成立后国家十分重视水电这种清洁可再生能源，水电开发加快。于50年代末60年代初自行设计、施工建造了我国第一座大型水电站——新安江水电站。改革开放以来，随着经济社会的快速发展，我国水电站发展迅速，先后解决了技术、资金、市场、体制等制约问题，取得了世人瞩目的成就。到1980年，水电装机容量已达到2 032万kW，到1990年水电装机容量已达到3 605万kW，年均增长率5.9%，到2000年水电装机容量已达到7 935万kW，年均增长率8.2%。1995年全国水力发电量为1 905.8亿kW·h，2000年水力发电量达到2 235.2亿kW·h，1995—2000年年均增长率为3.2%。进入21世纪，水电发展进一步加快，进入一个新的建设高峰期。2004年我国水电装机容量居世界第一位，到2015年年底，水电装机容量已达到3.10亿kW，水力发电量达到10 643亿kW·h，相当于节煤3.406亿t，年均增长率为11.4%，已占世界水力发电量的 27.4%，居世界第一位。水力发电仅次于煤电，在我国发电总量中居第二位，到 2018 年年底水电装机容量已达到 3.52 亿 kW，占电力装机的 18.5%。建设已投入运行的大型电站已达到 321 座，水电建设比较集中，主要在 10 个省区。全国水电重点省区，2018 年发电量为 12 315 亿 kW·h，占发电总量的 19.2%，占一次能源消费总量的 8%。

我国已修建 5 万多座水电站。超大型电站 321 座，在工作实践中不断开展科技攻关，成功地解决了一系列世界级难题，在高坝技术、泄流消能技术、地下工程技术、高边坡工程技术、大型机组制作安装技术、远距离大容量高压输电技术等方面取得了突破性创新。我国水电建设技术十分成熟，水电技术居世界前列。已修建 50 多座 100 m 以上的高坝，建设了世界排名前列的二滩双曲坝，坝高 240 m；建设了世界上最高的两座碾压混凝土拱坝。

大批梯级水电站的建设，高效地利用了我国的水能资源，满足了能源日益增长的需求，减少了大量的 CO_2 的排放。近年来，国家积极推动水电的"西电东送"战略，并将其作为我国西部大开发战略的重要措施之一。

11.3 农村小型水电建设

我国的小水电资源十分丰富，理论蕴藏量为 18 000 万 kW，居世界第一位，技术可开发量为 12 800 万 kW，经济可开发量 5 746 万 kW。中华人民共和国成立时，我国单机装机 500 kW 以下的小水电站仅 52 处，总装机容量为 5 916 kW。20 世纪 50 年代，随着农村水利建设的发展，小水电事业蓬勃发展。全国农业发展纲要提出："凡是能够发电的水利工程，应当尽可能地同时进行中小型的水电建设，以逐步解决农村用电要求。"为此，国家设立小水电专管机构，并进行小水电技术培训。随着山区水利建设的快速发展，小水电作为水利工程中的附属部分也同时得到发展，山区落差条件较好地方相继建设了小型水力发电站。到 1960 年年底，全国单机容量 500 kW 以下的小水电装机容量达到 25 万 kW。这时期水轮机大部分是小型企业生产的木制和铁制水轮机。20 世纪 60 年代，小水电装机容量逐步加大，单机装机 3 000 kW 以下的小水电每年新增 5 万 kW 以上。技术上有很大改进，全国形成一批专业小水电生产厂家。水轮机为金属结构，水轮机逐步完成了新产品系列化。小水电从供照明和农村产品加工，发展到照明、排涝及乡镇企业供电。小水电发展较快的县形成以供电为主的 35 kV 地方电网。小水电从原来的单站运行、分散供电发展到地方电网内联网和统一调度。

进入 20 世纪 80 年代，小水电发展受到国家高度重视。国务院分别在 1983 年、1990 年和 1996 年，批复水利部组织建设"七五"第一批 100 个、"八五"第二批

200 个和 "九五" 第三批 300 个农村水电初级电气化县建设。国家采取政策支持、财政扶持和技术培训等各种途径，促进农村水电初级电气化建设，迈出了有中国特色的农村电气化发展道路。小水电发展速度加快，而且发生了质的变化，很多地方梯级电站上修建调节水库，电站不再单独运行，并入电网统一调度，小水电设备也越来越先进。

到 2000 年年底，全国建成 5 万 kW 以下的小水电 4 万多座，总装机容量已达 2 485 万 kW。长期以来农村的生活燃料，以薪柴和作物秸秆为主，造成乱砍、滥伐，破坏生态环境，造成水土流失，国家十分重视这一问题，投入大量国债资金，把小水电代燃料工程作为农村基础设施的重要措施。2002 年，水利部编制了《全国小水电代燃生态保护工程规划》，明确了工程规模、布局重点和保障措施，计划到 2020 年，新增小水电装机 2 404 万 kW，新增发电量 781 亿 kW·h，解决 1.04 亿农民的小水电代燃料问题。2003 年启动小水电代燃料工程试点，并于 2006 年实施小水电代燃料扩大试点。

根据国家领导人的多次指示，加强农村电气化建设工程，2001 年和 2006 年分别启动了 "十五" 和 "十一五" 水电农村电气化县建设。小水电建设，同河流治理、水土保持、退耕还林、扶贫开发等工作有机组合，加快了农村电力建设，有力地促进退耕还林，保护了天然林和生态环境，促进了农村经济发展。随着国家投资体制和电力体制的改革，小水电投资由国家投资为主体逐步转变为社会投资为主体。电气化建设和代燃料工程的国补资金投入，引导大量社会资本进入小水电建设开发中，促进了小水电事业的发展。

进入 21 世纪，我国每年小水电装机容量规模都超过 100 万 kW，2018 年新增小水电装机容量为 164 万 kW。到 2018 年年底，全国小水电装机已达到 8 043.5 万 kW，在建小水电装机容量 1 000 多万 kW，年发电量已达到 2 345.6 亿 kW·h。

11.4 国外水电发展

11.4.1 优先发展水电

世界各国都认识到水电是清洁的可再生能源，可以有效减少温室气体排放，而且水电价格便宜，因而制定优先发展水电政策。目前发达国家水电开发度都已达到 60% 以上。美国的水力资源已开发 82%，加拿大 65%，日本 84%，德国 73%，法国、挪威、瑞士、瑞典均在 80% 以上。中国水力资源 2017 年开发利用程度 63.69%，落后于发达国家。一些国家非常重视水电发展，加拿大和俄罗斯是石油、天然气资源非常丰富的国家，是石油、天然气生产大国、出口大国，却非常重视水力资源的开发，其水电在本国发电占比例很高。2009 年加拿大水电占发电总量比重的 60.3%，俄罗斯占 17.6%，巴西占 83.8%，瑞士占 53.6%，瑞典占 48.2%，巴基斯坦占 29.4%。中国虽然是水力资源世界第一大国，2017 年水电仅占 19.4%。工业化国家水电开发比较早，美国在 20 世纪 60—70 年代是水电建设高峰期，挪威在第二次世界大战结束后大力开发水电，60 年代世界水电开发进入高峰期。我国水电发展于 21 世纪初才进入高峰期。

11.4.2　瑞士

瑞士是一个人口只有 821 万，国土面积 41 285 km^2 的小国。瑞士非常重视水电的发展。1945—1975 年，30 年高速发展水电。目前，瑞士水电发展程度已占技术可发展量的 92.8%。2012 年水力发电量达到 308.6 亿 kW·h，占全国一次能源消费的 53.6%，减少了大量的 CO_2 排放。

目前，瑞士有 522 座装机 1 万 kW 以上的电站。全国水电装机已达到 1 335.6 万 kW，大型工程 217 座大坝及 195 座水库由能源局管理，小水电（1 万 kW 以下）1 050 座，超小型、微型水电站总装机量 78 万 kW，小型工程由各州政府管理。在 20 世纪全国有 7 000 多座水电站，由于大型水电成本低，许多小水电站停止运转。全国降水总量 601 亿 m^3，河川径流量 535 亿 m^3，全国大量修水库，蓄水调节发电，水库总库容达到 462 亿 m^3，人均库容指数达到 4 900 m^3，是我国的 6.7 倍。瑞士实行绿色水电认证制度。绿色水电标准：①水电站必须履行基本要求。②有义务对当地生态环境改善进行投资。生态投资义务的含义是，从生产和销售的每千瓦时水电中提出 0.5 欧分（折合人民币 3.55 分）投入独立的国内基金，该基金用于改善地方的附加投资，业主连通当地的利益团体，制订基金的使用规划。官方审计、检查生态投资的使用。

瑞士大量修建水库拦蓄河川径流，有很高的库容指数，值得我国借鉴，绿色证书认证制度对我国也很有借鉴意义。我国在电站建设后应留给地方一定比例的电费收入使地方用于发展生态，改善民生等公益事业，有利于调动地方积极配合水电事业发展的积极性，也是对当地资源的一种回报。

11.4.3　日本

日本水电开发本着"先易后难，先小后大，先引后蓄，先地面后地下，经济适用"的原则开发水电。1950 年以前，日本的电力开发一直是水主火辅。因水力资源是本土的主要能源，日本燃料资源贫乏，煤、油和气都要进口，所以日本执行水主火辅的电力方针。水电比重曾达到 80%~90%。到 1960 年水电比例还超过 50%。以后因电力需求大增日本进口廉价的石油发展火电，因而水电比重逐年下降，到 2012 年，日本的水电提供电量为 809.9 亿 kW·h，占能源消费总量的 3.83%，作为国土面积比较小的国家，水电所占比例达到这一数量显然是很高了。到 2008 年，日本国内运行大坝有 3 058 座，水电装机容量为 2 213.4 万 kW，在建装机容量为 85.4 万 kW。日本中小河流多，水电站以中型为主，装机为 1 万～20 万 kW，最大的水电站装机容量为 38 万 kW。为满足迅速增长的电力需求，日本大力发展火电，这些电站只适应于担负电力系统的基荷，进行调容量。日本从 1960 年开始大力发展抽水蓄能电站，抽水蓄能电站装机超过 1 700 万 kW，接近日本水发电装机总容量。日本河流比较短，水的流量较小，为满足抽水蓄能电站的较大装机容量，抽水蓄能电站水头都比较高，为 200～700 m。

20 世纪 80 年代，日本的水力资源基本得到开发，受两次石油危机的冲击，日本为解决水电进一步增加装机容量和缺水问题，1982 年开始第五次水利资源调查。提出以下措施：①河流重新开发，废弃老厂，扩大调节库容，增加装机。②跨流域引水，如利根州引水、佐贺引水、霞浦引水、水曽川引水等一批跨流域引水工程。③开发湖泊，修建河口闸，防盐蓄淡，供工农业用水。④污水处理重复利用。⑤超低水头发电。⑥利用海水抽水蓄能发电。

日本大中型电站已建设完，未来水电发展趋向小型化，平均规模 0.46 万 kW，规模的减小，盈利也变得越来越困难，开发成本也越来越高。日本经济产业省决定修订有关政策，对于开发建设水电站的企业给予资金补贴。日本还有 2 700 处适宜开发建设小水电站（平均规模约 3 000 kW），如果全部开发利用，可新增 12 万 kW 的发电能力，以减少大量排放 CO_2 的火力发电。日本水电建设要考虑综合效益以及防洪、供水等功能。日本水电发展经历了"发展—扩张—稳定"阶段。

日本水力资源开发利用中的一些措施很值得我国借鉴：①20 世纪 80 年代就基本开发完大中型水力资源项目，我国到 2015 年开发利用率仅 53%。②日本大量建高坝抽水蓄能电站，用于调峰，抽水蓄能电站装机达 1 700 万 kW，抽水蓄能电站装机容量和水力发电装机容量相差很小，我国山地多，很有条件大力发展抽水蓄能电站，抽水蓄能电站多建有助于风电发展，解决风电不稳定、电网调峰问题。③日本跨流域调水发电。我国跨流域调水主要用于工业用水、灌溉，专门用于发电的跨流域调水尚未开展。④日本修建河口闸，防盐蓄淡。我国很多河流入海，大部分采用河水压海水，防止海水倒灌，修建河口闸，用闸拦截海水，节省大量的压潮的淡水，我国在北方河流入海处，修闸拦潮，将节省大量的淡水。⑤超低水头发电是日本充分挖掘发电潜力的办法。我国有很多低水头未进行发电，尤其农村小水电事业。

11.5 充分认识水力资源的优势，积极发展水电

11.5.1 水电的优势

11.5.1.1 水力资源在能源中的地位

2017 年我国水电已占全国发电总量的 19.4%，占全国一次能源消费的 8.2%。在能源比重中占重要地位，水电的发展促进了经济的快速发展。我国水电理论蕴藏年发电量为 60 829 亿 kW·h，技术可开发年发电量为 24 740 亿 kW·h，以技术可开发量来计算，每年可节省 8.2 亿 t 标准煤。

11.5.1.2 水电是清洁可再生能源

从环境保护角度上看，水电优越于煤炭、石油、天然气、核能、海洋能、生物质能。开发水电可减少温室气体、各种有害气体及粉尘的排放，环境效益十分显著。2017 年全国水电发电量 11 934 亿 kW·h，折合节省煤炭 3.819 亿 t，减少 CO_2 排放 10.12 亿 t，减少 SO_2 排放 811.8 万 t，减少粉尘排放 1.18 亿 t。按技术可开发年发电量 24 740 亿 kW·h 计算，一年可减少 CO_2 排放 21 亿 t，减少 SO_2 排放 1 683 万 t，减少粉尘排放 2.44 亿 t。

11.5.1.3 水电电价低

水电不仅是清洁能源，而且水电电价低。核电上网电价为 0.43 元/(kW·h)，火电上网电价为 0.41~0.45 元/(kW·h)，水电上网电价仅为 0.27 元/(kW·h)，2013 年提到 0.32 元/(kW·h)，水电电价非常有竞争力。水电站建设投资较大，但建成后的运行费用很低，在一个很长时间内发挥作用。水电站 20 年还本付息，国民经济评价按 30 年计算，实际上多数水电站在 50 年、70 年后仍然运行正常。水电站的经济性非常优越。

11.5.1.4 水电电能质量

水电有调节库容、水电发电非常稳定，年发电时间长，在 4 300 h 以上。在可再生能源中最优越。因此，与风电相比较受外界气候条件影响大，有风有电，无风无电，风电不稳定，随机性和不确定性大，而且年发电时间短，仅 2 000 h。在风电比较集中的地区，可以不入国家电网，以保证电网稳定性，建设抽水蓄能电站，将随机性强的质量不高的风电电量转化成稳定的高质量的荷峰电量。实现风蓄联合开发，是风能资源丰富地区资源优化配置的具体措施。风蓄联合开发，可利用抽水蓄能电站的多种功能和灵性弥补风电的随机性和不稳定性，为大力发展风电创造有利条件，为电网提供更多的调峰填容量，调频调相及紧急事件的备用手段，有力地改善电网运行条件。

11.5.1.5 水电站综合效益

水力发电站建设要修建水库作蓄水调节，保证其稳定性和效益性。修建水库有着巨大的防洪、灌溉、供水、养鱼、生态等综合效益，这些效益远远超过发电效益。如三峡水库，以发电为主，三峡水库修建以后，水库有序放水，使下游河道有一个稳定流量，使长江航运有很大的发展，万吨巨轮从上海直达重庆。在2010年和2012年，我国南方超常降雨，各河流水灾严重，三峡水库在长江干流起到重大防洪作用。2012年7月25日，三峡水库流量高达7.12万m^3/s，如果长江洪峰流量超过4.12万m^3/s，荆江分洪区则超过警戒水位。三峡水库的有效调峰，使下游83万km^2的地区免受水灾之害。2011年长江中下游地区发生大旱，长江干流水浅不通航，河流水生生物受到严重影响，农业灌溉缺水，三峡水库及时向下游供水220亿m^3，保证了长江下游航运、灌溉、工业用水、河流生态的效益。

11.5.2 水电开发潜力

根据全国水力资源复查，全国水力资源理论蕴藏量为69 440万kW，技术可开发量为54 160万kW，经济可开发量为40 179.5万kW。尽管国家很重视水电事业的发展，但水电发展速度与国内水力发电技术可开发量不相应。到2008年全国水电总装机容量为1.72亿kW（含抽水蓄能电站），到2018年年底水电装机容量3.522 6亿kW，10年增长1倍多，年发电量12 315亿kW·h。水电发展很快，但水电开发总量仅是理论蕴藏量的49.5%，技术可开发量的63.4%，经济可开发量的85%，我国水力资源已开发量低于可开发资源量，低于世界工业化国家水力资源的开发利用率。美国、日本、法国技术可开发水力资源利用率分别达到82.1%、83.6%、80%。我国水力资源开发应达到技术开发量的程度潜力很大，水力资源开发相对滞后。按照能源中长期发展规划，到2030年我国水电装机总容量将达到4.3亿kW，到2050年我国水电装机总容量将达到5.1亿kW。

我国进一步做好水力资源开发流域规划，力度应进一步加大，我国能源消费增长较快，水电是清洁、低碳、经济的可再生能源，应优先开发水电资源。这是世界各国能源战略的共识。加快水力资源开发步伐，调整水电开发规划。原计划2030年装机容量为4.3亿kW，调整为5亿kW；原计划2050年水电装机容量为5.1亿kW，建议调整为5.4亿kW。这样将提前发电量为6.45万亿kW·h，相当于节省煤21.3亿t，减少CO_2排放47.6亿t，减少SO_2排放4 460万t，减少粉尘排放9.5亿t。再考虑防洪、灌溉、供水、生态、水产等方面的综合效益，远远大于能源效益。若项目延后开发，大量水能资源每时每日白白流失，就相当于大量原煤在那里自燃一样。所以加快水电开发速度，调整规划，势在必行。

水电是清洁可再生能源，而且价格比较低，水电开发不能受经济可开发量束缚。要突破经济可开发量的红线，力争达到技术可开发量的上限。

11.5.3　建立资源补偿利益共享机制

我国水电资源基本都在高山峡谷地区，这些地区经济贫困、生态环境差、人民生活贫困，当地居民以农业为主，而且农业生产条件差、耕地资源贫瘠，农业生产落后。建设水电站使当地耕地、林地资源及水生资源减少，生态局部受影响。移民本身就加剧了地方的负担，地方为发电站建设付出很多。我国应该借鉴瑞士的"绿色水电认证制度"，从发电的单位上网电价中按一定标准提取分配给当地政府，当地政府用这笔资金发展生态、发展林业、农业等，这实质上是对当地资源的一种补偿机制。有利于调动地方的积极性，建一处水电站造福一方人民。瑞士目前每千瓦时电提出 0.5 欧分，折合人民币 3.55 分，我国应按电费价格的 10%留给地方。利益共享是对当地付出的补偿，是资源利用的合理分配。水电上网电价适度上涨部分，包括地方分成、税务负担、企业建设成本部分。把水电开发与促进当地就业后经济发展结合起来，做到"开发一方资源、发展一方经济、改善一方环境、造福一方百姓"。

11.5.4　深入改革广泛开发小水电

我国小水电十分丰富，主要分布在山区。我国广大农村、牧区和边远山区，还存在无电村和无电户。这些地区农民生活中大多用薪柴、秸秆或牲畜粪便为燃料，对生态环境造成破坏，无电也制约着当地经济的发展，影响人民生活水平的提高。大力发展小水电对解决农村地区的能源问题和加快农村经济建设十分重要。在开发技术上要有突破，要对原水电进行适度改建，修建充气或充水堰，提高水头，扩大发电量。在河流落差比较集中的地方，很适宜修建水电站群，落差分散河流比降分布相对均匀的地方，只要有一定水面积，有一定水量，就要深入开发水能资源。采取多建小型水库、提高水位、提高调节能力或采取低坝、低水位梯级开发方法，最大限度地开发小型水能资源，造福于农民。在山区、丘陵区，小型河流河道比降大，在 1/200～1/100，如果沿山麓做一条引渠，每 1 000 m 有 5～10 m 的落差，就可以建电站，小水电的潜力是很大的。

目前，小水电发展中存在一些问题。在北方中型水库发电很少，小型水库几乎没有建设电站，如辽宁省有中型水库 52 座，小型水库 829 座，目前仅本溪市中型水库利用发电，其他 13 个市多无利用。主要原因是投资大、利润微薄。如大石桥市三道岭水库（中型）、周家水库（中型）、盖州市石门水库（大二型）均是向营口市供水，水流量比较稳定，很适合建坝后小型水力发电站，因建电站一次性投资比较大，而且水力发电上网电价低，小型发电站发电总量较小，依靠电费还本年限长，所以一直未建设水力发电站。辽宁西部山区各县均有中型水库，水库以灌溉供水为主，灌溉总时间短而集中，而且又有季节性，发电总时数较少，但可以发电，只是利润少。朝阳县元宝山水库（中型）坝后电站，扣除投资还本及年度内管理费后，在经济评价年度内，每年有一定的净效益，由于第一次建电站投资大，水库管理处自身没有投资能力，因而不能建电站。过去建设小水电国家给一定补贴，有无息贷款。近几年建设小水电已经没有国家补偿了，也没有了无息贷款。

建议：①现在水库所有权全部为国有，体制的限制，使水库水能浪费。对小型水电站建设要改制，提倡社会资金去开发水库坝后电站。②国家建设期间给予一定的补助，给予无息贷款扶持。③水电上网电价提高到核电、风电上网水平，十分有利于小水电的发展。日本对小水电大量补贴。目前核电上网标杆价（2013 年以后）为 0.43 元/（kW·h），风电不同区域为 0.51 元/（kW·h）和 0.54 元/（kW·h），0.58 元/（kW·h）、0.6 元/（kW·h），火电为 0.41~0.455 元/（kW·h），水电价格很低，云南省小水电价格仅 0.186 6 元/（kW·h），2011 年全国水电平均上网电价仅 0.265 元/（kW·h）。2012 年 12 月 12 日国家下发发改委《关于四川雅砻江梯级水电站电价有关问题的批复》，从 2013 年开始重庆、四川水电上网电价为 0.320 3 元/（kW·h），虽然水电提高了价格，但在电力行业仍是最低的，激发水电的发展价格是关键，这些中型水库就会建电站而发电，并有一定的效益，不会再让水能日复一日、年复一年的白白耗掉了。小水电建设单位电能的成本要高于大型电站，但仍低于风能、光伏发电和核电。小水电主要分布在一些边远地区、山区，地方经济欠发达，这些地区投资能力低，国家对小水电的投资、电价等应给予优惠政策，来鼓励小水电的发展。

11.5.5 科学规划抽水蓄能电站

抽水蓄能电站是电网调峰的重要措施。我国电网广阔，用电负荷不均衡，昼夜、季节差异很大，随着风力发电的增加，电网稳定受到的影响越来越大，抽水蓄能电站的作用显得越来越重要。我国抽水蓄能电站到 2018 年年底共 20 座，装机容量为 2 665 万 kW，约占全国电力装机总容量的 7.77%。有地形条件的地方，多建抽水蓄能电站，势在必行，在临近风力发电站比较近的地方建抽水蓄能电站，尽量做到风力发电不入网，做抽水蓄能电站的电源。如甘肃、青海境内黄河段地处高山峡谷，深谷多，这里又是风能资源丰富地区，这一地区很适合修建抽水蓄能电站，修建抽水蓄能电站要吸取日本的经验。日本正在运行的水电站装机容量为 2 213.4 万 kW，抽水蓄能电站为 1 700 万 kW，水力发电站与抽水蓄能电站比为 100∶76.8。为充分利用地形条件，日本抽水蓄能电站的水库大坝高度为 200~700 m，高度越高，蓄能越多，越能充分发挥地形优势。这一地区的风力可以不入网，用风电站的电能抽水，将能量储存在水库里。抽水蓄能电站应加大加速，装机容量应达到风能发电装机容量的 50%以上，通过抽水蓄能电站将不稳定的风能量转化为稳定的水能，有利于风电的发展，加大风电在能源中的比重，是缓解电力供需矛盾，稳定电网的有效措施。

11.5.6　完善水库移民安置政策

11.5.6.1　用科学发展观看待水库移民

修建水库要有很多移民，随着经济的发展，移民费用标准越来越高，移民和淹没损失补偿现在已上升到工程总投资的 60% 以上，不能消极一概而论地看待移民。我国修建大中型水库和水电站的地方，几乎全部位于高山峡谷和交通不便的偏远贫困地区。当地人民生活在自然条件差、资源不足、生产力很低的环境下，绝大多数人愿意通过修水库移民政策，安置到生活、生产条件好，交通方便的地区，这是对自己一生命运的一次改变。水库区由于山区自然条件差，多数为坡耕地，通常以资源环境的过度开发和低效利用来维持简单的再生产，过度开荒、放牧，造成严重的水土流失，生态环境恶化，形成"越穷越垦越流失、越流失越垦越穷"的恶性循环。这类地区即使不修水库，国家也要对其进行生态移民，修水库移民只是加快了生态移民的步伐，而且很大一部分资金由企业承担，减轻了国家负担。

11.5.6.2　改变移民策略

不能再搞过去就地后靠的移民方式，造成资源环境更差，人均资源更少，生态破坏加剧，人民生活水平逐步下降的局面。移民方式应采取开发移民，将移民安置在生产条件好，交通方便，有就业条件的下游或安排到中小城市，因水库的调节作用改善了下游耕地的灌溉条件和质量。对移民进行技能培训，使之达到能够自我生产，自主就业，自己能谋生的程度，从而妥善解决长期稳定的生计问题，走可持续发展的路子。水库移民不能仅是单项移民，要把它纳入国家扶贫工作之中，把它看作迟早国家要进行的生态移民、山区扶贫的一项长远工作，只是因工程建设需要而提前进行。移民要将"移得出、稳得住、逐步能致富""以人为本构建和谐社会"的理念贯彻始终。

水库移民是国家长远战略生态移民工作的一部分，事关社会安定，系水库工程建设进度、投资的主要内容之一。

11.5.7　提高大坝指数和人均库容指数

大坝指数（N/M）是每个国家的大坝总数除以这个国家以百万计算的人口数。人均库容指数（V/C），m^3/人，是由一个国家的水库库容总数除以其人口数而来。这一个指数更加具体，涉及已开发的水库基础设施的储量对水资源管理的有效性和水库所控制的水资源的实际可用性。

大坝指数和经济发展指数之间的关系显示，高经济收入的国家，每百万人口的大坝指数（N/M）和人均库容指数（V/C）远高于低经济收入国家。根据统计数字，高经济收入国家每百万居民的大坝数平均值为 17.2 座，低经济收入的国家每百万居民的大坝数平均值为 2.7 座，相差 6.3 倍；高经济收入的国家人均库容数平均值约 2 100 m³，低经济收入的国家人均库容数平均值约 470 m³，相差 4.5 倍，世界上人均库容指数最高的国家是加拿大，加拿大人均库容数高达 27 900 m³，我国水库总库容为 9 035 亿 m³，人均库容指数仅 650 m³，远远低于经济发达国家。

大坝指数、人均库容指数和人类发展指数的关系显示，人类发展指数高的国家，其大坝指数和人均库容指数均较高，反之，人类发展指数低的国家，其大坝指数和人均库容指数均较低。一个国家的大坝指数和人均库容指数高，标志这个国家的水和能源基础设施雄厚，有足够能源储量和水资源的供给。水和能源的基础设施——大坝和水库对国家的社会和经济发展有重大的推动作用。解决农业干旱和洪涝灾害的主要策略是采取工程措施，即建水库大坝和调水工程，通过水库将丰水期的水蓄储起来，干旱期向下游供水、灌溉。水库蓄水，提高水位用于发电，水库防洪作用大，汛期河道水量大时，水库蓄水，减少下游河道的洪峰流量，控制下游水灾发生。发达国家修建了足够的水库基础设施，用于发电、防洪、城市供水、农业灌溉等。而发展中国家由于经济问题，国内的水库及大坝的基础设施不足，不能为经济发展提供充足的能源、农业灌溉用水、城市用水，不能有效地控制河道洪水流量而水灾严重。多建水库，提高大坝指数，是发展中国家用以支撑其经济发展的重要措施，是实现可持续发展的必要条件。我国虽然多年来修建了一大批大中小型水库，2018 年年底总库容已达到 8 953 亿 m³，人均库容指数已达 641.6 m³，但与我国水资源总量相比，显然差距太大。据中国水利统计年鉴显示，多年平均全国地表水总量为 26 478 亿 m³，全国 669 座大型水库和 3 602 座中型水库统计，年末蓄水总量为 4 104.3 亿 m³，蓄水总量为地表水资源的 15.5%。我国由于蓄水工程少，全国每年水灾造成的经济损失相当于 GDP 的 2% 约 9 000 亿元，每年因旱灾造成的经济损失 1 000 亿元。如果我国人均库容指数接近发达国家的水平，全国水库总库容量可达到 28 000 亿 m³，全国对水资源进行有效的调整，完全可以消除水灾，基本控制旱灾。多修建水库势在必行，是减少我国水、旱灾害的最有效措施。

11.6　水库建设对生态环境影响等问题的认识

建坝与反建坝有两种观点，长期对立，造成水电建设项目推迟。如怒江水电基地开发问题，就是典型的例子。2004 年，怒江水电工程叫停，10 年后才重新开启。这场争论损失了 1 029.6 亿 kW·h 电，相当于损失 4.65 亿 t 煤，多排放 7.96 亿 t CO_2。全球每年有上千种生物在消失，又有新的上千种生物在诞生，保持原生态是不可能的，不能任何自然的、原始的都要保护，保护要花费代价的。要保护原生态的一个大江大河，要花费巨大的代价。要少一些争论，多一些理解，多一些和谐，多一些对能源国情的认识，多一些煤炭对环境恶化认知的现实。

水库建设对生态环境的影响，包括两方面，即有利影响和不利影响。对这个问题有争议，绝大多数支持并积极主张修水库，建大坝，有一部分所谓"环保主义者"坚决反对。对这个问题要全面、深入看待，要站在战略高度去看问题。

11.6.1　淹没土地、森林、草地问题

修水库就要淹没一些土地，修水库的地区多为山区，淹没的土地多为坡耕地，属于质量较差的耕地。要淹没一些林地，这些山区林地，多数林木生长在土层很薄、立地条件很差的山地，绝大多数为灌木林，只能作薪柴，只是沟壑、河流两岸有少量的用材林。水库所淹没的草地多数是一些稀疏的林下草地、山地草场，这些草场，是产草量很低、质量很差的天然草场。但水库修建后，有效地控制了洪水，用水库作调节，汛期和非汛期河床都有一个稳定的流量，改变了修水库前汛期河道洪水流量大，淹没河床上的泛洪草地，水库调节作用使河床流量均匀，属正常流量，河道变窄，河流两岸增加大量河滩耕地。这些耕地十分肥沃，其数量远远高于水库蓄水淹没的原有耕地，河床上行洪区出现大面积的产草量很高的优质草场，草场的质量数量都远高于水库库区淹没的山地草场。河道水面变窄，泛洪区的大面积河滩，是最好的用材林宜林地。修水库淹没了少量的坡耕地、山地草场、山地灌木林地，水库蓄水后，下游河道泛洪区增加了大面积肥沃的河滩耕地、用材林林地、优质高产草场。

11.6.2　水库淹没村庄问题

修水库淹没一些村庄，水库都位于高山峡谷和交通不便的偏远贫困地区，由于地处山区，经济发展水平低，农民通常以资源环境过度开发和低效利用来维持再生产，对生态环境构成了沉重的压力。库区耕地中坡耕地占70%以上，水土流失严重，生态环境恶化，当地人民迫切希望通过修水库改变自己的生活，愿意异地安置到生活、生产条件好的地方。即使不修水库，国家对这里的居民迟早也要实施生态移民，修水库使生态移民提前进行了而已。

11.6.3　修水库诱发地震问题

一部分人提出修水库诱发地震，并举了世界上十几处水库修建后，在水库附近地区发生了地震的例子。水库对地震没有任何影响。水库蓄水，增加了库区板块的重量，但它不产生地震，如果因库区板块增加了重力产生地震，那么大城市搞了那么多建筑，高楼大厦成群，城市板块在这些楼房建筑群的重力作用下也应该产生地震了，河流水也下渗。水下渗只能渗入基岩的风化层，风化层深度只有几米到十几米，而地震与震源几十千米，至于世界上少部分水库附近产生地震则纯是偶合。全世界已修建大、中、小水库几十万座，只有几十座水库附近产生地震，那是地理分

布上的偶合概率，并不是水库所诱发的地震。2008 年 5 月 12 日汶川大地震，紫坪铺水库大坝在汶川地震的强烈摇晃下并无损伤，反而在抗震救灾中起了重要作用。5 月 17 日紫坪铺电站恢复并网发电，为抗震救灾提供了便利条件，紫坪铺水库形成开阔水面，为地震后道路的严重塌方和空中气候受阻的救灾提供了可靠的水路保障。

11.6.4　修水库影响生物多样性问题

水库在库区内淹没了一些植物，但面积很少，水库下游河道的泛洪区在汛期不再有大的洪水，泛洪区将生长大面积的树木、草丛，植物种群及数量将有大量的增加。水库蓄水后，在水库水体内生长大量鱼类水生生物。下游河道流量稳定，形成一个稳定的水生生物种群。而在修水库前，洪水期间水中夹杂大量泥沙，对河流中鱼类等水生生物觅食产生破坏作用。水库调节作用使下游河流稳定，水生生态稳定，但水库对回游类鱼类产生一定影响，如果鱼梯设计好，能解决此问题。

11.6.5　水库对生态环境的影响

11.6.5.1　水库—人工湿地

较大面积水环境使周围陆地气候得到改善，无霜期延长，温差缩小，降低最高温度，使地区炎热度降低 4~5 ℃，增加空气湿度（相对湿度能提高 10%~15%），增加适合一定湿度的植物物种，提高周边生物多样性。

11.6.5.2　减灾作用强

水库有效控制洪水，使下游河道不发生水灾。如 1998 年长江大水受灾面积 2 229 万 hm^2，成灾面积 1 378 万 hm^2，死亡人数 4 150 人，倒塌房屋 685 万间。三峡水库蓄水后，由于水库的调控作用，长江中下游基本没有发生水灾。

11.6.5.3　水库蓄水发电是清洁能源

水电减少大量有害气体的排放。一座装机 200 万 kW 的水电站，发出的电量相当于每年节省原煤 500 万 t，比火电减少 SO_2 排放 24 万 t、减少氮氧化物排放 4.4 万 t、减少 CO_2 排放 1 150 万 t、减少 CO 排放 115 万 t、减少含重金属的固体废物排放 184 万 t。

11.6.5.4　水库区形成一个多样性的水生生物种群

水库确实淹没了一小面积的草场、林地，对小面积生态造成损坏，但形成了一个多样性的水生生物种群。

11.6.6　减小河流自净能力问题

水库蓄水后，加强管理，对下游适时放水，使下游河道保持稳定的流量，下游河道流量应不低于枯水期流量，这样河流自净能力不会减弱，保证了河流健康。

　　有少量水库单纯追求发电效益，枯水期水库有较长时间不放水，下游河道流量过小，自然自净能力降低，保持下游河道自净能力是水库管理、用水调度中一个值得关注的问题。

12 加快生态修复，建设美丽中国

12.1 生态系统服务功能和生态修复的重大意义

12.1.1 生态系统

生态系统是指一种生物和它所处的自然环境。

12.1.2 自然资源与自然环境

地球上可使人类作为生活资料、生产资料或为人类提供各种服务功能的生物、能源、有机物、无机物作为自然资源。自然资源是自然界中以天然资源存在的，人类可以利用的各种无机物、有机物、能量及功能，也包括淡水资源、海洋资源、土地资源、森林资源、矿藏资源、生物资源、能源资源等资源。人类周围一切有机物、无机物和它的状态与功能即自然资源。生态系统是自然环境的组成部分，自然环境是生态系统的载体。如果地球上没有适合生命存在的自然环境，也就不可能有人类。人类只有在适合的自然环境下才能生存，如果破坏了自然环境和自然资源，就等于破坏了自然生存和发展的根基。人类必须在合理开发利用自然资源的同时，也要加强对资源与环境的保护，才能保持经济社会的可持续发展。

12.1.3 水生态系统

水生态系统是以水为媒介的生态系统，与人类生存发展、与水资源有关的一切有机物、无机物、能量及状态和功能。水生态系统是整个生态系统最重要的组成部分，由水资源、水环境、水生物和与水相关联的陆地生物组成。

12.1.4 生态系统服务功能

生态系统与生态过程形成的和维持人类赖以生存的自然环境条件与功能，即生态系统服务功能。生态系统提供食物和服务，人类直接和间接从生态系统得到的利益。生态服务功能包括供给功能、调节功能、支持功能。

　　水生态资源是人类生命系统基础，是人类社会经济基础。水维持了人类生存与发展的生态环境条件。水生态系统为人的生产与生活提供了生活用水、农业用水、工业用水、发电、渔业等经济服务功能。水生态系统提供诸多生态服务功能：①深化环境，维持了污染物质物理化学代谢环境，提高了环境的净化能力。一些水生植物如芦苇等能有效地吸收污染物，大量吸收重金属，汞酚类污染物可以被水生态中的微生物分解成水和CO_2，供水生植物生长需要。②调节气候，生态系统对气候有调节作用，对湿度、降水、气流、温度的影响。③固定CO_2，陆地和水体的绿色植物和藻类通过光合作用，吸收和固定大气中的CO_2，释放O_2，对大气中的CO_2和CO_2的平衡起着关键性作用。④提供维持生物多样性的环境，生态系统是生物多样性的载体，它对维护生物多样性有不可替代的作用，提供各种植物、动物、禽类、鱼类、昆虫、微生物的生长、繁衍、栖息等提供环境条件。⑤运输营养物质，水生态系统的河流运输碳、氮、磷、钾、有机物等营养物质，维持水生物生存。⑥休闲、娱乐、旅游动能。随着社会发展，人类物质生活水平的不断提高，人类对自然生态系统提供休闲、娱乐服务要求不断增加。水景观、湿地景观、流动水景观、急流险滩、瀑布风光、河岸景观、湖光山色、湍流水声等。人类利用水生态系统游泳、划船、漂流、渔猎等是人类娱乐生活的重要组成部分。

12.1.5　生态保护的重要意义

　　人类通过非工程措施和工程措施，充分利用生态系统的自我修复能力，使受到人类扰动或其他外界条件破坏的生态系统逐步恢复到其受扰动或破坏前的状态，叫作生态修复。生态修复是一种有限目标，修复不同于自然化，不同于完全恢复。人类社会不断向前发展，人类社会已大量消耗了生态功能或占用了生态空间，其中很大一部分是不可逆转的，所以不能完全恢复。

　　加快山水林田湖草生态保护修复，呈现格局优化、系统稳定、功能提升，关系到生态文明建设和美丽中国建设过程、国家生态安全和中华民族持续发展。长期以来，受高强度的国土开发建设等因素影响，我国一些生态系统破损退化严重，部分关系生态安全格局的核心地区在不同程度上遭受到生产生活活动的影响和破坏，提供生产产品的能力不断下降。开展山水林田湖草生态保护修复是生态文明建设的重要内容，是贯彻绿色发展理念的有力措施，是破解生态环境问题的必然要求。要充分认识发展山水林田湖草生态建设保护修复的重要性、迫切性。

12.1.6　生态保护修复工作重点内容

　　（1）实施矿山环境治理恢复。我国部分地区历史遗留的矿山环境问题没有得到有效治理，造成地质环境破坏和对大气、水体、土壤污染，特别是在部分重要的生态功能区仍存在矿山开采活动，对生态系统造成较大的威胁。要积极推进矿山环境治理恢复，突出重要生态区以及居民生活区废弃矿山治理的重点，抓紧修复交通沿线敏感矿山山体，对植被破坏严重、岩基裸露的矿山加大复绿力度。

（2）推进土地整治与污染修复。应围绕优化格局、提升功能，在重要生态区域内开展沟坡综合整治，平整破坏土地，实施土地沙化和盐碱化治理、耕地坡改梯、历史遗留工矿废弃地复垦利用等工程。对于污染土地要综合运用源头控制、隔离缓冲、土地改良等措施，防控土壤污染风险。

（3）开展生物多样性保护。要加快对珍稀濒危动植物栖息地区域生态保护和修复，并对已经破坏的跨区域地区进行恢复，确保建设性和完整性，促进生态系统功能提升。

（4）推进流域内水环境保护治理。要选择重要的江河源头及水源涵养区开展生态保护和修复，以重点流域为单元，开展系统整治，采取工程措施与生物措施相结合，人工治理与自然修复相结合的方式进行流域水环境综合治理，推进生态功能重要的江河湖泊水体休养生息。

（5）全方位系统综合治理修复。在生态系统类型比较丰富的地区，将湿地、草场、林地等统筹纳入重大工程。对集中连片、破碎化严重、功能退化的生态系统进行修复和综合整治，通过土地整治、植被恢复、河湖水相连通、岸线环境整治、野生动物栖息地恢复等手段，逐步恢复生态系统功能。

12.2 我国面临的主要生态环境问题

12.2.1 土地荒漠化和沙化严重

12.2.1.1 荒漠化和沙化土地现状

1949 年，法国科学家首先提出荒漠化概念。1994 年，《联合国防治荒漠化公报》将荒漠化定义："荒漠化是指包括气候变化和人类活动在内的多种因素造成的干旱、半干旱及亚湿润干旱区的土地沙化。"荒漠化包括石漠化。

沙化是指在各种气候条件下，由各种因素形成的、地表显现以砂砾物质为主要标志的土地退化。具有这种明显特征的退化土地为沙化土地。土地荒漠化和沙化被世界称为地球的"癌症"。

荒漠化是世界性的严重问题。联合国防治荒漠化公约秘书处发表公报指出，当前世界荒漠化现象仍在加剧，全世界有 12 亿多人受到荒漠化的直接威胁，其中 3.5 亿人在短期内有失去土地的危险。荒漠化不再是一个单纯的生态环境问题，它已经演变为经济问题和社会问题了，它给人类带来了贫困和社会的不稳定。全世界荒漠化土地面积已达到 3 800 万 km²，占陆地总面积的 26%，全世界受荒漠化影响的国家有 100 余个。荒漠化的土地面积以每年 5 万~7 万 km² 的速度扩大。到 20 世纪末全球损失约 1/3 的耕地。当今在人类社会诸多的环境问题中，荒漠化是最为严重的灾害。对于受到荒漠化威胁的人们来说，荒漠化意味着他们将失去最基本的生存基础、有生产能力的土地消失。每年消失的土地可生产 2 000 万吨粮食，每年由于土地荒漠化和土地退化造成的直接经济损失达 420 亿美元。

土地荒漠化是我国面临的主要生态环境问题，我国每年因土地荒漠化直接经济损失达 540 亿元。

2013 年 7 月至 2015 年 10 月底，国家林业局组织相关部门的有关单位开展了第五次全国荒漠化和沙化检测工作。根据第五次《中国荒漠化和沙化状况公报》监测结果显示：

（1）截至 2014 年，全国荒漠化土地面积 261.16 万 km²，占国土面积的 27.2%。分布于北京、天津、河北、山西、内蒙古、辽宁、吉林、山东、河南、海南、四川、云南、西藏、陕西、甘肃、青海、宁夏、新疆 18 个省（区、市）的 528 个县（市、区）。

荒漠化主要分布在新疆、内蒙古、西藏、甘肃、青海 5 省区，荒漠化土地面积占全国荒漠化土地总面积的 95.64%，其他 13 省（区、市）占 4.36%。

各气候类型区荒漠化现状。干旱区荒漠化土地面积为 117.6 万 km²，占全国荒漠化土地总面积的 44.86%；半干旱区荒漠化土地面积为 93.59 万 km²，占 35.84%；亚湿润干旱区荒漠化土地面积为 50.41 万 km²。

荒漠化类型现状。风蚀荒漠化土地面积 183.61 万 km²，占全国荒漠化土地总面积的 69.93%；水蚀荒漠化土地面积 25.01 万 km²，占 9.58%；盐渍化土地面积 17.19 万 km²，占 6.58%；冻融荒漠化土地面积 36.33 万 km²，占 13.91%。

荒漠化程度现状。轻度荒漠化土地面积 74.93 万 km²，占全国荒漠化土地总面积的 28.69%，中度荒漠化土地面积 92.58 万 km²，占 35.44%，重度荒漠化土地面积 40.21 万 km²，占 15.4%，极重度荒漠化土地面积 53.47 万 km²，占 20.47%。

（2）截至 2014 年，全国沙化土地总面积 172.12 万 km²，占全国总面积的 17.93%，分布在除上海、台湾及香港和澳门特别行政区以外的 30 个省（区、市）的 920 个县（旗、区）。

各省（区、市）沙化土地现状。主要分布在新疆、内蒙古、西藏、青海、甘肃 5 省（区），沙化土地面积占全国沙化土地总面积的 93.95%，其他 25 省（区、市）占 6.05%。

沙化土地类型现状。流动沙地（丘）面积 39.89 km²，占全国沙化（丘）土地面积的 23.17%；半固定沙地（丘）面积 16.43 万 km²，占 9.55%；固定沙地（丘）面积 29.34 万 km²，占 17.05%；露沙地面积 9.10 万 km²，占 5.29%；沙化耕地面积 4.85 万 km²，占 2.82%；风蚀劣地（残丘）面积 6.38 万 km²，占 3.71%；戈壁面积

66.12 万 km²，占 38.91%；非生物治沙工程面积 89 km²，占 0.01%。

沙化程度现状。轻度沙化土地面积 26.11 万 km²，占全国沙化土地总面积的 15.17%；中度面积 25.36 万 km²，占全国沙化土地总面积的 14.74%；重度面积 33.35 万 km²，占 19.35%；极重度面积 87.29 万 km²，占 50.91%。

沙化土地植被覆盖现状。沙化土地上的植被以草本和灌木为主，植被覆盖为草本型的沙化土地面积 71.89 万 km²，占全国沙化土地总面积的 41.7%；植被为灌木型的沙化土地面积 38.51 万 km²，占 22.37%；植被覆盖为乔灌类型的沙化土地面积 6.08 万 km²，占 5.53%；植被覆盖为纯乔木型的沙化土地面积 0.52 万 km²，仅占 0.30%。无植被覆盖型（覆盖率小于 5% 和沙化耕地）的沙化面积为 55.13 万 km²，占全国沙化土地总面积的 32.03%。

（3）具有明显沙化趋势的土地，主要是由于土地过度利用或水资源匮乏等原因造成临界于沙化与非沙化土地之间的一种退化土地，目前还不是沙化土地，但已具有明显沙化的趋势。

截至 2014 年，全国最早具有明显的沙化趋势的土地面积 30.3 万 km²，占国土总面积的 3.13%。主要分布在内蒙古、新疆、青海、甘肃 4 省（区），占全国具有明显沙化趋势的土地面积的 93.3%。

12.2.1.2 荒漠化和沙化土地动态

（1）荒漠化土地动态变化。与 2009 年相比，全国荒漠化土地面积减少 12 120 km²，年均减少 2 424 km²。

各省（区、市）荒漠化动态变化。与 2009 年相比，全国 18 个省（区、市）的荒漠化土地面积全部呈净减少趋势。其中，内蒙古减少 4 169 km²，甘肃减少 1 914 km²，陕西减少 1 443 km²，河北减少 1 156 km²，宁夏减少 1 097 km²，山西减少 662 km²，新疆减少 589 km²，青海减少 507 km²。

荒漠化类型动态变化。与 2009 年相比，风蚀荒漠化土地减少 5 671 km²，水蚀荒漠化土地减少 5 109 km²，盐渍化土地减少 1 100 km²，冻融荒漠化减少 240 km²。

荒漠化程度动态变化。与 2009 年相比，轻度荒漠化土地增加 8.36 万 km²，中度荒漠化减少 4.29 万 km²，重度荒漠化土地减少 2.44 万 km²，极重度荒漠化土地减少 2.83 万 km²。

（2）沙化土地动态变化。与 2009 年相比，全国荒漠化土地面积净减少 9 902 km²，年均减少 1 982 km²。

各省（区、市）沙化土地动态变化。与 2009 年相比，内蒙古等 29 个省（区、市）沙化土地面积都有不同程度的减少。其中内蒙古减少 3 432 km²，山东减少 858 km²，甘肃减少 742 km²，陕西减少 591 km²，江苏减少 585 km²，青海减少 570 km²，四川减少 507 km²。

沙化土地类型动态变化。与 2009 年相比，流动沙地（丘）减少 8 722 km，沙化耕地增加 3 905 km²。

沙化程度动态变化。与 2009 年相比，轻度沙化土地增加 4.19 万 km²，中度沙化土地增加 0.41 万 km²，重度沙化土地增加 1.89 万 km²，极重度沙化土地减少 7.48 万 km²。

（3）具有明显沙化趋势的土地动态变化。与 2009 年相比，全国具有明显沙化趋势土地面积减少 10 723 km²，年均减少 2 145 km²。其中内蒙古减少 338 km²，甘肃减少 3 978 km²，宁夏减少 669 km²，新疆减少 471 km²，河北减少 404 km²，青海减少 338 km²，陕西减少 329 km²。

12.2.1.3 当前荒漠化和沙化总体趋势

当前土地荒漠化和沙化状况有明显好转，呈现整体遏制、持续缩减、功能增强、成效明显的良好态势。

（1）荒漠化和沙化面积持续减少，沙化逆转速度增快。与 2009 年相比，全国荒漠化和沙化土地面积分别减少 12 120 km² 和 9 902 km²，这是 2004 年土地监测出现缩减以来，连续 3 个监督期出现"双缩减"。沙化土地年均减少 1 980 km²，与第四监测期减少 1 717 km² 相比，减少速度加快。

（2）荒漠化和沙化程度进一步减轻，极重度明显减少。荒漠化和沙化程度呈现逐步变轻的趋势。从荒漠化土地看，极重度、重度和中度分别减少 2.83 万 km²、2.44 万 km² 和 4.29 万 km²，轻度增加 8.36 万 km²，从沙化土地看，极重度减少 7.48 万 km²，轻度增加 4.19 万 km²。极重度荒漠化和极重度沙化土地分别减少 5.03% 和 7.90%。

（3）沙区植被盖度增加，固碳能力增强。2014 年沙区植被平均盖度为 18.33%，与 2009 年的 17.63% 相比，提高 0.7 个百分点；京津沙漠治理一期工程植被平均盖度增加了 7.7 个百分点，东部地区呼伦贝尔沙地、浑善达克沙地、科尔沁沙地和库布齐沙漠植被盖度平均增加了 8.3 个百分点，固碳能力提高 8.5%。

（4）防风固沙能力提高，沙尘天气减少。2014 年与 2009 年相比，我国东部地区土地风蚀状况呈波动减小趋势，土地风蚀量下降了 33%，地表释放量下降了 37%，其中植被对输沙量控制贡献率为 18%~19%，沙尘天气明显减少，5 年间，全国平均出现沙尘天气 9.4 次，较上一监测期减少了 63.0%，风沙危害明显减轻。

（5）可治理沙化土地得到有效治理，重点地区生态状况明显好转。截至 2014 年，实际有效治理的沙化土地为 20.37 万 km²，可治理沙化土地 53 万 km² 的 38.9%。京津风沙源治理工程区和四大沙地等地区生态状况明显改善，京津风沙治理一期工程区沙化土地减少 1 486 km²，植被盖度平均增长 7.7 个百分点。四大沙区所在区域沙化土地减少 1 685 km²，植被盖度增加 5~15 个百分点。

（6）沙区特色产业逐步形成，群众收入明显增加。各地结合防沙治沙，建成了一批特色产业基础，沙区已营造经济林 540 万 hm²，年产干鲜果品 5 360 万 t，占全国产量的 33.9%。特色林果业带动沙区种植、加工和贮运产业的发展，成为沙区经济发展的重要支柱和农民群众脱贫致富的龙头产业。新疆特色林果业年产值达 450 亿元，全区农民人均林果收入达 1 400 元；内蒙古林业总产值达 245 亿元，人均增收 460 元。

12.2.1.4　荒漠化和沙化的形势严峻

近 10 年来，我国荒漠化和沙化土地面积持续减少，但减少速度是缓慢的，荒漠化和沙化治理状况很不理想，防治形势依然严峻。

面积大、治理任务重。全国现有荒漠化土地 261.16 万 km²，沙化土地 172.14 km²。2000 年以来，荒漠化土地缩减了 2.34%，沙化土地面积缩减了 1.43%，恢复速度缓慢，按现在的恢复速度，荒漠化和沙化土地全部修复至少得 1 000 年。随着治理进度加快，未治理土地立地条件更差，治理难度越来越大。防治荒漠化和沙化是一项长期的、几个世纪才能完成的战略任务。

沙区生态脆弱，保护与巩固任务艰巨。我国沙区自然条件差，自我调节和恢复能力低，大部分沙区降水少，不具备自然修复条件，植被破坏容易，恢复难。现状具有明显沙化趋势的土地 30.03 万 km²，如果保护措施不当，极易成为新的沙化土地；在已有效治理的沙化土地中，初步治理的面积占 55%，沙区生态修复仍处于初级阶段，后续巩固与恢复任务繁重。

人为荒漠化的因素依然存在。沙区开垦问题突出，2009—2014 年，沙区耕地面积增加 114.4 万 hm²，增加了 3.6%；沙化区耕地面积增加 39.05 万 hm²，增加了 8.7%，超载放牧仍然存在而且很突出，2014 年牧区平均牲畜超载率达到 20.6%，同时还发生了腾格里沙漠排污严重事件。

水资源短缺矛盾突出。农业由于水资源不足，农业用水大量挤占生态用水问题突出、普遍，塔里木农业用水比例高达 97%；区域地下水明显下降，科尔沁沙地农业大量抽取地下水，地下水年均下降 20.11 cm；内陆湖泊面积萎缩，近 30 年内蒙古湖泊个数和面积每年下降 1%。缺水对沙区植被保护和治理造成巨大威胁。

12.2.2　植被覆盖率低，草原质量下降

我国现有 31.2 亿亩森林，森林覆盖率仅 21.6%，世界现状森林覆盖率平均为 30.8%，我国森林覆盖率达到世界现状森林覆盖率水平，需到 21 世纪 50 年代才能实现。我国草原面积大，共 58.9 亿亩，占国土面积的 40.9%，但草原退化严重，受沙化、退化、碱化的影响及过度放牧，2017 年草原盖度仅 55.3%，草覆盖面积为 32.6 亿亩，有耕地 20.23 亿亩，园地 2.145 亿亩，植物面积为 86.2 亿亩。全国陆地面积为 947.8 万 km²，折合 142.17 亿亩，全国平均植物盖度为 60.6%，约有 39.4% 的面积裸露，没有植物生态，不能吸收 CO_2 产生 O_2，不能吸收粉尘，不能净化空气，不能制造有机物，不能为人类提供服务环境，裸露面积过大是中国最大的生态

问题。

草原面积大，盖度低，产草量低，根据全国草原检测报告，全国 58.9 亿亩草原年产鲜草仅 10 亿 t，产干草仅 3.1 亿 t。亩产干草平均仅 52.6 kg。草原不仅退化严重，而且草原灾害很严重。2017 年草原鼠害面积为 4.3 亿亩，占草原总面积的 7.3%，虫害面积 1.94 亿亩，火灾面积 0.46 亿亩。

草原超载放牧面积约占 20%，多年来草原还存在着滥垦、乱挖、乱扒（开荒、挖药材、扒发菜等）现象，草原生态是中国生态问题的主要部分。

12.2.3　近海海岸带环境弱化

由于陆地排放的各种污染物不断增加，大量化肥、农药不合理的使用，农药通过农田排水和地表径流进入河流，再通过河流进入海洋。我国近海污染逐年加重，水质下降，局部恶化，沿海赤潮频频发生。根据中国环境状况公报，2018 年，417 个监测点位中，一类二类海水比例为 74.6%，三类为 6.7%，四类为 3.1%，劣四类为 15.6%。主要污染物指标为无机氮和活性磷酸盐。四大海水中东海海水水质最差，东海四类水质占 4.4%，劣四类占 32.7%。

近年来，海岸带防风固沙植物种群红树林等遭受滥砍滥伐，严重破坏、数量大量减少，沙丘裸露，形成海滩，冲刷严重，影响海岸生态环境。

12.3　生态建设的成就

12.3.1　各级领导重视

各级领导重视是荒漠化和沙化状况好转的重要保障。党的十八大将生态文明建设纳入了中国特色社会事业，"五位一体"的总布局，把生态建设提到前所未有的高度。习近平总书记强调："保护生态环境就是保护生产力，改善生态环境就是发展生产力；山水林田湖草是一个生命共同体""绿水青山就是金山银山"，为生态建设指明了方向。地方各级党委、政府真抓实干，使生态建设、荒漠化和沙化状况得以稳定持续好转。山西省右玉县就是一个领导重视、带领群众真抓实干的典型。右玉县地处沙漠的自然风口地带，这里曾经是一片风沙成患、山川贫瘠的不毛之地。60 多年来，右玉县 20 任县委书记，一任接一任地带领全县干部群众坚持不懈在沙漠植树造林，绿化面积 150 万亩。把当地林木覆盖率由中华人民共和国成立初期的 0.3% 提升至 54%，创造了塞外沙漠绿色奇迹，锻造了伟大的"右玉精神"。如何让生态文明建设成为社会风尚，怎样防沙治沙，造福于民，右玉实践提供了生动样板，右玉精神有深刻启示意义。

右玉农业是沙漠绿洲农业，适合沙地作物的马铃薯、燕麦、沙棘等作物，沙生植物中药材、板蓝根、黄芪、党参、黄芩等高值作物 4.6 万亩；地表径流减少 60%；区域小气候已形成，平均风速降低 29.2%，降水量较周边地区增加了 30~40 mm，年均气温由中华人民共和国成立初期的 3.6 ℃提升到 5.2 ℃，无霜期增长 23 d，生物多样性明显，树种由过去的十几个品种达到了 30 多个品种，植物 45 种，野生动物 50 多种。2016 年旅游收入 16.52 亿元，2016 年财政收入由 1 500 万元提高到 2.89 亿元。

全国荒漠化和沙化土地面积呈现逐年缓慢下降趋势。荒漠化和沙化土地面积下降稳定，以 5 年为一个周期，每周期下降 0.5% 左右。每年下降 0.1% 左右，荒漠化面积每年减少 2 400 km² 左右，沙化面积每年减少 1 700 km² 左右，每年相当于减少一个县的面积。

12.3.2　着力推进生态环境保护、防治制度体系建设

依法防治、严格保护是生态、荒漠化和沙化状况持续好转的重要基础。国务院及有关部委颁布了《防沙治沙法》《森林法》《草原法》《关于加快推进生态文明建设的意见》《生态文明体制改革总体方案》《十三五生态环境保护规划》《关于全民所有制自然资源有偿使用制度改革的意见》《关于生态建设生态保护补偿机制的意见》《关于推进山水林田湖生态保护修复工作的通知》。这一系列重要法律、法规文件为推进防沙治沙生态环境保护制度、体系建设提供了基本保障。各地认真实施，普遍推行禁止滥放牧、禁止滥开垦和沙区开放建设项目环境影响评价制度；全面实施天然林保护工程，建立了沙化土地封禁保护制度；划定了沙区植被保护红线，出台了各级党政领导生态环境损害责任的办法。这一系列严厉措施，有效地保护了沙区植被。

12.3.3　加大投入，加快治理

国家继续实施京津风沙源治理工程，三北防护林体系建设、退耕还草、水土保持等生态工程，启动新一代退耕还林还草工程，加大防治力度，加快了防沙固沙步伐，促进沙区生态状况好转。

12.3.4　深化改革、优化机制

国家相继推行了林地制度改革，完成了国有林场改革，出台了加快防沙治沙工作的决定，建立了生态公益林补偿、草原保护奖补助和沙化土地封禁保护补助政策。调动社会力量防沙治沙的积极性，有力推动了防沙治沙的工作

社会参加防治的政策非常成功，库布齐沙漠企业参加，被联合国充分肯定。西周时代库布齐草原上出现了朔方古城，这里森林茂密，水草丰美，牛羊成群，戎

狄、匈奴曾在这里繁衍生息，400 多年前，明末清初，这里战乱不断，加上无节制的放牧开荒，加重了土地的荒漠化，大片良田变成沙漠，朔方城区逐渐荒废，曾经的繁华湮灭在漫漫黄沙之中，草原沉沦，水草丰美的宝地，退化为"死亡之海"。库布齐沙漠面积 1.86 万 km²，20 世纪八九十年代荒沙漫卷。800 km 以外的北京饱受沙尘暴之苦。沙漠以新月形动沙丘为主，沙丘高大雄浑，终年流动不止，植被难以存活，风沙一步步向四周吞噬草场和农田，沙逼人退。

1988 年，伊利集团开始治沙征途。启动"京津风沙源与三北防护林工程"。开展生态农牧业、生态光伏项目，建设生态小镇、沙漠公园，"治沙、生态、产业、扶贫"平衡驱动的可持续发展模式。经过 30 年治理，库布齐沙漠改造出大规模的沙漠土地，初步具备了农业耕作条件。

生态多样性得到明显恢复，出现了无数野兔、胡杨等 100 多种野生动植物。

100 多种生物固沙种植方法，如气深法种植沙柳，十几秒就可以完成，甘草固氮法，让沙漠出现大面积黑色土壤。当地农民种植甘草改善土壤，甘草固氮量大，改土效益明显，一棵甘草，就是一个固氮小工厂。"甘草固氮治沙改土"技术让一棵甘草治沙面积由 0.1 m² 扩大到 1 m²，把大面积沙漠变成有机土壤，构建了甘草、肉苁蓉中药产业链，充分利用沙漠丰富的光、热资源，大规模发展以大棚和节水灌溉农业为主的现代农业，种植了沙漠西瓜、沙漠香瓜、黄瓜、西红柿等。

"治沙+发电+种植""养殖+扶贫"的生态光伏产业，实现了生态与能源的良性互动。

1988 年库布齐沙漠年降雨量不足 100 mm，2016 年达到 456 mm，生物种类原来不足 10 种，2016 年已达到 530 种。库布齐沙漠治理的经验就是我们今后防沙治沙的样板。

12.3.5　转变沙区的土地利用方式

推行退耕还林、退牧还草等政策；提高煤炭、电能、风能在沙区农村能源的比重，减少薪柴使用；调整农业结构；推进农村城镇化，转移农村富余劳动力，减轻土地承载压力，减少对沙区植被的使用损害。

12.3.6　加强草原生态环境保护

国家发改委会同国土资源部、环境保护部、水利部、农业部和国家林业局等部门下发了《耕地草原河湖休养生息规划（2016—2030 年）》《推进草原保护制度建设工作方案》，推动构建草原产权制度、保护制度、监测预警制度、科学利用制度、监管制度五大制度体系，组织开展草原生态保护红线划定、草原承载能力监测、草原资源负债表编制等多项制度改革试点。国家发改委、统计局将草原综合植被盖度纳入各省（区、市）生态文明建设目标评价考核指标体系。

12.3.7 落实草原生态环境保护的政策措施

通过加大财政补贴力度、实施工程项目、开展督导检查等措施，2011 年起在 13 个主要草原牧区省，组织实施草原生态保护补助奖励政策，推动禁牧、休牧和草、畜平衡等制度措施。2016 年启动实施新一轮补奖政策，实施草原禁牧面积 12 亿亩，草畜平衡面积 26 亿亩。国家发改委、国土资源部、农业部、林业局等部门组织实施新一轮退耕还林还草、退牧还草、京津风沙源治理、农牧交错带已垦草原治理、岩溶地区石漠化草地治理等五大工程，重复治理陡坡耕地、退化沙化草原、已垦撂荒草地和石漠化草地。

十八大以来完成草原治理 10 亿亩。

12.3.8 加强水污染防治

面对水污染不断加剧的严峻形势，我国从 20 世纪 90 年代以来，把水污染防治作为水生态环境保护工作的一个重点。国家不断加大投入，对水污染最严重的淮河、海河、辽河三大河流，巢湖、滇池、太湖三大湖泊实施了重点治理，水污染防治工作有了较大的进展。

12.3.8.1 建立了水生态环境防治法规体系

国务院颁布了《环境保护法》《水污染防治法》《水污染防治行动计划》，2011 年国家环境保护部、国家发展改革委员会、科学技术部、工业和信息化部、财政部、国土资源部、住房和城乡建设部、交通运输部、水利部、农业部和计划生育委员会等部委联合印发了《水污染防治行动计划实施情况考核规定（试行）》，这些法律法规文件强化了水生态环境保护、保障，在实施中有了环境标准、法律依据。

12.3.8.2 完善水污染防治治理规划

坚持谁污染谁治理的原则，实施环境影响评价、排污许可和排污收费、水污染防治"三同时"的规则，建立健全环境质量地方行政领导负责制，坚持重点污染物排放总量限制的原则，对污染严重的小型企业实行限期治理"关、停、禁、转"的方针，加强对水环境监测工作。

12.3.8.3 水污染防治工作取得显著成绩

水污染恶化趋势好转，七大江河流域水质从 2010 年开始出现好转形势；湖泊（水库）水质差、污染严重的局面，从 2010 年开始出现好转形势，水质开始上升。七大江河地表水水质 2018 年较 2010 年明显上升。重点湖泊（水库）的水质很差、污染严重，但 2017 年明显好于 2010 年。虽然地下水水质未明显好转，但从总体上来看，水生态环境保护已初见成效。

12.4 生态修复战略

12.4.1 生态修复的重点

根据我国生态破坏严重区域、生态脆弱区域和干旱荒漠区、沙化区的分布状况以及生态修复的紧迫性、重要性、必要性等因素，确定生态修复的重点区域：黑河流域天然绿洲区、塔里木河流域沙化区域、青藏高原三江源生态保护区、准格尔盆地沙化区域、毛乌素沙漠和库布沙漠沙化区域、浑善达克沙地和科尔沁沙地生态保护区域、白龙江上游草原区域、京津风沙源治理区域、西南岩溶石漠化区域、东北黑土地土壤消失重点治理区、黄土高原水土流失重点治理区、呼伦贝尔沙地、乌兰布和沙漠和巴丹吉林沙漠生态保护的区域等。

12.4.2 生态修复主要战略措施

12.4.2.1 建立严格的保护制度

坚持保护优先，修复与治理，严守沙区生态红线，全面健全草原保护、水资源管理、沙化土地治理责任制，推进沙化土地封禁保护区和国家沙漠公园建设。

12.4.2.2 加强重点工程建设

近20年来，国家高度重视生态修复，加大财力、物力、人力投入，开展了一系列重大生态修复工程。

（1）"三北"防护林工程。"三北"防护林工程是在我国三北地区（西北、华北和东北）建设的大型人工林生态工程。于1979年列为国家经济建设重点项目，工程规划期限为70年，分期进行。规划区域总面积406.9万 km²，现已进入第五期工程。总体规划，采取人工造林、飞播造林、封山封沙育林育草，营造防风固沙林、水土保护林、农田防护林、牧场防护林、薪炭林和经济林，形成乔、灌、草相结合，林带、林网、片林相结合，多林种、多树种合理配置，农林牧协调发展的防护林体系。1979—2050年，分3个阶段8期工程进行，规划造林5.35亿亩，到2050年"三北"地区的森林覆盖率将由1977年的5.05%提高到15.95%。根据国家林业局公布数字到2017年年底"三北"造林已达到3.234亿亩，森林覆盖率已由5.05%提高到13.57%。

（2）天然林保护工程。1998年长江流域和东北地区的两次特大洪水后，国务院提出全面停止长江、黄河流域上中游的天然林采伐，启动天然林保护工程，工程建设目标主要是解决天然林的休养生息和恢复发展。最终实现林区资源、经济、社会的协调发展。一是控制天然林资源的消耗，加强森林管护，遏制天然林资源不断锐减的增势，全面停止长江上游、黄河中上游天然林的商品性采伐；东北、内蒙古等重点国有林区的木材产量由 1997 年的 1 853.6 万 m³，减少到 2003 年的 1 102.1 万 m³；二是加快长江上游、黄河上中游宜林荒山的造林绿化；三是分流安置富余采伐职工 76.5 万人。

（3）退耕还林工程。退耕还林工程始于 1999 年，是我国在世界上投资最大、政策性最强、涉及面最广的一项重大生态工程。退耕还林工程是从保护生态环境出发，将水土流失严重的耕地、沙化、盐碱化、石漠化严重的耕地以及粮食产量低而不稳的耕地，有计划地停止耕种，因地制宜造林种草，恢复植被。根据《国务院关于进一步做好退耕还林还草试点工作的若干意见》《国务院关于进一步完善退耕还林政策措施的若干意见》和《退耕还林条例》的规定，全国 25 个省 1 897 个县（市、区、旗），在 2010 年前已完成退耕还林 2.2 亿亩，宜林荒山荒地造林 2.6 亿亩，陡坡耕地基本退耕还林。严重沙化耕地基本得到治理，工程治理区的生态状况得到很大的改善。

（4）京津风沙源治理工程。京津风沙源治理工程为固土防治，减少京津沙尘天气的一项针对京津周边地区土地沙化的治理措施。是党中央、国务院为改善和优化京津及周边地区生态环境状况的生态建设工程。主要涉及北京、天津、河北、山西及内蒙古等 5 省（区、市）75 个县，总面积 45.8 万 km²，沙化土地面积 6.12 万 km²。工程 2002 年启动。一期工程分 4 个治理区，即北部干旱草原沙化治理区、浑善达克沙地治理区、农牧交错地带沙化土地治理区和燕山丘陵山地水源保护区，总投资 412 亿元。完成退耕还林和造林 9 002 万亩，草地治理 1.3 亿亩。

根据《京津风沙源治理二期工程规划（2013—2022 年）》，10 年投资 877.9 亿元。京津风沙源治理工程是我国北方生态屏障建设的重要组成部分。

（5）生态修复试点工程。2002 年国家在江河源区 138 个县（市、区、旗）启动生态修复示范工程，建立江河源地区 30 万 km² 的自然保护区、封禁治理面积 10 万 km²，生态修复示范县（市、区、旗）已达到 155 个。目前封禁面积已达 60 万 km²，区域的生态明显好转。

（6）塔里木河流域近期综合治理工程。2001 年 6 月 27 日，国务院批复了《塔里木河流域近期综合治理规划报告》。实施塔里木河流域综合治理，坚持以生态系统建设和保护为根本，以水资源合理配置为核心，源流与干流统筹考虑，工程措施与非工程措施紧密结合，生态建设与经济发展协调，科学安排生活、生产和生态用水。加强流域水资源统一管理和科学调配。

流域内经济发展要充分考虑水资源条件，进行经济结构调整，不再扩大灌溉面积，大力缩减耗水作物面积，工业节水优先、治污为本的原则，完成 33 万亩农田退耕还林。

（7）黑河流域近期治理工程。2001 年 8 月 3 日，国务院批复了《黑河流域近期治理规划》，以生态系统建设和保护为根本，以水资源科学管理、合理配置、高效利用为核心的综合治理工程。水资源统一管理和调度；促进节约用水，推进定额水价制度；经济结构调整，限制水稻等高耗水作物；实施32万亩农田退耕、自然封育，流域的工业贯彻节水优先治污为本的原则。

（8）"三河三湖"水污染工程。"九五"期间，我国开始实施"三河三湖"（淮河、海河、辽河和太湖、巢湖、滇池）水污染防治政策。这些水域覆盖81 000 km² 国土，影响14个省区的3.6亿居民。已累计投入资金1 000多亿元。"三河三湖"流域水质急剧恶化趋势已基本得到控制，强制关闭关停了一批重污染的小企业，其效果是明显的，但在主要水污染物排放总量削减等方面形势依然严峻。

（9）保护母亲河行动。保护母亲河行动是一项引导亿万青少年全方位参与生态环境保护和建设的大型公益事业。由共青团中央、全国妇联、全国人大环资委、全国政协人口资源环境委员会、水利部、环保部、国家林业局、中国青少年发展基金会发起。提高广大青少年及社会公众保护意识，扩大保护行动的社会影响。鼓励更多的社会公众参与到保护和改善生态环境中来。

（10）其他工程。生态修复的重大行动还有"抢救东北黑土地""地下水保护行动""长江干流平退圩工程"等，全部收到了积极的生态效果。

12.4.2.3 强化依法治沙

深入贯彻落实《防沙治沙法》，加大执法力度，严厉查处各种违法违规行为。加强配套相应的法律法规建设，建立健全防沙治沙责任目标考核制、沙化土地封禁保护、沙区植被保护红线、沙区开发建设项目环境影响评价等法律法规制度。

12.4.2.4 深化体制改革创新

在现有政策的基础上，建立荒漠化生态补偿政策和防沙治沙投入机制；完善税收减免政策和金融扶持等相关政策，引导多方面资金投入防沙治沙。

12.4.2.5 加强科技进步

加大防沙治沙科技创新投入，力争在干旱条件下植物恢复关键技术有新突破，加强新技术、新成果及实用技术的推广应用。对防沙治沙工程做好科学规划、加强对技术人员及农牧民的技术培训，提高防沙治沙工程的科技含量。

12.4.2.6 完善监测体系

加强监测网络体系建设，加大信息、遥感等现代技术推广应用，全面提升荒漠化和沙化监测能力及技术水平。建立一个装备精良、技术手段先进、网络全覆盖的适应满足荒漠化和沙化的防治工作需要的现代监测网络体系。

12.4.2.7 进一步加强草原生态环境保护

草原面积大，占我国国土面积的2/5，草原退化、沙化、碱化严重，草原生态环境差，草原是我国陆地生态系统的重要屏障，是生态文明建设的主战场。加强草原生态环境保护事关生态文明建设大事，事关民族团结、边疆稳定和牧区经济社会健康发展。①认真贯彻执行《防沙治沙法》《草原法》。②大力退耕还林、还草和退牧还草工程，继续推动禁牧、休牧和草畜平衡制度，坚持"以草定畜、增草增畜、舍饲圈养"的方针。③认真执行《推进草原保护制度建设工作方案》，推动构建草原产权制度、保护制度、监测预警制度、科学利用制度、监管制度。划定草原生态保护红线、做好草原载畜能力检测，实施草原生态保护补助奖励政策。建立草原生态环境损害评估和赔偿制度。发展人工种草，发展节水灌溉饲草地。沙地草原坚持绿色发展推广生态光伏模式，光伏发电既产生经济效益，同时光伏板遮阴，光伏板面积占地为45%左右，减少蒸腾，起到保水作用，有利于草作物生长，提高草原盖度，是高经济效益的生态模式。极力做好草原生态环境保护，建设生态良好、广袤无垠美丽的草原。

12.4.2.8 加强海岸生态修复建设

海岸存在生态问题，主要是海岸沙地荒漠化，海潮侵蚀岸边，海水污染。沙质海岸按流动程度分为流动沙丘、半流动沙丘、固定沙丘。沙丘上的植被在保持沙丘固定中起到重要作用。固定沙丘是沙质海岸生态系统恢复的首要环节，进行植物重建和恢复设置沙障，种植蔓荆、牛见草等沙生植物，覆盖固定流沙。经过生物措施和工程措施，同步整治沙丘和砂岸区域，基本控制水土流失、风沙海潮等自然灾害在不同程度上减轻了。

红树林分布在热带、亚热带海岸潮间带的木本植物群落，适应海水环境、盐碱环境。红树林主要有几十种红树植物和半红树植物、许多藤本植物、草本植物和附生植物组成。它具有生物多样性、生产力高、有一定的耐盐力、生长速度快的特点，为一种重要的海岸类型，红树林的重要生态效益是防风消浪、促淤促滩、固岸护堤、净化海水和空气的功能。发达的根系能有效地滞留陆地来沙，减少近岸海域含沙量；树体高大，有效地抵御风沙，红树林区是候鸟的栖息地和迁徙中转站。

我国红树林的面积由40年前的4.2万 km^2 减少到1.46万 km^2，要加强红树林的恢复。

海岸防护林温带地区可以选择其他耐盐树种，如海桐、木麻黄、黑松、芦苇等。海藻、海子等草本植物吸污能力强，海草对重金属有高吸收率。加强海岸植物种群栽培和生态建设是防止海风、海潮灾害和防止岸边侵蚀的重要措施。

12.4.2.9 全面促进资源节能

节能资源是保护生态环境的根本之策。生态环境破坏的主要原因之一是资源过度消耗，节约资源，可以减少能源消费，能源消费减少了，形成酸雨的 CO_2、SO_2 排放自然减少了，危害生态环境的酸雨也减轻了。总之减少资源消耗、节约利用资源是生态环境保护的主要措施。

12.4.2.10 严格考核制度

严格实行省级政府生态环境保护、防沙治沙、草原保护目标责任考核制度，强化荒漠化、沙化生态环境、草原损害责任，建立领导干部荒漠化、沙化自然资源和草原资源责任审计制度，提高各级政府生态系统保护、防沙治沙、草原保护责任意识。

12.4.2.11 加强协作和宣传工作

各相关部门要按照各自职责，各司其职，各负其责，密切配合，通力合作，形成合力，要加大对生态环境保护、防沙治沙，草原保护重要性、紧迫性、严峻性的意识。加强对防沙治沙、草原保护先进典型、人物和治理好的典型的广泛宣传工作，号召社会发扬"右玉县精神"，推广"亿利"治沙模式、典型。增强全民的防沙治沙、草原保护意识，提高生态文明水准，推进生态环境保护、防沙治沙、草原保护工作上一个新台阶。

12.5 实施生态补水、改造荒漠化土地、营造能源林战略

12.5.1 荒漠化改造的基本判断

国家林业局第五次《中国荒漠化和沙化状况公报》指出："土地荒漠化和沙化问题仍是当前我国最为严重的生态问题，是全面建设小康社会的重要制约因素，是建设生态文明、实现美丽中国的重点和难点。"

荒漠化土地改造是我国的一项十分重要的、长期的、艰巨的生态建设战略任务，对我国荒漠化土地治理做基本的判断。

对荒漠化影响的几个基本因素，有关专家在"北京荒漠化演化模拟与评价"中做了深刻的分析，对今后荒漠化治理有重要指导意义。

12.5.1.1 气候影响

气候的干湿是影响荒漠化的首要因素。对于数十年至百年尺度的全球气候变化的研究更为深入，研究结果表明 19 世纪以来，全球平均气温上升了 0.3~0.6 ℃，由周期全球气温引起的全球海平面上升为 10~25 cm。预计到 2100 年，全球气温将上升 1~3.5 ℃，平均气温增加 2 ℃，这将是过去 1 万年以来最暖时期。届时海平面将上升 15~95 cm，平均上升 50 cm。气候变暖意味着全球气候系统将发生重大调整，降水与蒸发随之改变，从而影响荒漠化的正逆演化过程与速率。慈龙骏用 GCM 模型及 ThoYnthaite 计算方法预测了中国到 2030 年干旱区面积扩大的趋势。如果大气中 CO_2 含量倍增，气温上升 1.5 ℃，干旱区总面积将增加 $18.8 \times 10^4 \text{ km}^2$，平均每年递增 2 200 km^2，这无疑将加剧荒漠化进程。荒漠化的加剧反过来又会影响气候变化，因为荒漠化地区的湿度小，很少的水分可供太阳能蒸发，多余的太阳能只有通

过加热地表和低层大气达到辐射平衡。与此同时，荒漠化地区大气中的浮尘、扬沙吸收太阳能或反射太阳能，使得大气层垂向温差减小，导致降雨减少、进一步加剧干旱的趋势。这表明荒漠化进程中地表与气候系统之间存在着双向耦合的关系，气候的变化与沙漠的进退在一定程度上是互相制约的。

12.5.1.2　生物资源的影响

荒漠化的表现之一是生物资源的退化与破坏，植被覆盖率是荒漠化最直接的生物表现。植被对荒漠化的影响具有直接与间接两方面，其直接作用是防风固沙，遏制沙漠化的扩展，其间接影响是通过气候—植被互相作用，表现对气候干湿度变化的调节。植物在进行光合作用时可消耗大量 CO_2，这对缓解温室效应，减缓全球气候变暖速率具有重要意义。从某种程度上来讲，荒漠化的生物学过程主要是植被的退化演替过程，而植被演化阶段往往与荒漠化程度互为前提，所以植被的退化是荒漠化的原因而又是荒漠化的后果。

12.5.1.3　人类活动的影响

人类活动则是现代荒漠化的主导因素之一。人类在土地利用过程中对土地植被覆盖的改变及对植被破坏是事实，因人类不合理地利用土地，如过度开垦、过度放牧、过度砍伐和滥用水资源。地面研究及卫星数据资料表明，人类活动已经改变了几乎所有的地球表面景观，包括植被、生物多样性，直至整个生态系统。自从 8 000 年前出现的农耕文明以来，农业活动地表被开垦用于农业生产面积一直在扩大，世界森林和林地面积为此减少了 1/3 以上。中国在远古时代，森林覆盖率曾达到 89%，到 20 世纪 80 年代初，因过量砍伐，而降至 12% 以下，损失森林达 3/4。森林急剧减少，造成了土地退化和气候失衡，从而加剧了现代荒漠化的发展趋势。人类的活动，特别是 19 世纪工业化以来的人类活动已经成为影响气候变化的重要因素。

12.5.1.4　水资源的影响

地球各圈层的影响中，水圈对生态系统的影响是最直接的。地表水持续亏损，不能对生物水分供给，造成生物缺水，影响生物生存是造成荒漠化的根本原因。地表下与地下水是互相转化的，地下水由地表水补给，地下水对荒漠化的进程具有更加重要的控制作用，水的影响首先表现为潜水面对风蚀作用的制约。有关专家在研究地下水与风化作用过程时提出，由于孔隙水的表面张力作用，靠近潜水面附近的湿润沙粒黏合力增大，不易被风化吹移。贺大梁等所做的风洞试验区表明，只有在沙的含水率小于 1% 时，沙粒才能启动。

而在这种情况下，风总是先吹干地面，再将沙粒吹离地面，产生迁移。另外，较高的潜水面在强蒸发作用下，有助于胶结物聚集形成胶结硬化层，抵御风蚀作用，因此潜水面是沙漠区的风蚀基准面。潜水位埋深对植物生长的影响也会进而影响荒漠化进程，不同植物种群对土壤含水率的要求各异，草本植物一般要求土壤含水率在 8% 以上，沙生植物对土壤含水率要求在 3% 以上。我国西北地区，当土地含水率<7%时，天然植被开始退化，土地开始沙化；当土壤含水率<3%时，基本无植物生长，土地严重沙化。另一方面，植物需要适宜自身生长的地下水位，最低水位称为凋萎水位。一般沙生植物的适生水位深度为 1~5 m。一旦地下水位下降到低于凋萎水位，植物即发生枯死，这是土地荒漠化的主要原因之一，如塔里木河流域由于上游灌溉水量大幅度增加，下游沿岸地下水位下降，由 20 世纪 50 年代的 3 m 下降到 8~12 m，下游胡杨林大面积枯死，生态环境急剧恶化，荒漠化面积以每年 0.25% 的速度扩展。水资源是影响荒漠化最主要的直接因素。

根据第五次《中国荒漠化和沙化状况公报》："到 2014 年，我国荒漠化土地总面积为 261.16 万 km²，占陆地国土面积的 27.2%；沙化土地面积为 172.12 万 km²，占国土面积的 17.73%""2000 年以来，荒漠化土地仅缩减了 2.34%；沙化土地仅缩减了 1.43%，恢复速度缓慢。"按照这样的恢复速度，荒漠化土地生态全部恢复至少需要 600 年。我国荒漠化土地主要在西北，那里降水很少，在 35~350 mm。这样的降水，不具备生态自然修复的条件，第五次《中国荒漠化和沙化状况公报》指出："缺水对沙区植被保护和建设形成巨大的威胁。"

沙漠有了水就有植物，这是初级生产力，然后就有了动物，就有了生灵。我国著名治沙专家、中国林业科学研究院兰州区旱区环境与工程研究所研究员、风沙物理室主任屈建军说："沙漠是一种土壤，沙漠缺的是水，而不是土。有了水就有了绿洲，无水就是沙漠。只要有水，以现代技术为核心的沙漠农业技术，可以使沙漠马上成为优质高产田。"中国林业科学研究院荒漠化研究所首席科学家杨文斌在库布齐沙漠表示："最核心的瓶颈是水，搞治沙要算水账，用最少的水保证生态安全。"

水是沙化土地治理的核心物质，水是沙化土地生态修复的基本条件。这一观点已是我国专家、战略家的共识。自然修复要因地制宜，根据当地的实际情况采取更加合理的方式。我国荒漠化和沙化土地分布区的气候情况复杂，如果完全靠自然力恢复，我们的沙漠是治不了的。我国大部分荒漠化地区的环境十分恶劣，水资源也十分短缺，有些沙漠就没有自然恢复的条件。一些专家提出了荒漠化地区自然修复的水条件。农业农村部草原监理中心刘加文教授在《应对全球气候变化决不能忽视草原的重大作用》一文中提出："在年降水量低于 400 mm 北方广大地区，以及北方土地瘠薄地区（如石漠化地区），均不适宜森林生长。"马玲玲在《新疆草业发展研究》一文中提出："人工林地通常在 400 mm 以上降水的地区才能形成森林植被""草地在 300 mm 以上的降水就能生存，而且相当多牧草品种能生长得很好。"

联合国《生物多样性公约》第十四次缔约方 2018 年 11 月 17 日在埃及沙姆沙伊赫开会，191 个国家和地区的代表热议"为人类与地球投资生物多样性"。提出植被缺乏的干旱区通过调水，解决植物生存的水条件，有了植物才能有动物，有了植物、动物才能实现生物多样性。

必须实施西北地区沙化土地地区生态补水措施，改善生物生存生长的基本条件，加速沙化土地改造。西北干旱区沙化土地改造、生态建设是我国很长期以来追求的事业。140多年前清代著名政治家左宗棠西征时，看到西部贫瘠荒凉的土地发出"苦甲天下"的感叹，就提出向新疆调水，进行绿化。左宗棠1870年以后两次率部西征，一路修桥筑路，沿途种植榆、杨、柳树，从兰州到肃州，从河西到哈密，从吐鲁番到乌鲁木齐，所植种柳皆连绵不断、枝拂云霄，被后人所称"左公柳"扬名后世。后有诗云"新栽杨柳三千里，引得春风渡玉关"。那个历史年代是没有能力实践调水这个艰巨工程的。今天我们有能力实现历史上人们一直盼望的西北调水工程的中国梦。

根据全国第五次《中国荒漠化和沙化状况》公报，截至2014年年底，全国荒漠化土地261.16万km²，其中风蚀荒漠化土地面积182.6km²，水蚀荒漠化土地面积25.01万km²，盐渍荒漠化土地面积17.19万km²，冻融荒漠化土地面积36.33万km²。

12.5.1.5　对荒漠化土地治理应分为3种类型

（1）可治理沙化土地类型。指水资源气候条件及海拔高程、土壤条件等基本能满足植物生长，可以通过人工措施直接造林种草。这类型沙化土地面积为32.63万km²。第五次《全国荒漠化和沙化状况公报》中指出："截至2014年，实际有效治理的沙化土地为20.37万km²，占53万km²的可治理沙化土地的38.4%。"它指明这种类型沙化土地尚有32.63万km²未治理。这些面积包括除新疆、内蒙古、西藏、青海、甘肃、宁夏的省外，其他24省（自治区、直辖市）沙化土地面积9.29万km²，这24省（自治区、直辖市）年降水量基本在400mm以上，气候条件满足植物生长，可以直接造林种草。水蚀荒漠化面积中有大约70%的面积可以直接造林、种草等治理措施，面积大约15万km²。水蚀荒漠化地区降雨远高于风蚀荒漠化地区。水蚀荒漠化地区降雨能够满足林、草生物生长基本要求。内蒙古地区毛乌素沙漠、科尔沁沙地、锡林郭勒盟等一部分地区降水量在350~450mm，降雨条件满足林草植物基本生长条件，可以进行直接造林种草等治理措施，这些面积大约8.34万km²。

（2）自然修复为主类型。水资源条件差或地势高寒，甚至处于冻融地区、土质恶劣，已成为裸岩，石质类或半石质土质或是盐渍化土地，难于生长植物。这类型区域难于实行人工直接治理实施，只能进行封管，使其自然修复，修复进度是十分缓慢，几百年，甚至上千年。这种类型面积为108.08万km²，如西藏地区荒漠化面积43.26万km²，其中21.58万km²的沙化土地属于河谷地区，在河谷地区草本植物可以逐步繁衍、生长，多年后可以达到覆盖，其余的21.68万km²，大部分属于高海拔地区，少部分属于盐渍化面积，冻融土地，只能等气候等条件改善后十分缓慢地自然修复，2009—2014年平均年修复仅48km²。逾期至少需要上千年，包括西藏区内的冻融土地共36.33万km²。青海省荒漠化土地面积19.04万km²，其中6.58万km²属于盐渍化土地和冻融荒漠化土地面积。有沙化土地12.46万km²，沙化土地中有0.118万km²的面积可以进行人工直接整治与生态自然修复相结合，有

11.68 万 km² 的沙化土地在柴达木盆地，基本是大沙漠，年降水量仅几十毫米，土质方面是沙化土地与盐渍化土地交融。柴达木盆地沙化土地自然修复是十分缓慢的，随着周边生态环境的改变，降水增加，生态逐步的自然修复，至少需要几百年上千年时间。全国荒漠化土地中有 17.19 万 km² 盐渍化土地，盐渍荒漠化土地只能依靠自然修复，修复十分缓慢，2009—2014 年年均自然修复仅 220 km²。

在水蚀荒漠化土地面积中，大约 40% 的面积约 10.01 万 km²，由于长期冲刷，土壤侵蚀，已成为裸岩、石质岩土，这一类型区具有降水条件好的优势，但土地几乎没有土壤，或仅有零星的、不连片的土壤，有稀落的植物，这一区域只能封育，依靠尘埃落地、植物枝叶落地增加土壤，缓慢地逐年增加植物，提高覆盖度。

风蚀荒漠化土地面积 182.63 万 km²。风蚀荒漠化地区是降水量非常少的干旱区、半干旱区，风多风大，蒸发量大，植被覆盖度低，大风将表土层土壤每年带走一部分，风的作用下，逐步形成荒漠化。沙化土地是风蚀荒漠化海拔较低的土地，风蚀荒漠化土地中有 172.12 万 km² 的面积为沙化土地，有 10.51 万 km² 为丘陵高地或山地，这部分土地基本为石质、半石质山丘土地。这部分荒漠化土地的生态只能是缓慢地靠自然修复。

（3）改变条件修复类型。这部分荒漠化土地主要为沙化土地，本区域降水少，植被覆盖度极低，大部分为沙漠沙地，植物稀少，靠自然修复是不可能的，它没有植物自然繁殖生长的条件。前面类型论述了，新疆、内蒙古、西藏、青海、甘肃、宁夏 6 省区除外，其他 24 省（自治区、直辖市）沙化土地面积 9.29 万 km² 属于可治理沙化土地类型。第二类型中，西藏与青海省荒漠化土地面积属于自然修复为主的类型。剩下的只有新疆、内蒙古、甘肃、宁夏 4 省区的沙化土地面积 120.45 万 km²，这部分沙化土地是我国降水最少的地区，它不具备自然修复条件。只有实施生态补水，才能实现生态修复。但它具有地形相对平坦、海拔较低、光热条件好的优势，实施生态调水后，可以发展人工造林，从新疆、甘肃、宁夏、内蒙古形成一道 5 000 km 的生态长城，可以成为我国的生物质能源林，林下可以放牧。它不仅有巨大的生态意义，还有重大的能源战略意义。草食畜牧业意义，根据第三次荒漠化和沙化监测结果显示，新疆沙化土地面积为 74.71 万 km²，内蒙古扣除可治理面积 32.45 万 km²，甘肃省为 12.17 万 km²，宁夏为 1.12 万 km²。将高沙丘地、道路、防火通道、输水渠道等所占面积按 20% 扣除，其余为可有效利用面积。新疆为 59.77 万 km²，折合 89 652 万亩，内蒙古为 25.96 万 km²，折合 38 940 万亩，甘肃为 9.736 万 km²，折合 14 604 万亩；宁夏为 0.896 万 km²，折合 1344 万亩，合计为 144 540 万亩。

12.5.2　改造沙化土地生态需水量分析

沙化土地灌溉方式很重要，沙化土地地形起伏，土地不平整，尤其是一些沙丘。采取引水拉沙、水力冲击形式，将大幅高低起伏不平的地形状况变得相对平整，常规地面灌溉用水量大，很容易出现土地盐渍化。采用喷灌微灌滴灌严格控制灌溉用水量，可以有效防治土壤盐渍化。

新疆改造沙化土地面积为 89 652 万亩。根据新疆农业灌溉用水定额，林地灌溉保证率75%斗渠口以下毛微灌定额，各灌溉分区平均值为 251.9 m^3/亩，沙化土地 89 652 万亩林地灌溉用水量为 2 931.6 亿 m^3。

内蒙古改造沙化土地面积为 38 940 万亩。根据内蒙古行业用水标准，保证率为75%，速生林灌溉，滴灌净定额为 110 m^3/亩，调整系数为 0.9~1.2，取 1.05，灌溉水利用系数为 0.6，沙化土地林地灌溉 38 940 万亩，灌溉用水量为 749.6 亿 m^3。

甘肃省改造沙化土地面积为 14 604 万亩。根据甘肃省行业用水定额，林地灌溉保证率75%常规灌溉定额为 240 m^3/亩，滴灌定额按常规灌溉的70%计算为 168 m^3/亩。干、支斗渠系有效利用系数为 0.77，林地灌溉 14 604 万亩，灌溉用水量为 318.6 亿 m^3。

宁夏改造沙化土地 1 344 万亩。根据宁夏农业用水定额，防护林保证率75%的常规灌溉定额各灌溉分区均值为 198 m^3/亩，滴灌按 0.7 计，灌溉水有效利用系数 0.75 计，防护林喷灌毛定额为 184.8 m^3/亩，宁夏 1 344 万亩林地，灌溉用水为 24.8 亿 m^3。新疆等 4 省区改造沙化土地造林 14.45 亿亩，生态用水总量为 4 024.6 亿 m^3。大规模调水后，根据小循环，将增加降水 3 780.5 亿 m^3。

12.5.3　沙化土地生态补水的能源战略意义

能源供应安全是国家安全的核心。能源安全的核心是石油安全，我国石油资源严重不足，2018 年对石油依存度已达到71%，未来将上升到95%，石油资源逐步枯竭，到 2050 年我国石油产量将下降到 5 000 万 t。

到 21 世纪 50 年代我国对石油需求将达到 10 亿 t，即使发展一些电动车等电力替代，但对石油需求也要保持 8 亿 t。21 世纪 50 年代，生态补水和生态自然修复生物柴油、乙醇产量达到 4.71 亿 t，2075 年达到 7 亿 t，2100 年达到 8 亿 t。生态自然修复区受生态调水区水条件的改善，空气湿度变大，局部降水有所增加，条件改变使生态自然修复加快，生态变好的面积所占生态补水区的 1/3 左右，一些植物如荆条是荒漠化土地尤其是水蚀荒漠区的先锋植物，碱蓬草耐盐碱，这些生物同时也是生物柴油能源。农区秸秆合成柴油、林区树木合成柴油生态补水能源等，生物柴油、乙醇产量 2050 年达 4.71 亿 t。化石石油产量有 1.2 亿 t，有进口 2.09 亿 t，进口量下降到 26.1%。到 2075 年，生物柴油、乙醇将达到 7.02 亿 t，国产化石石油 0.2 亿 t，进口量下降到 0.78 亿 t，占 9.8%。到 2100 年，生物柴油、乙醇将达到 8.03 亿 t，国产石油已枯竭，完全保证了能源供应安全。

12.6　沙化草原生态补水，发展草地农业，保障大豆、粮食安全

12.6.1　我国草原状况

我国有草原 3.928 亿 hm²，占国土面积的 41%，占世界草原面积的 12%，居世界第一位。

我国草原主要分布在西北、西南地区。西藏草原面积为 8 205.2 万 hm²、内蒙古为 7 880.47 万 hm²、新疆为 57 258.1 万 hm²、青海为 3 637.0 万 hm²、四川为 2 038.07 万 hm²、甘肃为 1 790.4 万 hm²，6 省区占全国草原总面积的 73.4%。

草原资源丰富，草原面积是耕地面积的 2.91 倍，是林地面积的 1.89 倍，草原具有生态、经济、社会功能，人、畜、草是草原生态系统的重要组成部分。我国著名科学家钱学森院士 1984 年提出"以草为业""发展草业是一个系统工程"。我国虽然拥有广袤无垠的大草原，有着优越的大自然禀赋的条件，但草业发展不足、草原生产力不高。国家林业和草原局在《中国草原保护有关情况介绍》中讲到，2017 年全国草原产鲜草 10.65 亿 t，草原载畜能力为 2.58 亿羊单位（1 个羊单位相当于 1 只 50 kg 体重的成年肉羊），草原综合盖度为 55.3%。全国 268 个草原牧业及半牧业县的农业人口虽然只有全国农业人口的 2.5%，但其生产的牛肉、羊肉、奶类产量分别占全国的 23%、35%、23%。若通过加强草原保护建设达到世界发达国家水平，我国草原畜牧业还有 23~30 倍的提升潜力。

我国草原退化是草原业发展中的最大问题。有关资料报道，我国草地退化面积占草地面积的 56.5%，以轻度退化为主。在退化面积中，轻度退化为 56.5%，中度退化为 32.6%，重度退化为 13.6%，各省退化程度不同，内蒙古草原退化严重，退化面积占 62%，陕西退化 58.5%，甘肃退化 45.2%，新疆退化 43.5%。专家对草原退化一直很担心，中国农业大学草业科学系教授王堃说："我国草原面积比林地、农田面积加起来还大，但 90% 以上退化了，严重退化的应该在 50% 以上。"由于草原退化，草原生产力很低，草原载畜能力仅 0.66/hm² 羊单位。新西兰、澳大利亚人工草场载畜量为 15~20 hm² 羊单位，最高达 25 个羊单位。目前全国草场平均产鲜草仅 180.8 kg，折合干草仅 58.3 kg。我国草原主要分布在西北，西北地区降雨少，多数在 300~400 mm，部分地区降雨在 200~300 mm，由于水分不足的条件限制了植物生长，造成草原容易退化。

12.6.2　发展灌溉草场，保障大豆、粮食供应安全

我国长期以来是以种植粮食为主的农业，以粮食为主的畜牧业，虽然有居世界

第一的大草原，但草原畜牧业一直是我国的短板。

（1）国外草业发展。澳大利亚、新西兰等国非常重视草食畜牧业，重视草原建设，大力发展人工草场。人工牧草蛋白质含量占18%~26%，是玉米、小麦蛋白质含量的2倍多。人工草场所占的比例是一个国家畜牧业发达程度的重要指标，澳大利亚人均耕地29.5亩，却很重视草业，人工草场27.8亿亩，占全国草原面积的58%，新西兰人工草原4亿亩，占全国草原面积的67%。

美国有耕地22.8亿亩，人均耕地面积7.2亩，是我国人均耕地面积的5倍。美国有草原37.6亿亩，美国十分重视草地农业，发展人工草地7.5亿亩，相当于全国耕地面积的1/3。美国以草地农业为基础的畜牧业产值占美国农业产值的63.8%，美国肉食供应中，由草原转化来的占73%，而我国目前由草原转化来的肉食仅占4.3%。在畜牧业产值中，美国以优质饲草为基础的奶牛业和肉牛业产值占62%，美国大力发展草地农业供中国借鉴。

（2）转变观念。草原是牧区人民赖以生存和发展的最基本生产资料，实现经济社会发展，从根本上说还是要紧紧依靠草原资源，大力发展草原特色经济，走生态产业化、产业生态化发展之路。

草原是民族文化生存、传承、发展的土壤，健康美丽的草原是牧区人民可持续发展的根基，是实现边疆和谐稳定和各民族共同发展、实现脱贫致富奔小康的目标。发展草食畜牧业，大幅增加肉奶产量，减少粮食饲料的消费是我国粮食供应安全的保障。必须把草原建设好、发展好。2017年11月1日在第十二届全国人大常委会第三十次会议上，国务院关于草原生态环境保护工作的报告提出，促进草牧业转型升级，明确了草牧业的发展思路，加快构建粮经饲三元种植结构。要转变传统农业观念，向"立草为业，草业先行""粮草结合，藏粮于草""发展草地农业"的理念转变。钱学森在《草原、草业和新技术革命》的专论中，详细论证了如何把现代科学技术和现代市场观念将草原生物转化链转变为资源增值链，草地农业与传统农耕农业相比较，草地农业生产链条是豆科牧草—肉食家畜的二次元，传统农业生产链条是禾本科植物—粮食—肉食家畜的三次元。草场农业较传统农耕农业少一次元，简化了生产方式，节省了劳动生产力。

（3）草地农业生态理论。中国科学院院士任继周在《草地农业生态系统通论》一文中提出了草地农业生态系统的理论体系，即草地农业生态系统存在草丛—地境界面、草地—动物境界面和草畜—经营境界面，认为草地农业生态系统具有4个层次的生产，即前植物生产层、植物生产层、动物生产层及后生物生产层。这4个生产层之间可以有条件地进行系统耦合，多方面释放系统的催化潜势、位差潜势、多稳定潜势和管理潜势。解决草地系统相悖的关键是建立和完善草地农业生态系统结构，促进子系统之间的耦合，健康的草地生态系统服务是全体的，健康系数和有序度均为最大化，处于不健康值以下的生态系统有序度和健康系数趋近于0，其服务价值自然近于 0。

（4）粮食供应安全问题。中国人多地少，到 2018 年年底人均耕地仅 1.45 亩，仅是世界人均值的 50%，粮食供应安全是国家大事。随着经济的发展、居民生活水平的提高，消费呈上升趋势。2017 年全国粮食总产量 66 160.7 万 t，2018 年净进口粮食（谷物和大豆）10 589 万 t，自给率仅 86.2%，到 2075 年粮食消费总量将达到 14 亿 t，届时粮食总产量只能达到 8.16 亿 t，缺口 5.84 亿 t。解决中国粮食供应安全问题，主要是解决肉类、奶类供应问题。

食用肉类和奶类增加将导致出现饲料粮的大量增加。依靠农业耕地增加生产饲料粮食，是难于做到的。可以转化为用草食饲料替代。我国目前牛肉的肉料比，精饲料为 3.8：1，粗饲料为 6.8：1；奶类的奶料比，精饲料为 2.2：1，粗饲料为 2.5：1~3：1，我国的奶料比高于美国，美国奶料比为 1.77：1。根据马玲玲编著的《新疆草业发展研究》一书介绍，人工草场亩产干饲料为 700~1 000 kg，按中值 860 kg/亩计算。需建设人工草场 10 亿亩，可生产干草饲料 8.64 亿 t，可生产牛肉 0.7 亿 t，奶 1.5 t，需粗饲料合计为 8.64 亿 t，含粗蛋白质 1.56~2.25 亿 t，相当于 5.6 亿 t 粮食饲料。

（5）大豆安全形势。大豆的蛋白质含量为 40%，生产居民消费的肉类与奶类，将消耗大量的大豆。2017 年我国生产大豆 1 841.6 万 t，2018 年净进口 8 891 万 t，进口量占世界贸易量的 60%。2016 年世界大豆生产总量为 33 489.4 万 t，美国生产 11 720.8 万 t，巴西生产 9 629.7 万 t，阿根廷生产 5 879.9 万 t，以下依次为中国 1 920.3 万 t、乌克兰 427.7 万 t、玻利维亚 320.5 万 t、俄罗斯 311.5 万 t。美国、巴西、阿根廷三国大豆总产量占世界的 81.3%，3 个国家垄断世界大豆贸易市场。2018 年美中贸易大战，巴西连续抬高大豆价格。我国虽然是世界大豆第四大生产国，大豆产量一直徘徊不前，处于 1 500 万~2 000 万。大豆消费快速增长，年均增长 12%。

我国大豆自给是做不到的。大豆生物习性是土质肥沃，倒茬轮作，我国只有黑龙江、吉林地区土质适合种大豆，但耕地面积有限，总耕地面积才 3.3 亿亩。2018 年大豆单产为 125.7 kg/亩，进口 8 791 万 t 大豆需 7 亿亩耕地的播种面积，根据我国的耕地情况，大面积种植大豆是不可行的。我国到 21 世纪中期需增加大豆 2.07 亿 t，这一数字，世界大豆市场没有能力供应我国，国内耕地远远解决不了。2018 年我国净进口粮食 10 589 万 t，其中大豆占 83%，所以说大豆供应安全是我国粮食安全的核心，要解决我国人民日益增长对美好生活的需求，满足对肉、奶消费的需求，只有扩大灌溉草场，发展人工草场，种植高含蛋白质的豆科牧草替代粮食饲料大豆蛋白质。发展草食畜牧业、草地农业是保障我国大豆、粮食供应安全的基本战略，而且是唯一途径。2011 年中央 1 号文件中已明确提出，逐步发展牧区水利，建设节水高效灌溉饲草料地。

我国发展草地农业、灌溉草场的战略，国外专家有所共识。日本对华友好专家很重视我国的草场灌溉，将其纳入日本对华援助项目之内。2007 年签订了中日技术合作"草原生态保护节水灌溉示范项目"。

草场灌溉后，产生巨大的农业经济效益，生产 7 000 万 t 牛肉，按目前的单价 80 元/kg 计算，年产值可达 56 000 亿元，生产 15 000 万 t 牛奶，奶类单价按目前市场 8 元/kg 计算，产值可达 12 000 亿元。牛肉和牛奶产值合计达到 68 000 亿元。

12.6.3　沙化草原灌溉水量分析

草原灌溉重点选在干旱区。内蒙古有草场 7 880.49 万 hm²，新疆有草场 5 725.8 万 hm²，甘肃有草场面积 1 790.4 万 hm²，宁夏有草场面积 301.4 万 hm²。灌溉草场规划内蒙古 5.5 亿亩、新疆 3 亿亩、甘肃 1.3 亿亩、宁夏 0.2 亿亩，总共 10 亿亩，新疆、甘肃、宁夏、内蒙古将在北方形成一条绿色长城。

根据内蒙古饲草料作物灌溉定额，多年生豆科牧草为 75% 保证率，草原滴灌净定额为 90 m³/亩，滴灌水利用系数按 0.7 计算，5.5 亿亩灌溉草场年用水量为 707 亿 m³。

根据新疆农业灌溉用水定额，牧草灌溉保证率 75% 的喷灌定额为 214.7 m³/亩，渠系有效利用系数按 0.77 计算，3 亿亩草场灌溉，年用水量为 836.5 亿 m³。

根据甘肃省行业用水定额，牧草常规灌溉保证率 75% 的灌溉定额为 248.3 m³/亩，采用喷灌，按节水 25% 计算，为 186 m³/亩。干、支斗渠有效利用系数按 0.77 计算，灌溉 1.3 亿亩草场，年灌溉用水量为 314 亿 m³。

根据宁夏农业用水定额，牧草灌溉保证率 75% 的灌溉喷灌净定额为 146.5 m³/亩，灌溉用水效率按 0.6 计算，毛定额为 225 m³/亩，灌溉牧草 2 000 万亩；灌溉用水量为 45 亿 m³。灌溉 10 亿亩草场年用水量为 1 902.5 亿 m³，考虑调水后降水增加，新疆、内蒙古、甘肃、宁夏补水量合计为 1 753.3 亿 m³。

12.7　生态补水的重大意义

12.7.1　生态意义

第五次《中国荒漠化和沙化状况公报》指出，到 2014 年底全国荒漠化土地面积为 261.16 万 km²，2015 年、2016 年、2017 年 3 年全国又治理了沙化土地面积 6.06 万 km²，到 2017 年年底全国荒漠化面积为 255.1 万 km²，再加上石漠化面积 12.96 万 km²，全国荒漠化土地面积为 268.06 万 km²，占国土面积的 27.92%。生态环境是人类生存的基本条件，是关系社会可持续发展的根本性问题，我国荒漠化土地面积主要分布在新疆、内蒙古、青海、甘肃等西北地区。本区降水量在 400 mm 以下，而且多数在 250 mm 以下。在降水量 400 mm 以下的地区生态是很难于自然修复的。

为加快荒漠化土地的有效治理，须采取生态补水措施。上述沙化土地地区生态补水和草地生态补水措施实施后产生巨大的生态效益。

12.7.1.1　植被增加

将增加 14.5 亿亩林地和 10 亿亩优良人工草地，使全国植被覆盖增加 17%。

12.7.1.2　水条件有所改善

生态补水后，空气湿度明显增加，降水增加。根据中国科学院水汽循环方法计算，内蒙古、新疆、甘肃、宁夏，生态补水后年"绿"水量增加 5 250.3 亿 m^3，降水量增加 889.1 亿 m^3，这将对西北部干旱区，尤其荒漠化地区生态修复产生巨大的影响。西北部干旱区增加林、草面积，可增加降水量，国内很多专家有共识。赵英伟、刘黎明在《西部地区草地资源的生态效益及其利用保护》一文中指出："在西部地区广泛种植牧草，加上林木的作用，将会使西部雨量增多。"

将来降水量增加有可能比预计的要多。陕西延安退耕还林，河堤坝上的人工造林都在很大程度上很明显改变了这些地方的小气候和降雨量。库布齐沙漠治理后降雨增加了 300 多毫米，地下水大幅度增加。

12.7.1.3　温室气候效应

应对气候变化，实现可持续发展是人类面临的一项紧迫而艰巨的任务。全球气候变化主要是由 CO_2 等温室气体的大量排放，以及植物资源的破坏导致植被固碳能力减弱造成。气候变暖与环境污染日益增加，我国空气质量严重超标，2018 年我国 CO_2 排放 94.29 亿 t，占世界排放总量的 27.8%。应对气候变化主要减少温室气体排放和增强植物固碳能力两项主要措施，森林和草原都是植物王国，都能有效地吸收大气中的 CO_2，并将其固定在植物体和土壤中，都是吸收 CO_2 的有效载体，我国森林固碳能力已达到 10 t/亩。生态补水建设的林地 14.5 亿亩和因生态补水影响生态自然修复产生的林地 4 亿亩，固碳能力可达到 185 亿 t，吸收 CO_2 675.3 亿 t。

草场亩生产 1 t 干草，植物体固碳 0.45 t。现状天然草原平均产干草 52.8 kg，草原灌溉 10 亿亩，可增产干草 9.47 亿 t，固碳 4.26 亿 t。草原土壤固碳是植物体的 15～20 倍，按 15 倍计算，土壤固碳 63.9 亿 t，草原植物和土壤总固碳为 68.2 亿 t，吸收 CO_2 45 亿 t。根据有关研究，草地吸尘能力为 1.8 t/亩，灌溉草场年吸尘 18 亿 t。

根据韩国森林公益效能计算法，年吸收 CO_2 7.53 亿 t，释放 O_2 5.47 亿 t，产生价值 1 000 多亿元，年吸收 SO_2 11.89 亿 t、NO_4 5.8 亿 t、粉尘 5.66 亿 t，产生巨大的生态效益。

12.7.2　能源安全意义

能源供应安全是我国比粮食供应安全更为重要、更为严峻的重大问题，我国能源安全的核心是石油安全。我国石油资源逐步走向枯竭，但需求随着经济的发展较快上升，到 21 世纪中叶以后主要靠生物质石油替代。沙化土地生态补水的能源林生产的生物质柴油解决了石油供应问题。

12.7.3 大豆、粮食供应安全的意义

我国大豆进口量已占世界贸易总量的 60%，今后国内对大豆的需求在 21 世纪中叶前一直保持高速增长。世界大豆产量有限，不能满足我国进口的需求，国内耕地土壤肥力及耕地数量限制了大豆的发展。大豆供应安全是我国粮食供应安全的核心。发展 10 亿亩灌溉草场，发展草地农业生产的牧草饲料，相当于 6.7 亿亩农业耕地饲料的产量。草食畜牧业可解决中国肉食、奶类供应，牧草蛋白质替代了大豆蛋白质，解决了国内大豆、粮食供应安全。走草地农业与农耕农业相结合的道路是今后我国农业发展的战略方向。

12.8 我国的主要水生态环境问题

生态环境是生态与环境两个名词的组合，生态环境名词的由来，1982 年，全国人大常委、中国科学院院士、中国科学院地理研究所所长莫秉维提出生态平衡提法不妥，应以生态环境替代生态平衡，生态环境一词从此一直延续下来。生态是指生物（原核生物、原生物、动物、真菌、植物五大类）之间和生物与周围环境之间的相互关系、相互作用。生态环境是指影响人类生存与发展的水资源、土地资源、生物资源及气候资源数量与质量的总称，它是指生物及生存繁衍的各种自然因素条件的总和，是一个大系统，是由生态系统和环境中的各个因素共同组成。

水生态环境按着生态和生态环境的定义：水生态环境核心应该是水资源数量、质量，与周围环境之间的相互关系、相互作用，与其演变的各种自然因素条件的总和。

12.8.1 缺水问题严重

我国人均水资源 2018 年下降到 1 968 m³，是世界人均值的 35%，人均水资源少，可利用量更少，可利用量为 8 500 亿 m³，人均仅 609 m³。水资源分布不均，北方北京、天津、河北、山西、内蒙古、辽宁、吉林、黑龙江、江苏、山东、河南、陕西、甘肃、青海、宁夏、新疆 16 省（区、市）面积占全国国土面积的 61%，多年平均降水量仅 338 mm，相应降水总量为 19 830 m³，降水总量仅占全国总量的 32%，单位面积的降水深仅是南方 15 省的 1/3。西北内蒙古、新疆、青海、甘肃、宁夏 5 省区国土面积 408.6 万 km²，占全国总面积的 42.6%，而降水总量仅 9 130 亿 m³，

占全国降水总量的 14.8%，西北 5 省区单位面积多年平均降水仅 223 mm，仅是南方省份平均值的 1/5。北方 16 省区地表水资源量为 4 949 亿 m³，占全国地表水资源的 18.7%，南方 15 省地表水资源量为 21 531 亿 m³，占全国总量的 81.3%，南方 15 省平均单位面积地表水资源量是北方 16 省的 6.8 倍。西北 5 省区地表水资源总量仅 2 068.5 亿 m³，仅占全国总量的 7.8%，而面积却占全国的 42.6%，单位面积平均地表水资源量仅是南方地区的 8.8%，相差 11 倍。北方地区特别是西北 5 省区由于水生态环境恶化造成大面积土地荒漠化、沙化，全国沙化面积 172.12 万 km²，全国每年因土地荒漠化、沙化直接经济损失达 540 亿元。

12.8.2　水土流失形势紧迫

全国水土流失面积虽然近些年来逐年减少，到 2018 年全国水土流失面积有 294.9 万 km²，占全国总面积的 30.9%，其中水力侵蚀 129.3 万 km²，风力侵蚀 165.6 万 km²。每年因水土流失损失耕地 100 万亩，流失土壤 45 亿 t，损失有机质 4 000 多万 t，水土流失造成的经济损失占 GDP 的 2.5%。水土流失造成土壤有机质下降、河道淤积，恶化农业生产条件，影响生活环境。

12.8.3　洪涝灾害发生频繁

我国降水年内分布不均，北方 6—9 月，4 个月降水量占全年的 70%，南方 6—9 月 4 个月降水量占全年的 60%。由于降水量过分集中而且植被覆盖度低，涵养水源能力差，造成洪涝灾害频发。每年因洪涝灾害造成直接经济损失都在 2 000 亿元左右。2013 年直接经济损失为 3 146 亿元，2016 年为 3 643 亿元。洪涝灾害已成为我国比较大的自然灾害。

12.8.4　湖泊萎缩

由于上游来水减少，北方湖泊水位下降，湖面不断萎缩，甚至有的干涸。根据中国环境状况公报数据，2001 年全国天然湖泊面积为 91 000 km²，到 2018 年年底全国天然湖泊面积下降到 78 007.1 km²，下降了 12 992.9 km²（14.3%）。

12.8.5　水污染加剧

随着经济的发展和城市化进程的加快，工业废水和城市生活污水排放量逐年增加，已由 2001 年的 428.4 亿 t 上升到 2018 年的 750 亿 t，上升了 75%。化肥、农药（含除草剂）面源污染严重，化肥使用量由 1980 年的 1 296.4 万 t，上升到 2018 年的 5 653.4 万 t，增长了 3.36 倍，化学农药、除草剂到 2014 年使用量已达 180.9 万 t。农村畜类粪便已达到 17 亿 t，大部分未做无害化处理排入河道，渗入地下，污染了地下水。地下水水质严重恶化，到 2018 年全国地下水水质 I 类、II 类、III 类，已由

2010 年的 42.8%下降到 13.8%，较差、极差的水质已由 2010 年的 57.2%上升到 2018 年的 86.2%，地下水资源恶化形势十分严峻。北方地区生活用水、农业用水、工业用水主要靠地下水，对工业、农业生活已造成重大危害。

12.8.6 地下水位下降

北方地区由于地表水不足，严重超采地下水，导致地下水位持续下降，华北平原最严重，已形成大面积地下水降落漏斗。河北省平原地区，甚至地表下 50 m 的第一层地下水大部分地区已采光，开始开采 150 m 以下第二层的地下水。由于地下水持续下降产生地面沉降、海水入侵等环境问题。

12.8.7 河道断流

北方地区因资源性的缺水，过度用水，一些大型河流经常断流，如新疆塔里木河下游的 360 km 河长 1992—2000 年长期断流，水利部采取生态补水后，下游才恢复河势。黄河花园口以下 20 世纪 70 年代后经常断流，水利部采取黄河沿岸各省水权分配后才得到解决。

12.8.8 酸雨的危害

我国能源结构，以燃煤为主，燃煤大量排放 CO_2、SO_2，形成酸雨。2018 年 471 个监测降水的城市中，酸雨频率平均为 10.5%，出现酸雨的城市比例为 37.6%，酸雨频率在 25%以上的城市比例为 16.3%，酸雨频率在 50%以上的城市比例为 8.3%，酸雨频率在 75%以上的城市比例为 3%，分布酸雨区面积 53 万 km^2，占国土面积的 5.5%。酸雨被称为"当代空中死神"。酸雨可导致土壤酸化，抑制土壤中微生物繁殖，降低酶活性，固氮菌受到抑制；土壤矿物质营养元素流失，改变土壤结构，导致土壤贫瘠化；诱发植物病虫害；水质酸化，严重能使湖泊失去生物功能，破坏水生态环境。酸雨主要为硫酸性，它腐蚀设备，使钢铁设备锈蚀；酸雨影响树木生长。

12.9 水生态系统修复

12.9.1 水生态系统修复

（1）坚持人与水和谐相处的理念，坚持保护水生态系统的动态平衡、良性循环。优先利用生态系统的自我修复能力，根据水生态系统的退化和损坏因素，制订相适应的修复措施。

（2）以经济社会可持续发展为目标，充分考虑经济社会承受的能力，从实际出发，合理定位水生态系统的保护与修复目标。

（3）水生态系统具有多样性，包括水量、水质、水体、水循环与水密切相关联植物、水生生物与陆生生物系统相关联的多种因素。

（4）生态系统修复是一个长期的自然演变过程、缓慢的过程，必须坚持不懈把生态系统修复的措施贯穿到与水相关的每一个过程，贯穿到水资源的开发利用、保护、治理、配置的各个领域。

（5）水资源经科学规划，合理配置、严格保护、高效利用、保持水生态系统处于健康状况，有效遏制局部出现生态系统失衡、恶化趋势，保持其良性循环。

12.9.2　水生态系统保护和修复工作的主要内容

（1）在流域或区域的水资源综合利用规划、河流防洪整治规划、水能开发利用规划、水资源保护、水污染治理规划、水土保持规划等各项规划中，都应充分考虑对水生态系统的影响，规划中要有制订水生态系统的保护与修复方案措施。

（2）水生态系统保护和修复的措施，主要包括节水灌溉工程、水土保持工程、水资源保护工程、水污染治理工程、生态补水工程、河道整治工程、湿地建设工程等。

13 建立全国水网统一调配水资源

13.1 向大西北调水实施国家安全战略

13.1.1 向大西北调水开垦能源植物生产基地

世界石油能源在 21 世纪下半叶逐步枯竭，取代的是可再生能源生物质油。

我国到 21 世纪中期石油需求将达到 10 亿 t，届时国内石油资源即将枯竭，年产量只能维持在 5 000 万 t 左右。石油是工业的血液，没有石油工业不能发展，甚至倒退，没有石油交通会半瘫痪，没有石油化工业就不能发展。解决石油替代问题只能靠生物质。我国未来至少需要发展 14.5 亿亩能源生物。开垦 14.5 亿亩能源生物种植基地，只能在西北，西北地区有 300 万 km² 荒漠化的土地，但这里严重缺水，开垦条件是向这里调水。开垦 14.5 亿亩能源植物基地需要 3 780.5 亿 m³ 的水。14.5 亿亩能源植物能生产 6 亿 t 生物柴油和 8 亿 t 生物质固体燃料。西北地区光照充足，年日照时数在 2 700~3 500 h，向大西北调水是我国能源安全的战略需要。

13.1.2 解决我国长期的粮食安全必须向大西北调水

我国人多地少，人均耕地仅是世界人均值的 40%，而且存在水资源短缺，土壤有机质低下等多种制约因素。我国粮食供应安全是中国社会的长期战略。习近平主席指出：“总体看，我们粮食安全基础仍不稳固，粮食安全形势依然严峻，什么时候都不能轻言粮食过关了。在粮食问题上不能侥幸，不能折腾，一旦出了问题，多少年都会被动，到那时谁也救不了我们，我们的饭碗必须牢牢地端在自己手里，粮食安全的主动权必须牢牢掌握在自己的手中”“即使我们能把国际市场上的谷物都买过来，也不够我们吃半年，所以我们的立足点、着眼点是，决不能买饭吃、讨饭吃，饭碗里必须主要装我们自己生产的粮食。”

我国耕地资源是 20.232 亿亩。2017 年粮食总产量 66 160.7 万 t。2018 年净进口谷物 1 798 万 t，净进口大豆 8 791 万 t。人均供应量为 550 kg，消费总量为 7.67 万 t。

　　2018 年中国按耕地计算农产品自给率为 75.7%，到 2075 年，世界人均耕地由 2016 年的 2.87 亩下降到 1.70 亩，人均耕地 1.92 亩，是 2018 年我国农产品消费的基线。届时 2075 年全世界进入农产品供应危险时代。世界及中国同样宜农耕地，已全部开垦，再增加耕地是很难的。人类将转向草场，发展草地农业，通过草地生产畜产品。粮食消费的核心是肉、奶的农产品，面临世界农产品的形式，我国同样必须发展草地农业来解决粮食供应安全，肉、奶供应安全。我国有草场 58.9 亿亩，但主要在干旱区、沙漠区，必须进行调水灌溉。调水灌溉草场是我国解决粮食供应安全的唯一选择。

　　我国解决粮食问题，一是靠提高单产，二是发展草地农业。靠提高单产只能解决一部分，我国谷物单产已高于世界平均值的 53%，提高的幅度很有限。同谷物最高产国家美国相比，美国平均单产高于中国 20%。美国耕地土壤有机质含量是 4%，高度机械化，每个劳动力平均耕种 980 亩耕地，农业从业人员是大学文化。我国耕地土壤有机质平均仅 2.05%，一家一户几条垄，农民多数为小学文化。我国粮食单产达到美国谷物单产的水平是很难的，按粮食单产达到美国的单产水平，这是在确保 20.232 亿亩耕地红线的条件下，在城市化建设、高铁、高速公路大发展等情况下，很难确保 20.232 亿亩耕地的红线。2050 年粮食总产 8.16 亿 t，缺口 5.84 亿 t，2075 年有 6.73 亿 t 的缺口。我国粮食供应只能靠自给，全球出口粮食只有美国、加拿大、法国、阿根廷、埃及、澳大利亚几个国家，而世界年贸易总量仅 3.0 亿~3.5 亿 t，即使把贸易总量全部买进来，也只能够中国吃 3.2 个月。解决 5.84 亿 t 粮食的缺口，只能发展草地农业。在光热资源优越、土地相对平坦、广阔的西北草原发展灌溉草地 10 亿亩，条件是调水 1 753.3 亿 m^3。

13.1.3　发展丝绸之路经济带要依托水资源支撑

　　我国的能源、矿产后备资源主要在西北，新疆的煤炭地质资源量 2.19 万亿 t，占我国煤炭资源的 40%，内蒙古煤炭资源量占全国的 30%，甘肃、宁夏均是煤炭资源大省。西北省区（新疆、甘肃、内蒙古、宁夏）的煤炭资源占全国 80% 以上。新疆、内蒙古的天然气资源量占全国 70% 以上。西北 4 省区的页岩气资源十分丰富，新疆页岩气资源占全国资源量的 1/3，我国页岩气主要在西北。西北的矿产有 178 个品种，有丰富的铁、铜、铝、钨、汞、钼、镍、锌、铋、锶、锑、磷等。国家经济发展必须开发这里的矿产资源，开发矿资源需要大量的水资源。开采 1 t 煤需要 2.3 t 水，页岩气开发必须是注水压裂，1 口页岩气井需 2 万 m^3 的水资源。习主席提出的丝绸之路经济带是中国长远的经济战略，非常符合中国经济发展的国情。丝绸之路经济带推动西北地区凭借自身的资源优势，在经济带中长期快速发展，而且几十年内保持高速之势。现在的"西电东输""西气东送""西煤东运"以及"西油东调"已初步显示了西北地区在我国经济发展中极其重要的作用。

2018 年，西北 4 省区 GDP 总值 41 439.5 亿元，工业总产值 16 175.2 亿元，工业用水 42 亿 m^3。到 21 世纪中叶，西北经济将一直保持高速发展，特殊的资源优势，使其长期保持高增长率。工业增加值将比 2018 年增长 4 倍，工业用水将达到 122.8 亿 m^3。

13.1.4　美国"远西部"大开发对丝绸之路经济带的借鉴

丝绸之路经济带和美国的"远西部"大开发有很多相同之处，没有西部大开发就没有美国今天的现代化强国。美国的西部大开发分"旧西部""新西部"和"远西部"三部分。①最初的旧西部是从阿巴拉契亚山到密西西比河的地带，习惯叫"旧西部"，地理位置是美国中东部地区。②新西部从密西西比河到落基山脉地带及田泽纳河流域，实际地理位置是美国的中部和东南部。③19 世纪末落基山脉到太平洋沿岸之间的地带被称为"远西部"。"远西部"地理位置是美国的西部。美国"远西部"和我国的大西北有很多相似的地方。

中国的西部开发应分为"中西部""西部""大西部"三部分。①中西部：西藏、云南、四川、贵州、山西。②西部：陕西、青海。③大西部：甘肃、宁夏、新疆、内蒙古。西南地区各省地处高原山区，崇山峻岭，开发难度也很大。近、中期只能有选择地单项进行。西北地区有光热条件十分优越的广阔的土地资源，虽然干旱、荒漠化、沙化，但相对平坦，可供开发草地农业和开发生物质能源。西北地区有极丰富的能源资源，中国煤、气、油资源储量主要在西北；西北又有丰富的矿产资源，而且西北地处连接中亚、欧洲的丝绸之路经济带。

美国的"远西部"干旱、少雨、荒漠面积大，但有地处太平洋沿岸的水运优势，又有丰富的矿产资源。美国"远西部"大规模集中开发是从 20 世纪 40 年代初期开始的，届时 50 年。20 世纪 30 年代末，美国经济大萧条，经济严重下滑，处于高失业状态，区域差距扩大。1933 年，美国总统罗斯福为振兴经济，缩小区域差距，推行"新政"，通过扩大联邦政府转移支付来增加州和地方政府提供公共服务的能力，减少地区之间的差异，采取规划、政府援助。罗斯福的农业政策主张在西部种植防护林、进行生态建设、进行大规模调水的水利建设、实施灌溉工程、开垦土地等多方措施，促进地区发展。如 1931—1935 年在加利福尼亚修建的全美灌溉系统，调水 40 亿 m^3；1932 年建成供水旧金山市的赫特奇水道工程；1937—1940 年在加利福尼亚州建设的中央河谷调水工程，年调水 100 亿 m^3；1960—1970 年建设的加利福尼亚的水道工程，调水 52.2 亿 m^3 等一批调水工程，总调水 192 亿 m^3。

加利福尼亚州的降水量只有 250 mm，面积和我国陕西相同，得到近 200 亿 m^3 的调水后大面积的荒漠被开发成农业发达地区。调水也促进了工业发展，加利福尼亚已成全美最发达的经济区。加州已达到 2.5 万亿美元，它的经济产值已占全美的 15.6%，加州如今成为世界第六大经济体，加州经济已远超过澳大利亚、韩国、加拿大、意大利、俄罗斯。

美国 1964 年颁布了《经济机会均等法》，1965 年颁布了《公共谐和经济开发法》，1972 年颁布了《农村发展法》，这些法规对开发政策实施起到了有力的保障作用。美国"远西部"开发，历经 50 年，使美国太平洋沿岸成为美国现代化经济带、城市群。

我国改革开放后，40 多年经济高速增长，但出现结构失调现象，不调整难以可持续发展，东西部差距加大。习主席提出丝绸之路经济带建设，这是我国经济结构调整、振兴经济、充分开发利用西北丰富资源的战略决策。我国新疆降水、荒漠等与美国加州有很多相似，资源、国土面积等远优越于加州。新疆在丝绸之路经济带发展，将成为我国的"加州"。我国丝绸之路经济带应借鉴美国"远西部"开发的经验，用大规模调水来支撑。

13.1.5　西北地区生态恢复只能通过调水来解决

甘肃、宁夏、内蒙古、新疆四省区国土总面积为 336.27 万 km^2，占全国总面积的 35.03%。西北地区是我国主要的干旱、半干旱、内陆盆地、黄土高原、沙漠分布区。由于干旱缺水，原本脆弱的生态环境进一步恶化。四省区荒漠化面积达 190.34 万 km^2，占全国总面积的 72.9%。水土流失严重，地下水位下降，绿洲消失、草场退化、沙化。四省区有草场面积 23.55 亿亩，占全国总面积 58.92 亿亩的 40%，但 2/3 已退化、沙化。大批小型河湖干涸，沙尘暴频频发生，土地荒漠化、沙化的生态环境严重影响当地居民及物种的生存和发展。国家因西北、华北土地的荒漠化、沙化每年直接经济损失达 540 亿元。

水是绿洲与所有生态系统存在的基础，是西北地区生态环境演变的关键因素。西北四省区多年平均水资源量为 1 673.7 亿 m^3，仅占全国水资源 27 460.3 亿 m^3 的 6.1%，这与本区占全国土地面积 35.03% 的比例不相匹配。

习主席 2013 年 7 月 18 日致生态文明贵阳国际论坛 2013 年会的贺词中说："良好生态环境是提高人民生活水平、改善人民生活质量、提升人民安全感和幸福感的基础和保障，是重要的民生福祉，老百姓的生态需求是最基本的民生需求。没有良好的生态环境，我们生活中所需的食物、水、燃料、木材和纤维等将无以获取；没有生态安全，就不会有水的安全、大气安全、粮食安全、木材安全、能源安全，甚至会危及人民群众的生命财产安全。"

改善西北地区生态环境，恢复、修复西北地区的生态系统已是我国的经济社会发展中亟须解决的最迫切、最主要的巨大问题。改善、恢复、修复西北生态必须有大量的水资源，遏制荒漠、改造沙化草场、维护森林等措施都需要大量的水。根据计算，生态修复需调水 5 533.8 亿 m^3。

13.1.6　调水破解制约华北地区经济发展的瓶颈

（1）1952 年毛泽东主席视察黄河时提出："南方水多，北方水少，如有可能，借点水来是可以的。"南水北调中、东线主要受益区为京、津、冀、皖、豫、鲁、苏 7 个省（市），到 2030 年南水北调工程全部竣工，中线调水总量仅 138 亿 m³。现在京、津、冀、豫人口为 20 875 万人，水资源总量为 700 亿 m³，人均水资源量为 335 m³，南水北调工程全部竣工时，人口将增加 2 505 万人，该流域人均水资源量仅为 358 m³。调水受益区人均水资源量较现状仅增加 23 m³。调入的水量大部分被新增人口所占有，仍是全国人均水资源占有量最低地区，缺水问题仍未彻底解决。以河北为例，2018 年现有人口 7 556 万人，多年平均水资源总量为 236.9 亿 m³，人均水资源仅 313.5 m³，2018 年全省用水 182.4 亿 m²，其中农业用水 121.1 亿 m³，工业用水 19.1 亿 m³，生活用水 278 亿 m³，生态用水 14.5 亿 m³。2035 年全省未来至少增加 907 万人口（人口自然增长加西部人口迁入），未来全省生活用水将增加 42.3 亿 m³。全省水浇地至少增加 502.8 万亩，灌溉用水增加 7.6 亿 m³，工业产业增加值增加 42 507 亿元，按万元产值用水 22.5 m³ 计算，工业用水增加量为 75.4 亿 m³，未来用水增加量合计为 125.3 亿 m³。南水北调工程分配给河北省的水量仅 30 亿 m³，届时河北省人均水资源量仅 315.4 m³，人均仅增加 1.9 m³。河北省水资源存在 125.3 亿 m³ 的缺口，浩大的南水北调工程对河北省供水是杯水车薪。

（2）华北地区是中华民族开发最早、农业最发达的地区，5 000 年来一直是中华民族的政治、经济、文化中心。现在华北地区人口 45 097 万人，占全国 32.3%，耕地面积 49 968.2 万亩，占全国 24.7%，2018 年国内总产值 332 267.7 亿元，占全国 36.9%，45 种矿产资源的潜在价值占全国 41%，但水资源总量 2 037.2 亿 m³，仅占全国的 7.4%。水资源与人口、耕地、资源和生产力布局极不匹配，缺水已成为制约华北地区工、农业生产可持续发展的瓶颈。

南水北调工程届时几十年，仅调水 400 亿～500 亿 m³，显然太少了一些。中线调水仅仅引汉江中游丹江口水库之水中的一部分。丹江口水库年入库水资源为 408.5 亿 m³，陕西汉中、安康、商洛三市年入库水量为 284.7 亿 m³，占 70%，河南、湖北年入库 30%，三省径流之水调往京、津、冀等地。西线引白龙江、通天河之水，通天河乃青海径流之水，白龙江乃甘肃径流之水。西线、中线大部分水量乃西北、华北流向南方之水量中的一部分，只是通过工程措施拦截后，又调回北方而已。所谓南水北调只是东线的 100 亿 m³ 水从南方的水资源中调入北方的，是名副其实的南水北调，浩大的南水北调工程从南方水资源量中调入北方的水很少，南水北调工程调水量远不能满足北方经济快速发展用水增长的需要。中线是自流取水的，建设成本不高，运行成本低，水质又好，条件优越，得天独厚，但调水总量却不足。中线近期调水为 138 亿 m³，后期为 220 亿～230 亿 m³，丹江口水库多年平均入库水量为 408.4 亿 m^3，可调出水量为 345 亿 m^3，丹江口水库仍有 100 多亿 m^3 的水可继续调入北方。汉江平原用水不应该再由丹江口水库供水，应由长江调水供水。丹江口水库之水应全部调回北方使用，再由长江扩大调水入丹江口水库，经调节再调入华北，满足华北用水，才能使华北经济长期稳定健康发展。

13.1.7　管理体制

跨流域调水是国家特大型公共水利基础设施，整个调水工程的规划、设计是从国家和省（区）全局长远发展考虑，安排重大生产力布局及重要自然资源的优化配置。涉及整个国民经济发展、国家竞争力、综合国力、区域协调发展和社会共同财富、地区生态环境质量，从而实现整个国家和地区经济、社会、环境的可持续发展，具有重大的战略意义。政府发挥对跨流域调水的决定性主导作用，以确保水资源的合理利用和优化配置，满足国家和地区经济与社会发展对水资源的需求。由中央政府统一组织建设，并授权工程的运行管理。

国家供水网设置可分为 5 级。一级水网因跨省，由国家统一管理；二级水网跨市区，由省统一管理；三级水网跨县、区，由地级市统一管理；四级水网跨乡由县里统一管理；五级水网由乡统一管理。等级以外的农渠、水网由村统一管理。每下一级水网对上一级实行水是商品的机制，以提高用水效率。

国家水网设置可划分为三大水网体系。一是东北水网。东北地区水资源相对丰富，基本能满足本区域需求。东北三省和内蒙古东部地区自成体系，将松花江、嫩江、黑龙江、牡丹江、海拉尔河、鸭绿江、辽河、大凌河、小凌河、六股河以及辽宁沿海自流入海的中小型河流通过工程措施组成东北水网，在东北地区进行水资源统一平衡、调度、供水。优先工业用水，灌溉农田、草原、能源植物。应从黑龙江、松花江调水 730 亿 m^3，引入内蒙古中、东部。二是中西水网，华北、西北、西南、华中地区集中了国家的主要大型河流，这一区域内省（区、市）之间水资源量极不平衡，将这一区域内的雅鲁藏布江、怒江、澜沧江、长江、淮河、黄河、海河、塔里木河八大水系纵横联合组成中西水网，在本地区进行统一调配、平衡使用。南部水资源丰富，可调水 5 070 亿 m^3，引入西部和北部。三是东南水网，广西、广东、浙江、福建的珠江及自行入海的韩江、九龙江、闽江、富春江、瓯江等六大水系组成东南水网，在东南地区平衡调度使用，这一地区水资源极为丰富，应调水入长江水系。

建立全国统一供水水网，做到水资源在全国范围内平衡供水，将改变全国经济发展总布局，有长远的战略意义。这是人类历史以来世界上最浩大的水资源平衡调配工程、国土资源开发整治工程、荒漠化治理工程、生物质能源发展工程、民生安居工程、生态安全工程、粮食安全工程、区域缩小差距经济平衡发展工程、光热矿产资源开发利用工程等。

13.2 实施大规模调水的可行性分析

13.2.1 我国水资源现状分析

13.2.1.1 水资源分布

我国多年平均水资源总量为 27 460.3 亿 m^3。人均水资源量为 1 968 m^3，世界人均值为 5 685 m^3，我国人均水资源量是世界人均值的 34.6%。荷兰 2015 年人均水资源量仅 674 m^3，利用率高达 96.5%，荷兰是工业化国家，农业经济也高度发达，农产品出口居世界第二位。日本是经济高度发达国家，2017 年日本人均综合用水为 731 m^3，我国 2018 年人均综合用水量为 432 m^3，水资源利用率为 22%。世界很多国家水资源利用率都很高，印度利用率 52.6%，巴基斯坦 79.6%，伊朗 72.6%，乌克兰 72.5%，以色列 101.9%，埃及 119%。现在我国人均占有量少，是严重贫水国家，我国人均 1 968 m^3 的水资源量，远比荷兰等国家多，我国水资源存在最大问题是可利用量少。目前全国水资源经济可利用量仅为 8 500 亿 m^3，占水资源总量的 31%，人均可利用量仅 609 m^3。核心问题是如何提高水资源可利用量，根据 2018 年中国水资源公报，2018 年流出国境的水资源约为 6 109.1 亿 m^3，流入国际边界河流的水量 1 255.5 亿 m^3，两项合计 7 364.6 亿 m^3，超过全国水资源利用量 6 015.5 亿 m^3。2018 年入大海水量为 15 598.7 亿 m^3，怎样去科学调配使用是关键。我国水资源空间分布不均，与人口、耕地和生产力的布局不相匹配，降低了水资源可利用量。

水资源时间分布不均，汛期水量占全年的 2/3 以上，由于水利设施数量少调蓄不足，大量洪水资源滔滔奔向大海，径流而去，无法利用。

以水资源丰富的珠江为例，水资源时间分布不均，枯水期径流量仅占全年径流总量的 7%。珠江流域蓄水工程总调节库容仅占地表水资源量的 6.6%，流域水资源调配能力不足的矛盾突显。近年来，由于珠江上游枯水期来水量大量减少，河口咸潮上溯明显增强，2005 年澳门、珠海、广州、中山、江门等城市供水受到不同程度影响。局部地区缺水严重，经常出现人畜饮水困难现象。

全国 2018 年有水库 98 822 座，总库容为 8 953 亿 m^3，扣除防洪库容、死库容，有效蓄水量仅 4 000 多亿 m^3。2018 年末大中型水库蓄水总量仅为 4 104.3 亿 m^3，仅占当年地表水资源总量的 15.6%。2018 年地表水资源总量 26 323.2 亿 m^3。增强水资源调蓄能力，对提高供水保证率、水资源承载能力和水资源综合利用效益是十分必要的。美国国土面积、水资源总量和我国很相近，美国水资源总量为 28 300 亿 m^3，但美国水库 5 万多座，对水资源的调节能力达到 60% 以上，总库容已达 13 500 亿 m^3。瑞典 800 多万人口，水库 1 万多座。欧洲国家调制能力在 90% 以上，北欧国家控制能力达 99%。

我国水资源空间分布不均衡，水资源分布总体上是南多北少，东多西少。2018 年长江、珠江、东南、西南片人口 7.3 亿，占全国的 52.3%，耕地占 37%，水资源 22 565.8 亿 m³，占全国的 81.3%，人均水资源量 3 100 m³，亩均水资源量 2 956 m³；松辽、黄、淮、海、内陆地区人口 6.654 亿，占全国的 47.7%，耕地 12.766 亿亩，占全国的 63%，水资源 5 094.5 亿 m³，仅占全国的 18.7%，人均水资源量仅 780 m³，亩均水资源量仅 399 m³，分别为南方地区的 25.2% 和 13.5%，北、南水资源差距太大。

北方地区经济结构中耗水最多的第一产业、第二产业中高耗水行业比例也比较大，从而进一步加剧了缺水危机。目前，水利用率低，浪费现象比较普遍。全国农业灌溉用水有效利用系数仅 0.554，大型灌区仅 0.45 左右，世界一些先进国家，灌溉用水利用系数已达 0.7。水资源严重污染，使可利用水资源大量减少，必须高度重视节水。优先发展节水农业，调整作物布局，发展耐旱作物，推广地膜覆盖，降低用水定额；发展微灌、滴灌、低压管道灌溉，加强渠道防渗，加强节水管理。新疆膜下灌，节水，棉花又高产；甘肃庄浪县大面积梯田保水措施，使粮食产量增产 1 倍以上。中国农科院进行防灾监测预警试验研究，安装了九要素监测仪，使小麦亩节水 30 m³，增产 15%，这些都是值得推广的好项目。

13.2.1.2　调节平衡水资源

解决我国地区性缺水问题的战略，需在水资源可持续利用的前提下，按地域大量建设蓄水工程——水库。提高大坝指数和人均库容指数，将推动经济发展指数和人类发展指数。李克强总理 2015 年 11 月 24 日在水利部考察时指出："特别要在西部地区建设一批重大调水工程、大型水库和节水灌溉骨干渠网，有效解决区域性缺水"。水库是水利工程的主体，也是人类调节水资源时间分布的主要手段。通过水库调蓄可以改变水资源的年内分布。在河流干、支流上，修建水库群，尽可能将河流水全部拦蓄，减少汛期水量无序地向海洋排泄，按照流域水利委员会统一调动，指令每个水库的下泄量，使水有序排放，河流稳定，消除水灾。干旱季节通过水网将水库拦蓄的水量调往缺水地区，做到合理地调节水资源，增加可利用的水资源总量，是解决水资源空间分布不均的根本措施。具有多年调节性能的水库还能改变水资源的年际分布。

考虑 21 世纪人口、耕地、生态与国民经济发展的需求，国家统一各地区水资源的供需平衡，统一协调区域用水，制定以南水北调为主体的全国跨区域调水总体布局。调水工程是以跨流域、跨区域的尺度上调节水资源空间分布状况的一种重要的工程手段，从水资源相对丰富的地区向资源性缺水地区调水，达到水资源合理配置的目的，分期逐步实现我国水资源的合理调配，强化对水资源开发利用的管理，最终解决全国各地区、城乡缺水的问题，实现全国水资源的合理利用与水资源的全国各区域的供需平衡，以满足国民经济发展对水资源日益增长的需求。

13.2.1.3 "水是商品"的价值观平衡调水

"水是商品"的观念已被越来越多的人所接受。水对于生命来说至关重要，人类是不可能找到或选择相同资源代替它，水是特殊商品。把水作为商品，是综合选择，怎样最佳地满足人类的需求进行最有利于可持续地利用，但在一些领域内不能以成本回收为主要目标，如生态需水、景观用水等，农业灌溉用水也应低于成本出售。为水制订一个合理的价格十分重要，它可以使用水者科学节约用水，使每一滴水发挥出最大的生产力。

引入"水是商品""建立水市场"这一原则有利于水资源合理的分配利用与综合管理，有助于解决国际之间、省（区）之间、流域之间、上游与下游之间、向外调水区和受水区之间在水资源开发利用上的争端。

水是一种战略性的、不可替代的生命性资源。水资源属于各地区自己固有的资源。所以当水从一个地区调入另一个地区时，可作为等价商品进行交换，受水区按量计价，向调水区支付价值，国内各省之间、各市之间、各县之间都应支付一定数量的资源费。水作为基础资源应是国家和地区共有，全国共享，国家统一调配，国家统一水价标准，国家和地方按比例分享水资源费，地方享受要适当多一些。国内各地区之间也同样进行水商品交换。李克强总理于2015年11月24日在水利部考察时指出："建立合理的水价机制，用改革的红利促进水利事业的发展。"甘肃张掖市成立用水协会，发水票，水票可以商业运作。瑞士达沃斯年会的一份报告提出，地球可能面临"水破产"。不出20年，水资源将和石油一样成为投资市场上的产品。

澳大利亚已建立了水市场，通过市场手段调节用水，以此展现水的价值观。基于水市场手段，澳大利亚对农户进行用水补贴。国际上，国与国之间也是进行一种商品交换。我国西南地区平均每年有5 000多亿 m³ 的水无偿流向国外。我们和下游用水区形成了一种水商品交换关系后，可以按量收取水费。转变历史遗留下来的水权观点，用现代市场经济理念、观点来看问题、解决问题，国际河流水资源分配一系列复杂问题自然简单化，水争端自然减轻。水商品完全走入市场，水生产力将大幅度提高，水资源的浪费将会大量减少。

13.2.1.4 运用经济价值观平衡河流生态、调水工程

随着人口的不断增加，能源、食物需求大量增加，城市化、工业化不断发展，都需增加用水供应量，这些将给陆地生态系统和水生态系统带来巨大的压力。我国北方，增加"绿"水作用，增加"绿"水总量，增加土壤含水量，加快水循环，增加北方地区的降雨量，是提高能源植物生产、食物生产的十分重要的有效措施。

人工手段最直接的方法是增加华北、西北地区的蓝水总量，蓝水总量大量增加以后，地面蒸发量增加，绿水总量伴随着相应加大，水循环加快，降雨将会大量增加，从根本上改变本地区气候条件、水文条件、生态环境，改善干旱的农业生产条

件。为维持北方生态功能和能源植物生产，农业、工业用水，平衡各地区水资源，必须大规模地调水，这就带来一个水循环、河流安全、环境安全问题，这个问题争议很大。社会不断向前发展，生活、农业、工业用水，陆地生态用水不断增加，河流流量将发生变化，原始的自然生态状况也会随着河流流量的变化而变化。上游用水较少时，下游河流的流量变幅较小，下游河流自然生态状况不受影响；当上游用水较多时，下游河流的流量长期变得较小，河流自然生态将发生变化，受其影响，局部水生生态将遭到破坏，一部分水生物消亡被相对耐旱的水生物取代；局部上水生生态弱化，也是不可避免的。这也是一种社会与自然的发展规律，人类不可能因为下游水生生态受影响而放弃上游取水带来的巨大经济效益，矛盾是显而易见的。

受到最大影响的是岸边湿地、下游用于放牧的洪泛平原以及下游河流中水生生物——鱼类产量。这里有一个上游消耗性用水和下游保护水生生态系统水量之间的一个平衡点问题，也存在一个经济效益价值权衡问题。一种是上游流域为了本区巨大经济利益大量开发用水，在枯水期将水量完全利用，下游河流干枯，使下游生态系统接近崩溃点。另一种是下游强调保护河流生态系统，保护原始自然生态环境状态，水全部用于保护环境。现代水文学观点主张，让水为人类发挥巨大的效益，用经济价值观平衡河流生态，将水安全、食物安全、生态安全和经济价值联系起来，以综合视角来平衡河流生态。优先考虑上游，基本满足上游区域为发展经济的用水，保障人类的食物生产用水，同时又要保护下游河流水生生态不受太大的影响，这就提出一个"人与自然和谐用水"，水与生态的综合管理问题。水的数量与质量，上游与下游联系在一起。陆地生态系统是耗水的，它影响水的地表径流，而水生生态是依赖于水的，它由河流和水流构成其生境。

河流用水效益和生态保护系统之间的平衡提出了河流健康问题。澳大利亚堪培拉淡水生态小组合作研究中心将健康的工作河流定义："按照公众就自然生态系统和人类利用水平达成的可持续的协议进行管理河流。人类利用河流生产电能，引水供给城镇、工业和灌溉耕地及洪泛平原肥沃的农田。工作河流在形态和功能上都将不同于其原始状态。总之，河流承担的工作越多，其自然性就越少。在河流的工作水平与自然性丧失之间达成何种协议，取决于人类赋予河流何种价值。管理河流，使其持续可接受的工作水平，同时保持生态健康，这平衡的达成完全由公众决定。"

保持生态健康，就要保持河流可持续极限，保持可接受的最低流量，这个最低流量的阈值是多少最为重要。我国河流流量有其特点，北方河流丰水期为 6—8 月，10 月开始明显下降，到翌年 4 月降到最低点，5 月有所回升，河流丰水期流量仅 4 个多月；南方河流丰水期长达 8 个月，枯水期 4 个月，丰水期又常常发生洪水，河流流量过大，对河流生态系统造成一定程度的破坏，尤其下游最为严重。当枯水期某一年河流流量明显低于多年平均枯水期流量时，又对河流生态系统产生一定影响。保持河流流量不低于多年平均枯水期流量是河流健康的流量阈值。修建蓄水工程进行人工调节，在河流的干支流上修建大量水库，汛期将水蓄存起来，避免洪水流量过大，冲击下游生态系统，枯水期放水，使河流保持某一稳定流量，确保河流健康。有时上游区域为追求最大的经济效益，而大量取水，便很难保障河流健康，使下游水生态系统受到损失。如我国海河流域，水利用率高达90%以上，黄河流域水利用率高达60%以上，河流生态受到严重损害。在我国大西北地区，生态环境脆弱，保护河流生态应高于农业耕作用水。大西北地区的生态如果再受到损害，将使耕地沙化，在本地区生态系统重要性高于农业系统，农业用水必须让位于河流生态用水。

河流生态是以经济价值去平衡的。水的利用是在最大区域内，以最大的经济值去作取向。过分强调保护原始自然河流生态的自然保护主义是与现代社会发展不适应的，不符合现代生态水文学规律。随着社会的进步，人类文明高度提升，经济的高度发展，现代生态水文学内涵也必须去重新界定，过分强调原始自然河流生态，必然削弱人类的利益，影响社会经济发展。以长江江豚为例，江豚有2.5万年的历史，被列为国家一级保护生物。1984年在长江内存量为2 700头，到2006年下降到1 800头，2009年下降到1 500头，2015年下降到1 200头，每年下降5%左右。长江江豚数量下降主要原因，长江是黄金水道，改革开放以来水上运输增长20多倍，轮船螺旋桨噪声造成江豚声系统辨别能力紊乱、破坏、神经衰弱，螺旋桨经常击伤江豚，提高江豚死亡率。其次是长江大量捕鱼，鱼类减少而使江豚食物受影响。我们不可能因为保护食用鱼类的物种江豚而放弃长江捕鱼和长江水上运输。生态保护是以经济价值去衡量的，以人类的最大利益为出发点进行取舍的。当然我们还必须珍稀物种资源，在可能的条件下，尽量保护原生在流域内物种的生存环境和生存安全。

对于建水库和跨流域调水问题，会有一些所谓的环保主义者反对。建水库和调水会有小范围的水生生态损失，环保不平衡，但水资源在全国统一平衡是最大范围的环境安全，最大范围的生态平衡。修水库蓄水，确实淹没了一定面积，破坏了一些生物，但面积很小。水库可在枯水期向下游放水，使下游河流保持某一稳定流量，保证了河流健康。避免汛期洪水过大，冲击下游生态系统，通过水库调节将多余的水量调到干旱地区，同时在受水区改善了水环境，获得了大面积的生态平衡。但部分水库在用水调度上存在一些问题，为了取得最大发电效益，在洪水期，水库水位高，单位水的势能大，便大量放水发电，对下游河流生态产生冲击。而枯水期水位低，水的势能小，不放水发电，使下游河道干枯，造成生态破坏。水库不能只考虑自身的最大电能效益而不顾下游河流生态，而应该在保证下游河流健康的前提下，取得电能效益。这是流域委员会重点管理问题。黄河水利委员会研究员侯全亮在第四届黄河国际论坛上发言，就河流伦理问题指出："不赞成纯自然主义。各个国家、各个地区情况不同，发展水平不同，如果一概而论，禁止开发河流，利用水资源，势必加剧新的不平衡，事实上也是行不通的。"联合国教科文组织国际水教育学院院长纳吉提出："人与水之间的关系，无非两种，一种是把人带到水边，一种是把水带到人那里。我很赞成在伦理中保护环境，但一个根本的原则就是，我们不应当因环境而牺牲人的利益。比如，我们不应因为保护环境就不建大坝了，就不开采地下水了。在时空两个维度下调整水资源，要么调水，要么建设水坝。调水是从空间上解决水资源分布不均问题，建坝是解决水资源在时间上分布不均问题。调水和建设水库，本身就是道德和伦理问题。"

对河流生态及水资源利用形式，是以经济价值来衡量的，根据社会发展需要，利用模式以保持河流健康的最低流量阈值确定，进行改革也是必然规律。

13.2.2　主要区域大规模调水的可行性分析

从西南向西北调水已引起国内很多人的高度重视，共有人大代表 6 次 208 人和政协委员 10 次 118 人提交关于建议修建"大西线"的提案和议案。中国科学院组织的第 257 次香山学术讨论会专家组达成共识，调往北方的总水量应在目前《南水北调工程总体规划》的 448 亿 m³ 基础上，至少再扩大 2 倍才有可能保障我国北方地区持续、全面、健康的发展。目前大西线调水方案有 10 多个，以调水 2 000 亿 m³ 水量计算，扣除蒸发、渗漏等损失，目前，我国水有效利用系数为 0.554，我国理论利用系数为 0.62。按 0.62 计算，调水 2 000 亿 m³，有效利用量为 1 240 亿 m³，这个数字是不能满足干旱、生态严重恶化的西北地区可持续发展的需要。在现有南水北调调水量 448 亿 m³ 基础上，至少再增调水 5 500 亿 m³ 才能基本满足西北、华北地区经济的可持续发展，满足全国的粮食安全、大豆安全、能源安全、生态安全。

13.2.2.1　长江及上游主要支流

金沙江发源于格拉丹东雪山，从发源地到青海省的当曲口段称为沱沱河，全长375 km；从当曲口到青海玉树的巴塘河称为通天河，全长 813 km；从巴塘河口到四川宜宾的岷江口称为金沙江，全长 2 920 km，多年平均径流量 1 640 亿 m³。金沙江最大的支流雅砻江发源于青海省巴颜喀拉山，干流全长 1 637 km，流域面积 128 444 km²，多年平均径流量 604 亿 m³。流域内上游降水 600～800 mm，中游 1 000～1 800 mm，下游 900～1 300 mm。雅砻江是南水北调西线计划调水河流，从雅砻江调水400 亿 m³，从金沙江干流调水 790 亿 m³ 是可行的。雅砻江及金沙江流域农业耕地少，降水多，工农业用水很少，生活用水总量不大，主要用于发电。

岷江发源于四川松潘县，河长 711 km，流域面积 13.6 万 km²，年径流量为 953亿 m³。岷江最大支流为大渡河，大渡河集水面积 7.44 万 km²，河长 1 062 km，多年平均径流量 488 亿 m³。岷江下游为成都平原，都江堰灌区引用岷江水，有 1 000 多年的历史。现都江堰灌区灌溉面积已达 1 000 万亩，用水量约 102 亿 m³。在岷江及其支流大渡河调水 350 亿 m³，留给本流域 603 亿 m³ 的水绰绰有余。

嘉陵江发源于陕西凤县境内，河长 1 119 km，流域面积 16 万 km²，多年平均径流量 668.5 亿 m³，嘉陵江地处山区，农业用水有限，本流域降水在 1 520 mm 以上，工业用水总量不太大。调水 400 亿 m³ 对本区供水没有大的影响，本次从嘉陵江调水 100 亿 m³。

三峡水库上游各条大河的年径流量。岷江水量 953 亿 m³，嘉陵江水量 608.5 亿 m³，乌江水量 550 亿 m³，金沙江水量 1 640 亿 m³，赤水河水量 97.4 亿 m³，沱江扣除岷江补充水量后约为 234 亿 m³，大宁河水量 42.9 亿 m³，其他一些小型河道至少有 95 亿 m³。从珠江水系中南盘江调入乌江 30 亿 m³，北盘江调入乌江的水量为 70 亿 m³，三峡水库上游河流年总水量为 4 320.8 亿 m³。从金沙江、嘉陵江、岷江拟调出水量 1 830 亿 m³，三峡水库剩余出库河道年总水量为 2 590.8 亿 m³，年平均径流量为 8 215.4 亿 m³，这对长江上游、中游航运基本不受大的影响。

三峡水库下游不远处为湖北省清江，清江河长 423 km，流域面积 1.67 万 km²，年径流量为 141.9 亿 m³，平均流量为 447.4 m³/s，注入长江，使干流平均流量达到 8 662.8 m³/s，湖南省湘江（710 亿 m³）、沅水（670 亿 m³）、资水（250 亿 m³）、澧水（170 亿 m³），四大河流经洞庭湖入长江，每年入长江水量达 1 800 亿 m³。

江西省赣江（687 亿 m³）、抚河（150 亿 m³）、饶河（150 亿 m³）、修水（123 亿 m³）、信江（170 亿 m³）5 条大河经鄱阳湖后，每年入长江水量 1 280 亿 m³。

安徽省的皖河、青戈河、水阳江等河流仍有大量水进入长江，长江中下游水量非常充沛。

长江河长 6 300 km，流域面积 181 万 km²。长江多年平均径流量为 9 280 亿 m³。根据预测，长江流域到 21 世纪 30 年代用水增加到 2 239 亿 m³，其中农业灌溉用水 1 166 亿 m³，工业用水 737 亿 m³，生活用水 336 亿 m³。农业用水将产生回归水 291.5 亿 m³，工业用水和生活用水 85% 变污水，处理后仍可用，实际总水量减少 1 110 亿 m³。现南水北调工程调用总水量为 450 亿 m³，则长江未来径流总量减少 1 560 亿 m³，长江多年平均径流量则下降到 8 295 亿 m³。如果再从长江上游、中游取水 2 204 亿 m³，长江径流总量将下降到 7 076 亿 m³，则多年平均径流量为 22 438 m³，长江现状下游多年平均径流量为 29 300 m³，枯水季节为 8 094 m³/s。如果长江干支流大量修建蓄水工程，控制水量 90% 以上，通过水库蓄水调节河道流量时空分布不均状况，长江下游河道（大通站）保持最低流量 13 000 m³/s 是完全能够做到的。我国水利专家论证提出："当长江大通水文站河道流量小于 9 000 m³/s 时停止调水。"河道水量仍远大于现状枯水期的河道径流量，对长江河道航运没有大的影响。一个稳定的河道流量，对长江河流生态十分有利，能维持长江良好的河流健康。

13.2.2.2　西南诸河

西南诸河包括七大水系，藏西诸河、藏南诸河（含藏南内陆河，内陆河面积很小）、雅鲁藏布江、滇西诸河、怒江、澜沧江、元江。

西南诸河流域总面积 85.14 万 km³，水资源总量高达 5 853.3 亿 m³。西南地区人口不足 2 000 万人，耕地 2 689 万亩，这一地区人稀地少，人均水量达 3.2 万 m³，亩均水量 2.2 万 m³，由于这一地区降水量较大，农业很少灌溉，绝大部分水资源未得到利用，每年出境水量接近 5 800 亿 m³。根据预测，到 21 世纪 30 年代用水总量仅 136 亿 m³，其中农业用水 109 亿 m³，工业用水 8 亿 m³，生活用水 19 亿 m³。河流径流总量仍有 5 664 亿 m³，调水 2 515 亿 m³ 是可行的。

（1）藏西诸河。流域面积 57 340 km²，水资源总量约 20.1 亿 m³，均流入印度河，占印度河总量的 1%。主要河流：①奇普怡普河，流域面积 4 410 km²，年降水量 300 mm。②森格藏布河，流域面积 27 450 km²，河长 430 km，多年年平均径流量 6.9 亿 m³。③郎钦藏布河，流域面积 22 760 km²，河长 309 km，中国境内 260 km，多年平均径流量 9.1 亿 m³。在藏西诸河中调水 15 亿 m³ 是可行的。

（2）藏南诸河。流域面积 155 778 km²，水资源总量为 1 952 亿 m³。主要河流为马扎岗嘎河、马热渠、马拉渠、马甲藏布（孔雀河）、吉隆藏布、波曲（麻章藏布）、绒格藏布、朋曲河等。朋曲河流域面积 25 307 km²，河长 384 km，出境水量为 51 亿 m³；波曲河河长 445 km，流域面积 30 260 km²，流域内降水 617.9 mm，这些河流出境后入恒河。朋曲河以东的康布曲、洛扎怒曲、达旺—娘江曲，鲍罗里河（卡门河）、西巴霞曲等河流出境后流入布拉马普拉河。这些河流集中分布在喜马拉雅山南部，降水多，水资源丰富。

藏南内陆河分布于西藏南部喜马拉雅山山间盆地，河流数量多，河流长度均在 75 km 内，流域面积不足 1 000 km²，藏西是季节性河流。这些河流以内陆湖为归宿，年降水量 100~500 mm。

藏南诸河中有一部分属于中印未定国土，一部分为内陆河，调水 500 亿 m³ 是可行的。

（3）雅鲁藏布江。雅鲁藏布江源头称马泉河，流域面积 240 480 km²，河长 2 057 km，多年平均径流量 1 654 亿 m³。雅鲁藏布江上游地区海拔 3 900 m 以上，中游有年楚河、拉萨河等支流汇入，使水量增加，径流量达到 294 亿 m³（林芝），拉萨河年径流量达到 105.2 亿 m³。在林芝地区以下支流有尼羊曲河汇入，尼羊曲河流域面积 1.75 万 km²，年径流量达到 138.2 亿 m³，使雅鲁藏布江干流径流量达到 601 亿 m³。在大峡谷中游，有帕隆藏布河、易贡藏布河汇入，两河年径流量为 372.2 亿 m³，雅鲁藏布江水量达到 1 000 多亿 m³。易贡藏布河和帕隆藏布河以下墨脱县有诸多小型河流汇入，墨脱县流域总面积为 3.4 万 km²，年均降水量 2 358 mm，南部可达 5 000 mm，径流可达 1 800 mm，墨脱县入雅鲁藏布江水量可达 610 多亿 m³。

在雅鲁藏布江的帕隆藏布河和易贡藏布河河口以上取水 900 亿 m³，在技术上是可行的。

（4）滇西诸河。流域总面积为 21 172 km²，水资源总量为 314.5 亿 m³。

①独龙江。是伊洛瓦底江的上游，流域总面积为 4 327 km²，河长 211.3 km，降水量 4 000 mm，多年平均径流量 66 亿 m³，分水岭至江面相差 2 200m。

②大盈江。发源于云南腾冲，在我国境内河长 194.3 km，流域面积 5 636 km²，多年平均径流量 178 m³。年径流总量 56.1 亿 m³。

③龙江。发源于腾冲市尖高山，河长 332 km，流域面积为 12 663 km²，多年平均径流量 2 552 m³，年径流量 80.4 亿 m³。3 条河流均入伊洛瓦底江。

④伊洛瓦底江。是缅甸的母亲河，总长 2 714 km，流域面积 41 万 km²，入海总量 4 860 亿 m³。滇南诸河水量占伊洛瓦底江的 6.5%。在滇西南诸河调水 200 亿 m³ 是可行的。

⑤元江。又叫红河，发源于云南巍山县的袁牢山，河长 677 km，流域面积 7.9 万 km²，多年平均径流量为 484 亿 m³，出境入越南。在元江调水 300 亿 m³ 是可行的。

西南诸河出境水量为 5 700 亿 m³，雅鲁藏布江 1 654 亿 m³、沧澜江 765 亿 m³、怒江 686 亿 m³、藏南诸河 1 900 亿 m³、元江 484 亿 m³、滇西诸河 314 亿 m³。雅鲁藏布江出境后是印度的鲁希特河，鲁希特河流入布拉马普特拉河，布拉马普特拉河是印度最大河流——恒河的支河，这条支河在孟加拉国与恒河交汇后，流入孟加拉湾。恒河流域降水量很大，从西向东 1 500~4 000 mm，东北部的阿萨姆邦在 4 000 mm 以上，有的可达 10 000 mm，是世界上降水量最多的地区之一，几乎年年闹水灾。降水 1 500 mm 以上的地区在农业上是不缺水的，种植水稻用当地水资源蓄存平衡调度，就能满足需要，种植玉米等作物根本不用灌溉。

恒河每年从 5 月开始涨水，7—9 月为雨季，每当雨季来临，恒河两岸洪水成灾，这时也是雅鲁藏布江水量最大的时候，雅鲁藏布江的水流汇入后加重了这一地区的防洪压力。恒河每年 6—12 月大量河水流向印度洋，如果在恒河支流上修建一批蓄水工程，丰水季节将水蓄存起来，枯水季节向下游放水，恒河流域是不缺水的。

印度与孟加拉国仅靠天然径流量取水，在每年 1—5 月为枯水期，为恒河用水有争端。这是一种工程性缺水，恒河地区水资源总量很充足，问题的核心是把时间分布不均的降雨径流转化为可持续利用的水资源，不能仅依靠上游的径流水量。

根据水资源评估的一般理论，凡是降落在一国领土范围内的降水转化而成的水资源归该国所有。中国的雅鲁藏布江流域降水仅 400 mm 左右，西北地区降水仅 50~150 mm，降水稀少的干旱区必须将水资源量留给下游降水 4 000~10 000 mm 丰水区的认识论是"杀贫济富"，上游优先利用是正常的。同样道理，世界上那些矿产资源丰富的国家，在满足国内需求后才能出口。下游地区会充分理解上游地区对水的渴望与利用，逐步走上依靠自身的水资源可持续利用与发展的道路，对本地区的水资源进行蓄、调，平衡配置、节约、合理开发利用。资源就是商品，在市场经济世界里，商品就要被贸易，就要等价交换。无偿用水，上游用水不能影响下游的水利观念已不适应现代市场经济理念了。

（5）澜沧江。澜沧江发源于青海唐古拉山，流经青海、西藏、云南。从云南出境，进入老挝境内就是湄公河。河长 2 198 km，流域面积 16.7 万 km²。澜沧江年径流量为 765 亿 m³，仅占湄公河水量的 13.5%，湄公河三角洲是一片水源丰富的水乡泽国。湄公河流域的降水主要以来自印度洋的西南季风为主。由于流域东西两侧山脉的走向垂直于季风方向，有利于地形雨的形成，年降雨量可达 2 500~3 750 mm，中下游三角洲为沿河两岸，年降雨量可达 1 500~2 000 mm。湄公河不仅水资源丰富，而且干支流的山峦地形便于修建水库蓄存。从中、缅、老三国到老挝首都万象，一路河谷狭窄，河流高程从 1 500 m 下降到 200 m。经柬埔寨、越南入海。每年 5—10 月，为湄公河流域的雨季，大量雨水形成洪涝。每年 12 月至翌年 3 月是湄公河的干旱季节，如果干旱季节缺水，并不是资源性缺水，是上游支流缺少蓄水工程，通过修建一些蓄水工程，是可以调节的。在澜沧江调水 600 亿 m³ 技术上是可行的。

（6）怒江。怒江发源于西藏唐古拉山，河长 2 020 km，流域面积 135 984 km²，出境水量为 689 亿 m³，占萨尔温江总水量的 27.3%。怒江出境后为缅甸的萨尔温江，萨尔温江在缅甸境内全长 1 600 km，由北向南流经缅甸东部地区，从莫塔马入海。萨尔温江贯穿掸邦高原，是一条典型的山地河流，水流湍急，流量丰沛，除河谷里少量的耕地用以灌溉，少有作用。流域内降水量高达 2 000~3 000 mm。3—10 月为雨季，降水量相当大，有的地区高达 3 000~5 000 mm，流域内多暴雨，经常发生水灾，即使在少雨的季节，也常倾盆大雨。怒江即使全部截流，对下游也没有任何影响，反而减轻了洪水对下游的威胁，有益而无害。在怒江调水 500 亿 m³ 技术上是可行的。

13.2.2.3 东北调水的可行性

东北地区水资源相对丰富，东北地区主要包括黑龙江省、吉林省、辽宁省和内蒙古自治区东北部，东北调水进入内蒙古，距离近，提水高度小，地形不复杂，相对平坦，成本低一些。东北地区主要大的河流有黑龙江、松花江、辽河、鸭绿江等。黑龙江是我国第三大河流，按长度仅次于长江、黄河，按流域面积超过长江，按水量仅次于长江。黑龙江河长 4 418 km，流域面积 185 万 km²，年径流总量 3 465 亿 m³，发源于蒙古国肯特山麓，河水清澈，含泥沙少，含沙量是黄河的 1/30，长江的 1/4。黑龙江流域人口稀少，工业不发达，生活和工业用水较少，农业用水量也不大，水资源丰富，而俄罗斯部分人烟稀少，工业也不发达，用水量更少，所以黑龙江的水资源没有很好地被利用，而白白地南下太平洋。

松花江河长 1 927 km，流域面积 54 万 km²，年径流量 1 296 亿 m³，松花江的支流第二松花江年径流量 162 亿 m³，嫩江年径流量 2.48 亿 m³，在吉林大安布三岔河处入松花江。

辽河发源于河北省承德市，流经河北、内蒙古、吉林、辽宁，全长 1 348 km，流域面积 22 万 km²，多年平均径流量 408 亿 m³。

松花江有 650 亿 m³ 的余量，根据中长期用水预测，2050 年以后工业用水基本保持 2018 年水平，农业用水量略有减少。农业增加用水量为 50 亿 m³，吉林省水资源余量 136.5 亿 m³，黑龙江省水资源余量 185.1 亿 m³，辽宁省水资源余量 59 亿 m³，从吉林、黑龙江省调出 200 亿 m³ 的水是可行的。

黑龙江水资源量高达 3 430 亿 m³，由于黑龙江流域内人口稀少，工业、农业、生活用水将来不会增加多少，从黑龙江调水 900 亿 m³ 对黑龙江流域水资源利用不会产生影响，反而对下游防洪效果十分明显。下游城市尼古拉耶夫斯克城地处海口，地势平坦、低洼，黑龙江发生洪水便对尼古拉耶夫斯克城造成水灾，俄罗斯经常指责中国水库放水，造成俄罗斯水灾。黑龙江调水后，基本使下游不再发生水灾，黑龙江虽然是界河，运用市场经济理论，把水作为商品，进行国际贸易，给俄罗斯适宜的水资源费，是可以正常调出的。松花江调水，选在支流嫩江和第二松花江最适合。从第二松花江调水 50 亿 m³，嫩江调水 150 亿 m³，不会影响两江地区的水资源利用。

黑龙江乌苏里河口以上黑龙江干流多年平均径流总量为 2 712 亿 m³，松花江河口以上为 1 977 亿 m³，结亚河河口以上为 1 680 亿 m³，在结亚河处调水 900 亿 m³，黑龙江每年仍有 700 亿 m³ 的水，平均流量仍达到 2 473 m³/s。在结亚河口以上调水 530 亿 m³，结亚河口及布列亚河以下黑龙江流域人烟稀少，工业不发达用水也很少，农业灌溉面积不大，水资源富富有余。

图们江是中朝的一条界河，图们江河长 525 km，在中国一侧集水面积为 2.2 万 km²，多年平均径流量为 51.8 亿 m³。为保证吉林省第二松花江流域内工业、农业用水，从图们江向第二松花江支流古洞河调水 35 亿 m³，从图们市提水到和龙市第二林场，入古洞河，调水线路长度约 110 km，水流经古洞河再流入第二松花江。

嫩江河长 1 370 km，流域面积 282 748 km²，多年平均径流总量为 212.6 亿 m³，调水后仍有 63 亿 m³ 的水量，黑龙江省内有多条河流贯穿于省内，乌苏里江河长 905 km，流域面积 18.7 万 km²，在中国境内流域面积为 6.15 万 km²，河口处水资源总量为 623.5 亿 m³。

牡丹江是松花江中游最大的支流，河长 726 km，流域面积 37 023 km²，多年来平均径流量 88.34 亿 m³。

呼玛河河长 526 km，流域面积 29 562 km²，平均流量为 215 m³/s，年径流总量为 67.8 亿 m³。

呼兰河是松花江中游较大的支流，在哈尔滨市以下 4 km 处入松花江，河长 521 km，流域面积 55 683 km²，年径流总量为 47 亿 m³。

这些较多的河流分布在黑龙江省城市群、工业区和农业主要区域，保证了黑龙江省经济可持续发展。俄罗斯布列亚河，河长 623 km，集水面积 7.07 万 km²，多年平均径流量 940 m³，多年径流总量 296.4 亿 m³。该河在黑龙江省嘉荫县常胜乡汇流入黑龙江，从结亚河口到布列亚河口段黑龙江河流长约 220 km，河流比较平缓，河道比降仅 0.09‰，两河口高差仅 20 m，从布列亚河口调水与结亚河口调水从高程上几乎没有多大差别，从布列亚河口提水向西 160 km 处，在茅兰林场入纳谟尔河流入嫩江。

从黑龙江干流调水 530 亿 m³，嫩江、松花江调水 200 亿 m³，总调水 730 亿 m³ 技术上是可行的。本次调水进入受水区——内蒙古通辽市、锡林郭勒盟、赤峰市，吉林松原市、四平市，辽宁阜新市，灌溉 4 市辖县的农业旱地、改造科尔沁沙地、浑善达克沙地及退化草场。灌溉在沙化土地、沙化草场，宜农后备土地，建设能源生物基地，建成东北地区最大的生物能源基地、人工草场。

科尔沁沙地和浑善达克沙地改造后，基本解决了内蒙古自治区东部的生态问题，解除了沙漠南侵对吉林、辽宁、河北、北京、天津的危害，也彻底解决了长期困扰京津地区的风沙源问题。这一地区能源生物可优先发展林地、灌溉草场是重要的畜牧业基地，退化沙化土地改造为石油替代植物——马铃薯、菊芋及杨树等生物能源植物。树木纤维可以生产生物柴油或生物质直接燃烧发电。

13.3 实施大规模调水工程构想

13.3.1 东北调水工程（第一期）

在黑龙江省呼玛县呼玛河下游修低坝水库，拦截呼玛河之水。呼玛河河长 542 km，流域面积 33 924 km²，多年平均径流量 67.51 亿 m³。在呼玛河水库建提水站，提水入嫩江上游，调水 60 亿 m³；在呼玛县下游黑龙江干流别亚河口处建提水站，提黑龙江水向西调入嫩江上游，线路长约 78 km，提水 470 亿 m³；呼玛河和黑龙江之水调入嫩江上游后，水沿嫩江顺流而下，行走大约 760 km 入大安市月亮泡水库。月亮泡水库与嫩江相连，月亮泡水库是平原水库，蓄水 10 亿 m³，正常蓄水位 131 m，水库水面面积 200 km²，水库库容再加大 1 倍，水库水面达到 400 km²，蓄水达到 20 亿 m³。嫩江多年平均径流量为 212.6 亿 m³。在嫩江取水 150 亿 m³。大安市是第二松花江与嫩江汇流处，以下称为松花江。

第二松花江多年平均径流量 186 亿 m^3，引第二松花江水入查干湖，引水量 50 亿 m^3。查干湖是水面积 400 km^2，蓄水 7.6 亿 m^3 的淡水湖，湖内正常蓄水高程 130 m，从大安市月亮泡水库西岸设提水站，低扬程提水站水西行。渠线沿通榆县北部经科尔沁右翼中旗南部，科尔沁左翼中旗北部、开鲁县、翁牛特旗至赤峰市，全长 580 km。另一条线是从查干湖提水经乾安县、科尔沁左翼中旗、通辽至科尔沁左翼后旗，线路全长 330 km。

受水区为吉林省白城市、四平市，内蒙古大兴安盟、通辽市、赤峰市，辽宁阜新市、铁岭市，总调水量为 730 亿 m^3。受水区地势相对平坦，地处辽河平原、松江平原和内蒙古南部平原荒漠区，地势高度相差幅度小，普遍在 150~400 m。受水地区开发相对容易一些，单亩投资偏低。东北调水虽然有一定提水高度，提水高度约 300 m，但调水干线建设和供水区土地开发，灌溉工程单位投资都比较低，经济上是合理的。

13.3.2 南水北调中线工程

黄河出洛阳后，基本没有河流补给黄河，黄河水在洛阳以下主要供给河南、河北、山东及河道排污用水。小浪底坝址处黄河年均径流量 1327 m^3，年均径流总量为 418.5 亿 m^3。小浪底水库 410 亿 m^3，放水留给上游高水高用，南水北调中线补给小浪底水库 41.4 亿 m^3 作黄河下游河道生态用水。黄河水现在执行的分配为 1999 年确定的。黄河水分配给青海 14.1 亿 m^3、甘肃 30.4 亿 m^3、宁夏 40 亿 m^3、内蒙古中部 58.6 亿 m^3、陕西 38 亿 m^3、山西 43.1 亿 m^3、河南 55.4 亿 m^3、山东 70 亿 m^3、河北 20 亿 m^3，共 369.6 亿 m^3。

青海 14.1 亿 m^3、山西 43.1 亿 m^3、陕西 38 亿 m^3，黄河分配河北 20 亿 m^3、河南 55.4 亿 m^3、山东 70 亿 m^3，置换的黄河水留于上游，分配给宁夏 40 亿 m^3、甘肃 30.4 亿 m^3、内蒙古 340.6 亿 m^3。

汉水从陕西发源深入湖北，在汉水与支流丹江汇合后下游 8 km 处修建丹江口水库，丹江口水库坝址以上流域面积 95 217 km^2，多年平均径流量为 394.8 亿 m^3，年均流量为 1 200 m^3/s。丹江口水库是南水北调中线水源地，计划近期向北方调水 145 亿 m^3，远期调水达到 220 亿~230 亿 m^3。丹江口水库现在担负下游湖北天门等地区用水，建议取消丹江口水库向下游供水，下游农田用水由水资源充足的湖北省自行解决。丹江口水库的水全部调入北方，可调水量能达到 345 亿 m^3，汉水留给陕西 40 亿 m^3，作黄河补水取消后的补充。

重庆市大宁河发源于巫溪县，流经巫山县入长江。大宁河长 162 km，集水面积 4 170 km^3，平均流量为 136 m^3/s，多年平均径流总量为 42.9 亿 m^3。流域内降水量 1 744.8 mm。降水量较大，除水田外，农作物不用灌溉。流域内平均海拔 1 197m，可调水 29 亿 m^3，流入丹江口水库。大宁河分水岭东为堵河流域，堵河水流入丹江口水库，可以在巫溪县提水入陕西镇坪入堵河。提水高程选在巫溪县高程 317 m 处，提水到 667 m，入隧洞引入堵河，提水高度为 350 m。丹江口水库水最高水位为 178 m，落差 488 m，仍比提水高度多 138 m，落差及电量仍大于提水用电量。从三峡水库补水 40 亿 m³，入丹江口水库，则中线调水 374 亿 m³。

13.3.3　南水北调西线工程

对南水北调西线工程方案有争议，基本有 3 种方案，建议采纳黄河水利委员会专家的方案，自流引水，调水量 190 亿 m³。

13.3.3.1　达—贾线

雅砻江—大渡河支流达曲至黄河贾曲自流线路。首先从靠近黄河的大渡河支流阿柯河、麻尔曲、杜柯河，建筑坝高分别为 67 m、112 m、94 m 的水库，引水 30 亿 m³ 入黄河贾曲，再向西引大渡河支流色曲雅砻山支流泥曲、达曲引水 20 亿 m³。达曲海拔 3 600 m，贾曲海拔 3 445 m，全部自流，本线路作一期工程。

13.3.3.2　长恰线

在雅砻江的长须，坝址海拔 3 795 m，修水库坝高 165 m，总库容 94 亿 m³，从长须水库引水在黄河恰给弄（海拔 3 880 m）处入黄河，渠线长 131 km，全部为隧洞，此处河道多年径流量为 47.6 亿 m³，引水 40 亿 m³，本线路作二期工程。

13.3.3.3　同—雅线

在通天河的同加处修调节水库，坝高 302 m，同加坝址处海拔 3 860 m，总库容 324 亿 m³，水库上游通天河多年平均径流量为 108 亿 m³，从同加处引水 100 亿 m³，入雅砻江长须水库内。从同加水库引水到长须水库渠线长 158 km，全线均为隧洞。本线作第三期工程，西线工程共引水 190 亿 m³。

13.3.4　藏水西调工程

雅鲁藏布江的水资源非常丰富，将雅鲁藏布江之水引入新疆已成共识，在调水线路上各位专家、有识之士提了不少意见，基本是修高坝，提高水位，与怒江、澜沧江、金沙江等汇流，向北调入贾曲入黄河，再沿河西走廊入新疆。这条线路较长，从雅鲁藏布江到黄河贾曲长达 1 213 km，这段渠线是在高山峡谷中行进，工程十分艰巨。从黄河贾曲走河西走廊入新疆，到塔里木河，又是 1 500 km，工程投资较大。

本次提出藏水西调，从林芝的羌纳提水进入隧洞，仅 360 km，水出隧洞后进入森格藏布河，自流进入喀拉喀什河，沿喀拉喀什河一直汇流入塔里木河。出隧洞后工程比较简单，只是在河流局部适度加高，虽然有很大一部分水量要提水，但提水的起点在海拔 3 600 m 以上，高于终点海拔 800~1 000 m 的地区，总体是提水高程小，自流段落差大，落差是提水高度的 4 倍多。提水年用电量约 476 亿 kW·h，沿线 15 级电站年发电量约 1 835 亿 kW·h。

藏水西调工程与北调工程相比渠线短，人工渠道仅 530 km，其余为天然河道。投资少，尤其是一期工程的 300 亿 m³ 藏水，全部自流入塔里木盆地。

第一段为提水工程，包括以下内容。

（1）查务水库枢纽工程。在拉孜县查务乡生木即处修拦河坝，拉孜县城驻曲下镇，曲下镇海拔 4 012 m，查务乡河底高程约 3 980 m，大坝高约 350 m，水库正常蓄水水位 4 320 m，查务水库库容大约 100 亿 m³。在水库回水 8 km 处开隧洞，隧洞进口底高程为 4 300 m，隧洞长 607 km。隧洞出口在噶尔县狮泉河镇。

查务乡以上的雅鲁藏布江的支流柴曲藏布江，当却藏布、荣久曲、来乌藏布江等诸河水汇入水库流入隧洞。

在昂仁县秋容乡和达居乡处各修一座水库，两座水库分别拦截多雄藏布和美曲藏布河的河水，秋容乡和达居乡两地海拔高度均为 4 380 m，因两处海拔比查务水库高，修 15 m 低坝水库即可正常运行，两河水自流入查务水库。

藏南诸河，定结县叶如藏布河和金龙河的多年平均径流量为 4.7 亿 m³，向南流入印度河。两河河谷在隧尔乡处，海拔为 4 300 m 左右，修水库拦截两河之水，坝高 60 m，水库正常蓄水位达到 4 350 m，沿山麓引入朋曲河，在朋曲河曲当乡处（海拔 4 250 m）修水库，坝高 110 m，使水库正常蓄水位达到 4 350 m，朋曲河水回流向北，进入朋吉藏布河，3 条河流 55 亿 m³ 的水沿朋吉藏布河流入查务水库。

在拉孜县城以上雅鲁藏布江及众多支流、藏南诸河通过一些简单的工程措施后河水自流入隧洞，并自流转展进入塔里木河，拉孜县城以上进入查务水库的水量约 300 亿 m³。

（2）日喀则水库枢纽工程。年楚河在日喀则市汇入雅鲁藏布江，河长 217 km，河道平均比降 11.4‰，流域面积 11 130 km²，多年径流量 17.96 亿 m³，两侧山地海拔 4 500~5 000 m，在雅鲁藏布江入河口处高程 3 800 m。选在日喀则市南孜若曲河汇入年楚河河口处修建水库，水库壅高水位 200 m，使年楚河水位达到 4 000 m。年楚河沿孜若曲河河水向西回水约 16 km，沿山麓引年楚河水自流到查务水库附近，引水渠道长约 178 km。年楚河水高程沿渠道损失水头 12 m，在查务水库附近水面高程约为 3 988 m，提水 300 m 进入查务水库。

（3）曲水水库枢纽工程。拉萨河是雅鲁藏布江大的支流河，在曲水县汇入雅鲁藏布江，河长 495 km，流域面积 31 760 km²，年径流量 105 亿 m³，河口处海拔 3 580 m，在拉萨河口处，于雅鲁藏布江干流修曲水水库，壅水位达到 120 m，使河水高程达到 3 700 m，河道比降为 1.2‰，回水 100 km，在回水 92 km 处提水，提水高度 300 m，进入日喀则水库，在日喀则水库调节后再向上提水。这段提水路线长度为 172 km。

藏南诸河在沿线，分别设提水站，提水入其附近的雅鲁藏布江干流及曲水水库中。

（4）加查水库枢纽工程。加查县加查镇海拔 3 230 m，藏木水电站站址处海拔

3 320 m，在加查县加查镇藏木水电站处，建加查水库，坝高 300 m，壅水高度 280 m，提高水位，调节水量，水库正常高水位达到 3 600 m，在水库上游回水 220 km 处设提水站提水。提水高度 110 m，提水进入曲水水库，线路长 100 km。

（5）羌纳水库枢纽工程。林芝县是雅鲁藏布江进入大峡谷起始处。雅鲁藏布江水量最大的 3 个支流，尼洋河年径流量 138.2 亿 m³，帕隆藏布河和易贡藏布河年径流量为 372.2 亿 m³。这 3 条河流均在林芝县汇入雅鲁藏布江。在林芝县有效拦截这 510 亿 m³ 的水量十分重要。在这大峡谷河段前羌纳处修高坝大型水库。

根据水利部四川水利水电勘测设计研究院有关专家的意见，"在林芝地区羌纳乡处，修羌纳水库，坝高 350 m，羌纳河底高程为 2 676 m，水库正常蓄水位达到 3 020 m，水库蓄水量达到 230 亿 m³，上游控制面积为 186 010 km²，多年平均径流量 585 亿 m³。在林芝县塔鲁修水库，易贡河底高程 2 811 m，水库控制集水面积为 11 750 km²，年径流量为 56 亿 m³，库容为 19 亿 m³，蓄水高度为 197 m，正常蓄水位为 3 008 m。在帕隆藏布河下游波密县古乡修水库，水库上游集水面积 13 520 km²，多年平均径流量为 78 亿 m³，水库库容为 25 亿 m³，蓄水高度为 195 m，正常蓄水位 3 000 m。"

在此基础上将塔鲁水库正常蓄水位再提高 65 m，达到 3 073 m，打通塔鲁到羌纳水库的隧洞，塔鲁水库的水可以自流到羌纳水库内，塔鲁水库库容将达到 50 亿 m³，将古乡水库蓄水位再提高 70 m，正常高水位达到 3 070 m，水库库容达到 60 亿 m³，打通古乡水库到羌纳水库方向的隧洞，古乡水库的水将自流到羌纳水库，塔鲁隧洞长约 100 km，古乡隧洞约 106 km。

羌纳水库水回水 205 km，可在回水 195 km 米林县卧龙镇设大型提水站，向加查水库提水，提水高度 500 m，卧龙镇到加查水库线路长度 55 km。

提水工程安装大量大型提水设备，需要大量电力，西藏多为荒漠区，是我国太阳能资源最丰富的地区，太阳能资源属一类地区，西藏大部分地区年日照在 3 250 h 左右，在提水站附近建设大型太阳能光伏发电站和太阳能热发电站，太阳能热发电站可将热能储存起来，在夜间太阳能不能发电时再发电，太阳能热发电解决了太阳能利用时间段的问题。

西藏地区是我国太阳能发电重要的发展地区。当地太阳能光热发电，解决了输水工程用电问题。当地发电电网接纳，解决了远距离输电问题，总体增加了太阳能发电总量。

第二段为隧洞工程。在甘孜县查务乡处开始打隧洞，隧洞进口底高程为 4 300 m，出口在阿里地区葛尔县狮泉河镇，狮泉河镇海拔 4 350 m，森格藏布河河底高程在 4 300 m 左右，隧洞长 607 km，比降为 1/5 000。

第三段为自流渠道工程。藏水出隧洞进入森格藏布河（狮泉河），河长 430 km，集水面积 27 450 km²，多年平均径流量为 6.9 亿 m³，森格藏布河地处盆地地理、地形，河谷较开阔，平均 3 km 左右，最宽处达 10 km，这一地区是干旱荒漠区，人口稀少，土地荒芜，在河床两岸不必修筑堤防，也不用防渗，森格藏布河河底多处温泉，不少河段不封冻，这一条件对输水十分有利。在札达县底雅乡处修水库，拦截即钦藏布江河之水，引水 8 亿 m³ 入森格藏布河。在噶尔县扎西岗乡仲包村引水入布藏康曲河，顺流进入班公错湖，班公错湖水面积较大，共 604 km²，其中中国部分为 413 km²，西部为克什米尔地区所属。中国部分为淡水湖，克什米尔控制部分为淡水湖和咸水湖，班公错湖水量达 46.7 亿 m³，是一个天然的巨大调蓄水库。班公错湖水面高程为 4 241 m，在班公错北岸开渠引水进入新疆和田地区喀拉喀什河，引水渠长约 86 km。喀拉喀什河是和田地区最大的河流，河长 808 km，喀拉喀什河是塔里木盆地塔里木河的最大支流，引藏水沿喀拉喀什河进入塔里木河。和田地区海拔 1 200～1 500 m，塔里木河海拔 800～1 000 m，喀拉喀什河流经地区为荒漠区，在昆仑山脉北麓，在喀拉喀什河段不必采取防渗措施，河水渗入地下后，沿昆仑山麓又以地下水的形式流入塔里木地区。喀拉喀什河河道比较宽，大部分河段也不必加高河堤。

藏水进入森格藏布河—塔里木河段全部自流，河道宽阔，很少采取堤防工程，比较简单。这一段落差比较大，总落差 3 300 m，渠道总长 1 280 m，发电可利用落差 3 270 m，年发电可达 1 835 亿 kW·h，超过三峡发电量。

塔里木盆地主要有 3 个地区，阿克苏地区，总面积 13.7 万 km²，戈壁、草地、沙漠面积占 60%；和田地区总面积 27.7 万 km²，沙漠、戈壁、荒地占 63%；若羌县总面积 20 万 km²，戈壁、荒地、沙漠等面积占 70.8%。3 个地区荒漠面积 6 亿亩，藏水调水量 1 415 亿 m³，可充分灌溉林地。

13.3.5　大西线调水工程

大西线调水工程已受到广泛的高度关注，调水的江河为怒江、澜沧江、金沙江、雅砻江、大渡河。5 条江河水力资源非常丰富，河流落差大，全部被国家列为十二大水电发展基地，全部做了梯级发电的规划，怒江规划 23 级，澜沧江规划 20 级，金沙江规划 28 级，不包括通天河，雅砻江规划 21 级，大渡河规划 22 级。有一部分电站已投入运行，部分电站在建，一部分电站正在前期工作，这些水电站建设为调水工程奠定了基础，同时基本勾划出调水工程线路方案。大西线调水工程主要分四大部分，蓄水工程、提水工程、调水自流工程渠线、沿线公路。

13.3.5.1　蓄水工程

首先修建调节水库，通过调节水库，把时空分布不均匀的降雨径流，转化为可以有效利用的、能够有效控制的水资源。水库建设工程的投资占整体工程的 30%左右。五大江河规划多梯级电站水库全部完工后实际已完成调水整体工程的 30%以上的工程量和投资。

13.3.5.2　沿线公路

五大江河地处崇山峻岭、荒无人烟的地区，公路工程难度大。工程所在地几乎没有公路，建设水库时建设了通往电站的公路，五大江河公路建设的投资占调水工程投资的10%以上，自流渠段沿线交通工程占调水工程的10%。

13.3.5.3　提水工程

河流要充分调水，必须以提水为主，自流部分仅占调水工程很小的部分，这些梯级开发水电站、水库大坝已形成梯级控制性蓄水工程，而且每个水库的回水已经达到上一水库的坝址处，只有少部分水库水面的高程基本接近上一水库的坝址，有一部分水库达到上游水库坝址河底高程，已发生水位重叠。这使提水工程很方便，从水库坝址附近直接提水进入上游水库，基本不用很长的输水管道。提水工程受季节限制，不调水时期，水照常下泄发电，提水工程要分期、渐进而行。在未建提水工程期间，电站正常发电。提水工程上马时每座水库大坝都应适度加高，加大调节能力，提水工程约占调水工程投资的5%。

13.3.5.4　调水自流工程线渠

在西藏自治区洛隆县新荣乡怒江支流支曲河汇入口处，做渠首工程，怒江水面高程为3 211 m，这里是怒江水电开发规划中的怒江上游三级电站——新荣电站坝址区，水电开发规划新荣水库大坝是高坝，应该达到291 m，使新荣水库坝顶高程达到3 521 m，正常需水位达到3 502 m。从新荣水库引水入（以下采用郭开方案）恩达（布宿村—恩达），在布宿村开隧洞，布恩（布宿村—恩达）隧洞长39 km，引水入澜沧江支流紫曲。在紫曲河年拉山口下游河底高程3 169 m，修水库坝高286 m，正常蓄水位达到3 477 m，坝顶高程达到3 482 m，水库回水到滨达，入左岸支流郎错河开渠过分水岭到国桥，入拉龙河，再入澜沧江支流昂曲。

在澜沧江中游规划开发的第一级电站侧格水库坝址处河底高程为3 156 m，规划坝高35 m，正常蓄水位3 191 m，将大坝高度改为260 m，使正常蓄水位达到3 451 m，渠水流入沙河，在康巴开康卡隧洞（康巴—江达县卡贡乡），隧洞长51 km。渠水从卡贡入藏曲再入晒西拉水库，晒西拉水库是金沙江上游规划的第二级电站，水库正常蓄水位3 447 m。另一方案是调水进入果通水库，果通水库正常蓄水为3 360 m，水库大坝再提高74 m，调水入果通水库，增加自流取水的数量。

雅砻江上游第五级电站格尼水库大坝，由现在的61 m再提高10 m，使格尼水库正常蓄水位达到3 447 m，由格尼水库引水入贾曲河（3 406 m）。

西南诸河之水调入黄河后，流入青海省段，在贵德县（高程2 200 m），流经西宁（海拔2 290 m），走河西走廊，在祁连山北麓，沿等高线而行，经武威县（高程1 350 m）、张掖县南部（海拔1 340 m）、酒泉（海拔1 300 m）、玉门（海拔1 500 m）、瓜州（海拔1 178 m）、哈密（海拔820 m），入吐鲁番盆地，分干渠入准格尔盆地（海拔400～600 m），在瓜州另一条线路入敦煌（海拔1 139 m）和娄兰库姆塔格沙漠。自流工程投资约占调水工程投资的 50%。

大西线一期工程调水 550 亿 m³，其中怒江 223 亿 m³，澜沧江 130 亿 m³，金沙江 140 亿 m³，水量全部分给新疆、甘肃。一期工程本着先近后远的原则，首先安排雅砻江格尼到黄河贾曲段，依次为金沙江果通至雅砻江格尼段、澜沧江侧格至金沙江果通段、怒江新荣至澜沧江侧格段，这样可边施工边受益，使调水工程早发挥效益。

怒江、澜沧江、金沙江、雅砻江、大渡河五大江河的后续调水为提水工程，从各级电站水库陆续向上级电站水库提水。提水高程的原则，提水处的高程不低于受益区的高程为总原则。分多期逐年调水，因受水区有一个用水建设期。怒江可分 19 期，澜沧江可分 18 期，金沙江可分 22 期，雅砻江可分 15 期，大渡河可分 17 期进行。

13.3.5.5　关于调水量问题

从技术上考虑，怒江可调水 500 亿 m³，澜沧江可调水 600 亿 m³，金沙江可调水 690 亿 m³，雅砻江可调水 400 亿 m³，大渡河可调水 350 亿 m³。从长远看，不包括南水北调（含西线工程 190 亿 m³），大西线最终可调水 2 540 亿 m³。

大西线调水工程地形复杂，前期工程工作要细致、科学、周密，前期工作至少需要 10 年，自流引水的一期工程，需 15 年完成，提水工程至少需要 25 年，主要是因为受水区供水工程建设需要时间较长，从勘探设计到提水工程全部竣工需要 40 年时间。

13.3.5.6　提水工程方案

五大江河的提水工程方案，全部以水电梯级开发为基础，按规划的水电站设提水工程。

（1）怒江提水工程。怒江在境内河长 2 013 km，流域面积 13.78 万 km²，径流量总量 700 亿 m³，天然落差 4 848 m，平均比降 2.4‰，是我国重点水电开发河流，已规划 23 级的梯级开发。这 23 级电站依次为上游段沙丁、热玉、新荣、同卡、卡西、怒江桥、拉龙、罗拉、昂曲、俄米；中下游，松塔、丙洛中、马吉、鹿马登、福贡、碧江、亚碧罗、泸水、六库、石头寨、赛格、岩桑树、光坡。提水工程也按此 23 级设置。

（2）澜沧江调水工程。澜沧江在中国境内河长 2 179 km，流域面积 16.5 万 km²，多年平均径流量为 765 亿 m³。澜沧江水资源丰富，水电开发共 20 级，在西藏自治区内水电建设 6 梯级，云南境内共 14 梯级，云南省内上游段 6 级，中下游段 8 级。在西藏自治区内规划电站为侧格、约龙、卡贡、班达、如美、古学，在云南境内上游段分别为古水、乌弄龙、里底、托巴、黄登、大华桥、苗尾，下游段为功果桥、小湾、漫湾、大朝山、糯扎渡、景洪、橄榄坝、勐松。澜沧江可从约龙水库逐级提水，最后一级为景洪水库，共 18 级提水。

（3）金沙江提水工程。金沙江全长 2 326 km，集水面积 47.3 万 km²，多年平均径流量 1 640 亿 m³，落差 3 279 m，上游段水电开发分 14 级，中游段水电开发分 10 级，下游段水电开发分 4 级，各梯级水电站依次为西绒、晒西拉、果通、岗托、岩比、波罗、叶巴滩、拉哇、巴塘、苏哇龙、昌波、旭龙、奔子栏、龙盘、上虎跳峡、两家人、梨园、阿海、金安桥、龙开口、鲁地拉、观音岩、金沙、银江、东马德、白鹤滩、溪洛度、向家坝。

（4）雅砻江提水工程。雅砻江是金沙江的主要支流，河长 1 310 km，流域面积 13.6 万 km²，多年平均径流量 596 亿 m³，落差 3 830 m，雅砻江水力资源丰富，已成为国内重点开发河流。共设 21 级开发。上游 9 级，中游 7 级，下游 5 级。上游为温波寺、仁青岭、格尼、热吧、阿达、通哈、英达、新安、共科、龚巴沟；中游为两河口、牙根 1 级、牙根 2 级、楞古、孟底沟、杨树沟、卡拉；下游为锦屏一级、锦屏二级、官地、二滩、桐子林。雅砻江从哈通水库到官地水库可分 15 级逐级向上一级提水，进入大西线干渠中。

（5）大渡河提水工程。大渡河是岷江最大的支流，河长 1 062 km，河口多年平均径流量 498 亿 m³，流域面积 77 400 km²，天然落差 4 177 m，是我国重点水电开发河流。干流水电开发规划为 22 级，自上而下，分别为下尔呷、巴拉、达维、卜寺沟、双江口、金川、巴底、丹巴、猴子岩、长河坝、黄金坪、泸定、硬梁包、大岗山、龙头石、老鹰岩、瀑布沟、深溪沟、枕头坝、沙坪、垄嘴、铜街子。

大渡河从老鹰岩分 15 级提水入下尔呷水库，由下尔呷水库提水入红原县白河上游，水入白河经若尔盖入玛曲再入黄河。

13.3.6　嘉陵江调水工程

嘉陵江河长 1 119 km，流域面积 16 万 km²，多年平均径流量 668.6 亿 m³，在嘉陵江取水 200 亿 m³，嘉陵江流域留 558.6 亿 m³，完全能够满足本流域的需要。农业是用水大户，本流域降水量偏多，大部分区域年降水量在 1 100 mm 左右，降水量达到 1 000 mm 的地区农业灌溉用水比较小。主要在白龙江、西汉水、培江、嘉陵江上游取水，在甘肃省武都筑拦河坝，建调节水库。在武都境内的白龙江多年平均径流量为 27.4 亿 m³，甘肃已经从白龙江调水 15 亿 m³，拦截白龙江水，入武都水库。西汉水在武都控制面积以上，多年平均径流量是 15 亿 m³，全部拦截西汉水，汇流进入武都水库，可调水 10 亿 m³。

白龙江在广元以上多年平均径流量为 123 亿 m³。白龙江与西汉水在广元市汇流以后入嘉陵江，在广元市上游丘陵区筑坝，建水库，拦截嘉陵江之水，坝高 65 m（海拔 560 m），使水库正常蓄水位达到 620 m，在水库回水区建提水站，提水高度为 380 m，取水 60 亿 m³，入武都水库。

培江是嘉陵江第二大支流，年径流量 180 亿 m³，培江在江油县年径流量为

89.6亿m³，在江油县（海拔532 m）上游丘陵区（海拔550 m）建坝修水库，坝高65 m，使水库正常蓄水位达到610 m，在回水区建提水站，提水高度388 m，调水70亿m³，在江油县下游再提水70亿m³，入江油水库、武都水库。

武都水库的水流经甘肃天水、平凉、庆阳，分配给甘肃天水、平凉、庆阳三市200亿m³，用于农业灌溉和能源生物灌溉。

嘉陵江调水工程虽然有一段提水工程，但工程整体与西南诸河北上调水过横断山地区相比，相对简单一些。武都水库出水后经过黄土高原地区，路线较长，土质地区施工较石质山地条件好，总体上工程线路较短，投资相对较低。

13.3.7　南水北调东线工程

南水北调东线已完成100多亿亩，调水工程已发挥作用。东线地处长江下游，入海口前，水资源丰富。东线线路处于平原区，线路施工简单，只是提水，但提水高度小，成本不高，江苏、山东、天津、河北等省市用水多，又临近线路，应加大提水量，提水线量扩大到355亿m³，满足4省市用水需求。

工程调水本着先易后难，由近及远，边利用、边调入，分期分批，多线路进行的原则。

上述调水线路的方案是粗略的方案。经地质、水文、水利各专业的专家勘测、规划，进行可行性研究论证、设计后，才能实施。

13.4　调水工程相关问题探讨

13.4.1　气候生态环境问题

13.4.1.1　气候灾害问题

关于大型水库对气候影响问题引起了广泛争议。近几年长江中下游发生干旱，一些人指责为三峡水库影响。国家气候中心组织专家对三峡工程气候效益进行分析、评估显示："近年来长江流域发生的大范围旱涝灾害主要是大尺度的大气环流发生的大范围旱涝灾害，由大尺度的大气环流和大范围的地表热力异常造成，将其与三峡相关联缺乏科学依据，三峡工程建成后，库区周边地区气候条件未见明显变化，三峡工程仅对库区附近20 km范围内的气温、降水有一定的影响。"我国现在仅有一座库容300亿m³以上的水库，俄罗斯有10座（总库容9 131亿m³），加拿大有8座。

13.4.1.2　生态环境问题

大规模向华北、西北调水，对调水区局部水生生态环境有一定的影响，工程建设使一定面积的生态受到损害，但在全国范围内大面积水环境总体变好，大面积生态变好。在调水区河流流量减少，主要是在汛期水量明显减少。在枯水期，由于水库的蓄水调节，可以加大河流流量，保证航运、供水、有利于水生物生态，水库大量蓄水，水面面积增加了，水生生物产量提高了。汛期汹涌的河流排向海洋的水量变成了温和静水量蓄存起来，水流量大量减少，河道泥沙减少了，水灾减轻了。河流对两岸地下水的补给基本不受影响。汛期、枯水期河道流量变差小，河流流量、河流生态、水生动植物将稳定发展。在受水区，湿地增加 0.4 亿亩。河流、湿地生态明显好转，大面积荒漠变为绿洲，生态环境在全国大范围内总体变好。

（1）水是生命之源。干旱的大西北有了丰富的水资源，将有效地改善生态环境。调水将使大片沙漠变成绿洲，使我国植被覆盖率增加 17%，将有效地控制西北地区土地荒漠化。昔日的荒漠将变成为"风吹草低见牛羊"水草丰盛的茫茫大草地（每年增加生态效益约 2 000 亿元）。24.5 亿亩荒漠化土地和沙化草原灌溉后，涵养水源约 4 000 亿 m^3。

（2）"绿"水总量增加。向西北、华北每年调水及海水淡化利用 5 999.5 亿 m^3，渠系渗漏损失按 25% 计算，渗入西北、华北地区的水约 1 447 亿 m^3，地下水回归按 25% 计算，灌溉地下回归水为 1 085 亿 m^3，将使西北、华北地区每年增加地下水 2 532 亿 m^3，使超采地下水区有效地得到补给，有利于地下水、地表水合理调度。调水将使西北、华北"绿"水由现在的 9 425.1 亿 m^3 再增加 5 230.3 亿 m^3，增加 55.5%，达到 14 655.4 亿 m^3，导致大气圈与含水层之间的垂直水汽交换加强，增加了空气湿度，降低了干燥程度，年增加 889.1 亿 m^3 的水转化为降雨，可使华北、西北地区受水区年降雨平均增加 22.2 mm 左右，相当于降 4 次中雨，将有效地改善西北、华北地区的气候条件、植被条件，成为适合人类居住的环境良好地区，使西北地区的降水量由现在的 147～305 mm 提高到 238～396 mm，华北地区的降水量由现在的 276～551 mm 提高到 294～596 mm 是可能的。华北地区的干旱地区逐步转化为半干旱半湿润地区。

北方十省区平均增加降水量 22.2 mm。调水工程全部实施后，第二年增加降水量在本地区的水汽支循环中继续使蒸发量增加，降水增加。第二年的调水产生同一效果，第二年调水产生增加的降水量，与第一年调水产生的增加降水量叠加，以后各年逐渐叠加，这是按地区全面积计算，灌溉用水集中区产生水循环小气候，降水增加要多一些。新疆地区按 166 万 km^2 计算可增加 28.6 mm 降水，但降水中心区至少增加 100 mm。降水的增加将使灌溉定额下降，灌溉用水适度减少，明显体现了水汽循环特点及湿地效应。

"绿水"循环计算方法可根据中国科学院 2003 年编制的《中国水资源与可持续发展研究》文献提出的总蒸发的 17%，小循环形成降水这一原则计算。各省区蒸发量与相应降水量的关系按第三章各省区陆地蒸发量与相应降水量比的数值计算。

（3）调水形成大面积湿地。有利于净化水和空气，汇集和储备水分，补偿调节河湖水量，调节气候。有助水生生物食物链，保护生物多样性。沙漠化土地局部小气候降水显著增加，国内已有先例，亿利集团治理库布齐沙漠，使库布齐沙漠地区降雨量由 70 mm 增加到 300 mm。库布齐沙漠治理为全球寻找治理荒漠化、改善气候变化、拓展土地空间找到了一条新路。通过大规模调水，将使西北、华北地区 401.2 万 km² 的国土面积降水至少平均增加 22.2 mm，使气候变好，生态环境变好。

13.4.2 水利资源利用问题

13.4.2.1 灌溉

渠系工程采用适用的、高标准的防渗措施，最大限度地提高水的利用率，使水利用系数达到世界先进水平 0.70 以上，建立完善的运用管理体系，建立严格的用水管理制度，运用合理水价去调节水的效益性。调水工程的总调水量为 5 804 亿 m³。增加农业灌溉 5.17 亿亩、灌溉能源植物 14.5 亿亩，灌溉草原 10 亿亩，在内蒙古、河北、山西、陕西、宁夏、甘肃、新疆的广大荒漠地区，退化草场、沙地、沙漠等进行水利灌溉，使之成为粮食基地、肉奶基地、能源生物基地。

能源植物种植原则是根据各省区的自然条件，进行安排不同的物种。黄土高原土层深厚，适合于发展菊芋能源及食物作物，菊芋是深根块茎植物，块茎生长在地下 25~80 cm 处，重点在山西、内蒙古、甘肃地区发展；在风沙大的北京延庆、内蒙古沙漠、甘肃和新疆沙化地区，采取灌溉措施，发展胡杨和杨树能源植物。

新增的 5.17 亿亩农业灌溉面积，发展粮食作物，解决中国粮食供应安全问题。可增产粮食 2.41 亿 t（主要是玉米），生产秸秆 2.4 亿 t，秸秆用于生产生物柴油。

14.5 亿亩能源生物，可生产生物柴油 5.63 亿 t，解决中国石油替代问题。

13.4.2.2 受水区调节库容

受水区农业灌溉有灌水期与非灌水期之分。在灌水期内又有季节性和间断性。上千公里的长距离、大流量输水不能间断停水。首先应考虑科学调度，这么大的水量蓄存是很难的，受水区必须有多点式广泛的蓄水调节库容，修建一些大、中、小型水库是必需的。西北广阔的沙漠是最大的地下水库，将多余的季节性剩余的水输入用水区附近的沙漠蓄存起来，在沙漠地区建一些地下混凝土防渗连续墙，将水储存在不同编号的地下水库中，节省了修建蓄水工程费用，水在地下，减少了蒸发损失。

13.4.2.3 水力发电问题

怒江、澜沧江、金沙江、雅砻江、大渡河都是水力资源丰富的河流，已建和拟建的梯级电站。调水后，水量减少，发电受到很大影响，水电梯级开发，水库库容很小，水量调节大多是日调节、月调节，因调水库容小，在汛期大量水溢洪不能发电，水充分利用量不足 70%。调水 70% 后，发电利用水由 0.7 降到 0.3，剩余水量可以高位发电，电量提高 0.1，发电量减少 57%。调水区发电量减少，但受水区干流沿途落差大，水能资源量很大，渠道发电量约为原河流资源量的 0.8，江河在受水区和调水区发电总量达到原河道的 1.33，发电总量增加 0.33。对发电企业应给予一定的电力补偿，应安排电力企业在受水区进行水力发电站的建设。

13.4.2.4　调水补偿机制

对调出水资源区域补偿政策是影响调水能否顺利进行的核心问题，它直接影响当地社会稳定，影响当地经济发展，影响工程实施中地方配合等诸多问题。

南水北调西线工程从通天河、雅砻江、大渡河引水 190 亿 m³，通天河径流量 100 多亿 m³ 是过境四川，只有雅砻江 400 亿 m³、大渡河 350 亿 m³ 是四川省境内的水资源。四川省水资源总量 2 528 亿 m³，是我国水资源最丰富的省份。水资源量减少 750 亿 m³，对四川来讲是没有影响的，四川为什么反对，提出岷江流域缺水等。上游水资源调出，下游会受到影响，已建设好的水力发电站出力会受到影响，支流河道的小型航运会受到影响，水量减少，必须修建水库等措施调控，水量减少，渔业生产会受到影响。采取补偿政策，把水作为商品，用商品价值去平衡，调出的水给予合理的水资源费，收取水资源费由中央、省、市、县按比例分成，对调出区域按经济规律定价补偿，四川会大力支持的。开矿收取矿产资源费，占用土地收土地资源费，同样水资源也应收取费用。从四川调出 750 亿 m³ 的水，四川每年仅得几百亿的收入，而在受水区 1 000 亿 m³ 的水将产生几千亿元的效益。引入水是商品的理念，调水区与受水区进行商品交换，问题迎刃而解。

13.4.3　工程建设主要技术问题

13.4.3.1　高坝建筑

调水工程地区为云贵高原、青藏高原，属于高海拔区，在高海拔地区工程建设，国际已有先例，秘鲁马赫斯跨流域调水工程在海拔 3 500～4 200 m 的安第斯高山地区，山高谷深，地形破碎，地质构造复杂，外加高山缺氧，工程十分艰巨。我国有了在青藏高原高海拔地区修铁路工程的施工经历，以及修建三峡水库的经验，施工技术是不存在问题的。

西南调水取水区地处高山峡谷，将修建一大批高坝大型水库，中国修建高坝水库已有丰富经验，国内已建成和正在建设一批高坝大型水库。三峡水库坝高 181 m，已运行 15 年，湖北省清江水布垭水库坝高 233 m，1999 年投产的二滩水库坝高 240 m，2012 年竣工的锦屏一级电站，坝高 305 m，红水河龙滩水库坝高 216.5 m。中国不存在建筑高坝技术问题。

13.4.3.2　隧洞工程

调水工程隧洞较多，具有隧洞长、洞径大、埋深厚的特点。随着经济、交通、水利事业发展的需要，隧洞将朝着大而深的趋势发展。我国近年来西气东送、调水工程、西电东输、青藏铁路等重大工程启动，出现了一批高海拔深埋、大口径、长隧洞。青藏铁路风火山隧洞长 1 388 m，海拔 4 905 m；万家寨引黄一期工程南干线 7 号隧洞 43.5 km；秦岭隧洞单洞长 18.45 km；南水北调中线穿黄隧洞口径大；辽宁大伙房水库输水隧洞长达 85.32 km，为大断面超长隧洞，单掘距离长、支洞坡度大，地质复杂。中铁总公司采用世界先进硬岩隧道掘进机（TBM）创月掘进突破 600 m 大关记录，而且掘进精度高，为我国今后隧洞建设提供了宝贵的经验。国际上深埋、高海拔的隧洞有很多成功案例，秘鲁在海拔 3 000~4 000 m 的山区建成 90 km 长的马赫斯输水洞。

修隧道已是方向问题，可减少明开渠的塌方，而且减轻地震危害，每埋加深增加 50~100 m，地震烈度可衰减 0.5 度。

13.4.3.3 防渗工程

渠道防渗是减少输水损失的有效工程措施，渠道防渗中常用黏土、浆砌石、砼、沥青砼和土工膜等作为渠道防渗层。几十年来，我国渠道防渗工程技术应用已经比较普遍、广泛。

13.4.3.4 大型渠道机械化施工技术

大型渠道衬砌成套装备是国家重大技术项目，为适应长距离、大断面的渠道衬砌施工而开发的一种高效专用装备。该设备主要由砼布料机、砼衬砌机和辅助台车三部分组成。对大型渠道进行渠底和边坡的混凝土铺设，对提高防渗工程质量、加快施工进度、降低工程造价和提高工程效益起明显的作用。在我国南水北调东线、中线施工中普遍应用。

13.4.4 工程投资及效益分析

13.4.4.1 投资

（1）藏水西调工程从隧洞出口后就比较简单了，投资远低于长江上游诸河及滇西诸河调水工程。单位水比投资不会超过 20 元/m³，藏水西调共调水 1 415 亿 m³，估算静态总资源 28 300 亿元。

（2）南水北调中线、东线，嘉陵江调水，中线已完成调水 135 亿 m³，再增加调水 239 亿 m³，东线已完成一期工程，调水 100 亿 m³，再增加 255 亿 m³，嘉陵江调水 200 亿 m³。调水建设成本相对较低，工程建设投资标准按南水北调中线一期，东线一、二期单位水建设投资标准平均值 2000 年价（7.6 元/m³）的 2.5 倍估算，单位水比投资约 15.2 元/m³。调水 694 亿 m³，工程静态总投资约 10 549 亿元。

（3）西南诸江河及长江上游诸河，即大西线和西线调水，高山峡谷，调水路线长，工程强度大，投入资金多，但移民动迁费用少。梯级电站完成后，将调水成本下降约 35%。单位水建设成本按南水北调西线调水估算，单位水建设比投资约 25 元/m³，调水 2 730 亿 m³，静态总投资将达到 68 250 亿元。按 2018 年价格估算，包括水库工程、引水渠道及渠系配套工程、征地、移民安置、沿调水线公路工程、生态补偿及航运等。

（4）东北调水路线相对比西线调水工程简单。地形变化相对较少，从黑龙江东北部、吉林北部到内蒙古南部，都是人口稀少地区，荒漠面积较大，移民动迁费用低，现在水利工程中，移民动移费用占总工程费用的 60% 以上。单位水工程投资低于长江调水，单位水比投资约为 19 元/m³，调水 730 亿 m³/a，静态总投资为 13 870 亿元。

7 项调水工程总造价估算约 120 969 亿元。渠系配套工程费按总干线总投资计算，为 120 969 亿元。调水后在内蒙古、新疆、甘肃、宁夏、陕西、山西等省区的灌溉土地 5.17 亿亩，每亩土方工程费按 1 000 元计算，按 50% 灌溉的土地需要平整计算，土地平整费用 2 595 亿元。工程的调水费用及土地开垦费用总投资估算为 244 533 亿元。如果工程 2035 年开工，到 2035 年，我国国内经济增加值可达 200 万亿元。2050 年以后，我国国内经济增加值可达 3 800 000 亿元，财政收入 2035 年可达 400 000 亿元，2050 年可达 700 000 万亿元，调水工程总投资仅相当于 1 年财政收入的 50%。建设工期按 40 年计算（包括配套工程），每年平均净态投资 6 113 亿元，平均占财政支出的 0.8%~1%，国家财政上还是能承受的。

最好的投资方式是多元融资。投资管理体制，跨流域调水工程是公益性的重大基础设施建设，投资主体是政府，政府投资主体并不是意味着完全依靠政府财政性资金无偿投入，而是政府控制下采取多形式、多渠道的筹资方式。国家承担一小部分（发放长远期国债），发放只付利息不付本金的 100 年期国债，国家提供长期低息贷款，由供水集团发放中长期企业债券，滚动发放，国家承担一部分利息，用水大户预付一部分合同款，国外银行长期贷款等。调水工程改变过去从头到尾的建设顺序，从中间开始，由最后一个外调水区和第一个受水区开始，向头、尾两端延伸，分期、分段进行，这样可以尽快收益，边施工边受益。受益后由水费和出卖土地使用权费用作建设基金，"民间借贷，国家付息，效益偿还"。这种体制是科学的。工程投资总量虽然很大，但不存在资金问题。现在资本市场资金额已达 200 000 亿元，截至 2019 年 1 月，人民币宏观存额（M2）已达 1 865 900 亿元，狭义货币（M1）余额为 545 600 亿元，不存在建设资金问题。

13.4.4.2 效益

（1）灌溉与防洪效益。新疆、甘肃、内蒙古、陕西、青海、宁夏等省区，由于光热条件好，空气干燥，灌溉以后谷物、棉花、水果、甜菜等单产非常高，而且又很少有病害，无污染，品质极好。调水后，受水区增加 5.19 亿亩新开垦的水浇地，成为粮食、棉花、水果重点产地，每年可增产粮食 2.4 亿 t，每千克增加值平均按 3 元计算，年增加产值 7 200 亿元。灌溉 10 亿亩草场，可增产牛羊肉类 700 亿 kg，每千克按 80 元计算，增加收入 56 000 亿元，肉类供应满足需求，奶 1.5 亿 t，按 8 元/kg

计，年产值 12 000 亿元。中国粮食供应的核心是肉类及饲料需求，粮食供应安全得到解决。由于修建了大量的调节水库，汛期消减了洪峰，有效地防止调水区水灾发生，每年可减少水灾损失 2 000 亿元。调入受水区 5 598 亿 m^3 的水，必须有足够的调节容积，蓄水体水深按平均 4 m 计算，水面为 0.3 亿亩，干、支渠水面积约 0.1 亿亩，合计水面为 0.4 亿亩。调水使营养盐带入调水体，有利于水生生物和鱼类生产与繁殖，促进渔业发展。渔业单产按 30 kg/亩计算，0.4 亿亩水面年产水产品 120 万 t，产值 600 亿元。

（2）GDP 效益。建设期按 40 年计算，每年静态投资 6 113 亿元，建设期间，按水利投资 1 元，拉动 GDP 2.4 元计算，每年将拉动 GDP 增长 14 676 亿元，每年至少拉动 GDP 增长 1 个百分点，是一项长期拉动 GDP 高增长项目。每年投资建设工程可使 110 万人就业，间接就业人员为 1 365 万人。工程充分发挥作用以后可使 5 000 万人就业，是一项浩大的就业工程。

（3）能源效益。调水后增加 14.5 亿亩生物能源作物，年产生物柴油 8.3 亿 t，产值 64 240 亿元，生物质燃料 11.3 亿 t，解决了我国长期以来的石油安全问题。有效地改变了我国能源结构，由化石能源为主转变为可再生清洁能源生物质能源为主，大量地减少了 SO_2、CO_2 的排放。14.5 亿亩沙化土地通过灌溉成为能源林基地，10 亿亩沙化草场通过灌溉，牧草生长茂盛，植被覆盖率提高 17%，荒漠化基本得到根本治理。全国生态环境明显改变。

（4）生态。生态林固碳能力达 185 亿 t，吸收 CO_2 675.3 亿 t，吸尘 5.7 亿 t，SO_2 1.9 亿 t。草籽固碳能力 68.2 亿 t，吸收 CO_2 45 亿 t，吸尘 18 亿 t，SO_2 1.9 亿 t。吸收 CO_2 的价值 166 亿元，放出 O_2 5.47 亿 t，价值 932 亿元。

（5）发电效益。西部调水区河流地面高程多数在 800~3 200 m，受水区高程在 820~1 200 m，可利用落差有 0~2 000 m。调水区沿途发电量可完全补偿原河道发电损失，远超过原河道落差发电量，增加电量 1 359 亿 kW·h，按 0.5 元/（kW·h）计算，产值为 679 亿元。

（6）航运。输水渠道断面大，水位较深，输水渠道比降较原河道低，水流平缓。因此，大部分渠段都可以航运。可以使大批中、小型轮船航行，总干渠、分干渠航运可补偿原河道损失运量。

（7）促进区域经济发展。西北地区目前是我国经济最落后地区，但西北地区、华北地区是我国煤炭、天然气、石油、风能、太阳能、页岩气、页岩油、稀有金属、金属、非金属矿产资源最丰富的地区，那里集中了国家 85% 的能源资源和 75% 的矿产资源，又是我国土地后备资源最大的地区。有了丰富的水资源以后，其能源、矿产、土地、草场、光、热等资源优势将得到充分发挥，没有充分的水资源是不能发展的，未来西北地区发展速度将远远超过东部地区，经过一个时期的努力，地处丝绸之路经济带的西北地区的经济水平将达到东南沿海地区同一水平。消除长期困扰我国发展的区域经济差异问题，将改变我国经济发展的总格局，实现资源优化配置。过去大西北大面积无人区域因无法生存而不能进行勘探开放，调水后适于人生存，将会有根本性的改变。

（8）基本建设速度加快，支出减少。调水后增加 14.5 亿亩能源林灌溉面积，新增 10 亿亩灌溉草场，农产品供应有充分的保障。将使我国土地资源相对丰富，建设用地可以适度放宽，土地价格将大幅下降，进而促进基本建设成本下降，居民购房支出明显减少。这是控制房价的根本性措施。

（9）其他。新开垦的 24.5 亿亩能源和草场灌溉土地，低价一次性拍卖出长期（70 年）性使用权，每年 150 元/亩，每亩耕地卖 1.05 万元，共可卖 257 250 亿元，工程竣工后可收回全部成本。每年防洪减灾效益为 2 000 亿元，水产养殖效益为 600 亿元，畜牧增加值 68 000 亿元，粮食效益 7 200 亿元，能源效益每年增加值 64 240 亿元，水费年收入 4 800 亿元，航运效益 1 000 亿元，发电效益 679 亿元，生态环境效益 1 098 亿元，合计每年产生的经济增加值为 149 617 万亿元。

14 构建循环经济体系，建设节水型社会

14.1 构建循环经济体系

14.1.1 循环经济体系的内涵

循环经济是以资源的节约使用、综合利用、高效利用、循环利用为宗旨，实行"减量化、再利用、再循环""高效益、低消耗、低排放"方式，建设资源节约型、环境友好型社会，可持续健康发展的经济增长模式，是对"大开采、高消耗、高消费、大排放、大废弃"的传统发展模式的彻底改革。循环经济的核心内涵是节约资源、保护环境，实现可持续发展，树立可持续发展的绿色消费方式和节约型社会。

14.1.2 发展循环经济的途径

通过优化产业结构，优化资源配置，全面推行循环经济模式，企业高度群落集聚，资源集成、能源集成、信息集成、工艺集成、交通集成、水资源集成，能源重复利用、循环利用，建设群落密集的、连片的、成带的工业园区、集约化的产业链。高效地利用水、电、能源和其他原材料，废水、废料、废渣集中排放、集中处理，建立废旧物的回收、无害化处理和再生利用企业。做好企业的资源上下循环利用的产业链。怎样建立循环经济体系，横向从海岸线向西的万里丝绸之路节资、节水循环经济带，纵向建设万里沿海节资、节水循环经济带，站在市场前哨，面对国际市场，这是我国具体实施的发展循环经济大战略。建设万里沿海节资、节水循环经济带，将工业万元增加值用水由现在的 41.1 m³/万元下降到 12.3 m³/万元。

14.2 建设万里沿海节资节水循环经济带

河流最终流入大海，入海口是江河水量的高峰区域。沿海是淡水资源最丰富的

地方，人到沿海居住，工业、经济在沿海发展，可充分利用水资源。

14.2.1　低成本低能耗的海上运输促进了世界工业革命

中世纪欧洲国家经济快速增长后，各国经济又陷入了极度困难状况，各国战争不断。哥伦布在西班牙国王的支持下，进行了4次远洋航行，1492年10月12日到达美洲和印度群岛，发现了美洲新大陆，认证地球是个球体。相继葡萄牙航海家到达非洲西岸，发现非洲大陆。航海家麦哲伦1522年9月7日完成了绕地球一周的航行，再次证明了地球是个球体，连接了印度等亚洲国家。中国航海家郑和从1405年7月到1433年7次下西洋，到达阿拉伯、非洲东岸，建立了与各国间的联系。但明朝盛期过后，再没有经济实力来支持这项伟大的工程，也没有发动民间的商业货贸，这项工程停止了。欧洲国家随着在美洲大陆、非洲大陆等地区进行贸易交流，促进了世界市场的形成，大量金银财富、原料流入欧洲，扩大了资本的原始积累，推动了资本主义的发展，极大地影响了欧洲各个国家的经济，使海外贸易从地中海扩展到大西洋、太平洋沿岸、印度、亚洲等世界各地。从此以后，低成本海运使西方终于走出了中世纪的经济低迷，以不可阻止之势崛起于世界。以后几个世纪中成了海上霸业。一种新的工业文明成为世界经济发展的正统，促进了世界一体化和经济、文化系统。17世纪、18世纪的工业革命首先归功于海上交通的发展。随着工业革命的发展，先进的工业化国家借助于水上廉价交通的便利，在沿海建立起一批工业基地，逐步形成了沿海城市群。世界发达国家几乎全部是依靠海上交通优势优先发展起来的。

14.2.1.1　美国

美国有沿海、沿湖、沿河五大城市群经济带。

（1）太平洋沿岸城市群经济带。从加拿大接壤的西雅图南到与墨西哥毗邻的圣迭戈市，沿太平洋，以海上运输的优势形成上百个城市连线的城市群。几十个港口水上运输的便利，陆上阿姆特拉克等铁路线的贯穿及1号公路、101线等多条高速公路的连通，使这一地区成为了世界著名的经济区。

①新西雅图都市圈。和西雅图紧紧相邻的埃弗里特、贝尔雅尤、塔科马形成都市圈。西雅图向南依次为波特兰、赛勒姆、尤金、雷丁等城市延伸到大都市旧金山。

②旧金山都市圈。奥克兰、伯克利为旧金山的卫星城市。北部有圣罗莎城市，向南有圣何塞、萨利纳斯、圣玛利亚、圣巴巴拉、奥亚斯纳德、格伦代尔等城市，一直延伸到洛杉矶。

③洛杉矶城市圈。大洛杉矶地区包括奥兰治县、河滨县等131个城市，全美最大的城市群。格伦代尔、长滩、阿纳海姆为洛杉矶的卫星城。

（2）五大湖沿岸城市群经济带。五大湖是美国与加拿大边界水系，西部苏必利尔湖经圣玛丽人工河开通后与休伦湖连接通航，船舶航道从苏必利尔湖、经五大湖、圣劳伦斯河航道直接到达大西洋。便利的水上交通体系使五大湖沿岸建立了以制造业为主、各种工业全面发达的沿湖城市群。从西向东排列，德卢斯、苏圣玛丽、格林贝、密尔沃基、沃基肖到芝加哥，芝加哥向东加里、南木德、萨吉诺、底特律、托莱多、克利夫兰、伊利、布法罗、格里斯、罗切斯特，形成一条延五大湖周边城市群。

（3）大西洋沿岸城市群经济带。大西洋沿岸城市群以纽约为中心，以海上交通优势，已发展成为世界金融、经济、艺术中心，它直接影响着世界经济、金融、政治、媒体、教育、艺术。从美国大西洋沿岸北部比特兰城市向南延伸，劳伦斯、波士顿、新贝德福德、普罗维登斯、哈特福德、沙特伯里、纽黑文、杨克斯、纽约、费城、威尔明顿、巴尔的摩、华盛顿、亚历山德里亚、纽波特纽斯、弗吉尼亚比奇、切萨皮克、比查尔斯顿、查尔斯顿、杰克逊维尔、代托兰纳比克、庞帕诺比奇、劳德代尔堡、迈阿密等城市沿岸城市群。

（4）墨西哥湾城市群经济带。在大西洋墨西哥湾以美国第四大城市休斯敦为中心的沿海城市群，从圣彼得斯堡、拉戈、坦帕、克利尔沃特、坦拉哈西、彭萨科拉、莫比尔、新奥尔良、拉斐特、莱克查尔斯、博蒙特、阿瑟港、贝敦、休斯敦、帕萨迪纳、加尔维斯顿、维多利亚、利珀斯克里斯帝、布朗斯维尔训、麦卡伦布形成在美国东部的经济、金融、文化中心。

（5）密西西比河沿岸城市群经济带。密西西比河是美国中部黄金水道，每年货运量达到 4.72 亿 t，50% 谷物经密西西比河运到墨西哥湾出口。从明尼阿波利斯、布卢明顿、圣保罗、拉克罗斯、迪比克、达尔波特、艾奥瓦良城、圣路易斯、东圣路易斯、孟菲斯、巴春鲁日、梅泰里到河口新奥尔良市以及两支流田纳西河畔的亨茨维尔，肯色河畔的小石城、北小石城、派恩布拉夫、亚历山德里亚，形成密西西比河沿岸城市群。

14.2.1.2 加拿大

加拿大是世界经济发达国家之一，加拿大国家 85% 的城市和 90% 的人口集中在五大湖畔，大西洋沿岸和太平洋沿岸三大城市群经济带。水上交通优势，使这一地区集中了全国的经济、金融、文化、商业。

（1）五大湖畔城市群经济带。五大湖经圣劳伦斯河航道直通大西洋。以首都渥太华为中心城市，连接了桑德见、苏圣屿、萨德伯里、布雷斯布里奇、巴里、多伦多、米亚索佳、哈密尔顿、彼得伯勒、金斯顿、蒙特利尔、魁北克、容基耶尔、希库蒂尔。

（2）太平洋沿岸城市群经济带。温哥华、奇利瓦克、维多利亚、纳奈莫等城市群与美国西雅图等城市圈相邻。

（3）大西洋沿岸城市群经济带。蒙克顿、圣约翰斯、达特茅斯、哈利法克斯、圣约翰沿大西洋沿岸聚集。

14.2.1.3 日本

（1）九州岛沿海城市群经济带。以福冈市为中心，九州岛周边沿海29座城市构成九州岛城市群。九州岛城市群有宗像、福冈、伊万里、左世保、大村、长崎、佐贺、荒居、熊本、萨摩川内、鹿儿岛、鹿屋、宫崎、日向、佐伯、大分、别府、宇佑和行桥等城市。

（2）四国岛城市群经济带。以松山为中心的四国岛周边沿海10座城市形成城市群。有今治、松山、宇和岛、高知、阿南、德岛、鸣门、高松、新居滨和西条。

（3）太平洋沿岸东南部城市群经济带。本州岛东南太平洋沿岸以东京为中心由38座城市组成的城市群，从北向南陆奥、八户、宫古、鉴石、气仙沼、石巷、仙台、名取、福岛、郡山、盘城、水户、土浦、佐原、铫子、茂原、千叶、琦玉、川赿、东京、川崎、横滨、横须贺、富士吉田、伊东、富士、清水、静冈、岛田、滨松、丰桥、冈崎、丰田、名古屋、四日市、伊势和松板等。

（4）太平洋沿岸南部城市群经济带。在本州岛南部太平洋沿岸以大阪为中心的19座城市组成的城市群，有田边、和歌山、大阪、神户、明石、姬路、赤穗、冈山、仓数、福山、兰原、广岛、岩国、下松、周南、山口、防府、宇都和下关。日本的太平洋沿岸东南部和太平洋沿岸南部两大城市群形成了东京、大阪、名古屋三大都市圈，它占全国总人口的70%，经济总量的70%。

（5）日本海沿岸城市群经济带。在本州岛西北日本海沿岸23座城市组成的城市群，有益田、滨田、出云、松江、米子、仓吉、乌取、舞鹤、敦贺、福林、金泽、七尾、冰见、高冈、富山、松崎、三条、新津、新潟、新发田、鹤冈、余目和秋田。本沿海城市群集中了全国约90%的人口、95%的经济。

14.2.1.4 欧洲经济体

欧洲经济高度发达，欧洲面积1 010万 km²，和加拿大差不多，北、西、南三面被北冰洋、大西洋、地中海、黑海包围，欧洲大陆半岛多，半岛面积占27%。巴尔干半岛、日德兰半岛、亚平宁半岛、斯勘的纳维亚半岛、利比里亚半岛、百罗奔尼撒半岛、科拉半岛、克里木半岛和布列塔尼半岛等9个半岛和岛屿把欧洲分割成边缘海、内海和海湾。欧洲内海达13个，北海、挪威海、巴伦支海、白海、波罗的海、克里特海、亚得亚海、利古里亚海、伊奥尼亚海、爱琴海、第勒尼安海、爱尔兰海、凯尔特海。这里海湾特别多，芬兰湾、波的尼亚湾等48个大型海湾还不包括俄罗斯位于北冰洋的海湾。由于半岛多、海湾多，海岸海水相对平稳，有利于发展港口，而且海岸线长，总长109 500 km，有利于发展经济，欧洲海岸线长、海湾多的国家经济都很发达。

借助海上交通运输优势，欧洲经济快速发展。世界著名的城市都在海岸，如赫尔辛基、斯德哥尔摩、哥本哈根、雷克雅末克、爱丁堡、伦敦、都柏林、阿姆斯特丹、海牙、马赛、巴塞罗那、威尼斯、巴里、那波利、卡塔尼亚、罗马、雅典、里斯本、巴伦西亚、圣地亚哥等。沿海城市群成为国家的工业基地、主要经济区、教育基地、文化中心、科学技术基地、艺术、传媒核心区。大部分人群生活在那里，也是居民主要居住生活区。

我国的沿海地区凭着水上交通优势，优先发展起来，成为国家经济发达地区，文化、教育先进地区，科学技术前沿地区，居民生活高水平收入的居住区，如上海为首的长三角地区、广州为首的珠三角地区，对于沿海借助水上运输优势，促进经济发展。

14.2.2 我国必须改变现状经济结构和格局

我国经济格局基本以省会城市为经济中心、政治中心、科学文化中心、交通中心、人口居住中心。省会再辐射到地级市，形成了以省会为中心的城市群。目前，全国 182 个城市形成 23 个省级城市群。

（1）京津冀城市群。以北京、天津为中心，包括石家庄、唐山、保定、廊坊、秦皇岛、沧州、衡水、邯郸、邢台等 11 个地级以上城市。

（2）长三角城市群。以上海、杭州、南京为轴心，包括苏州、舟山、无锡、芜湖、马鞍山、南通、泰州、常州、扬州、绍兴、宁波、嘉兴、湖州、宣城等 17 个地级以上城市。

（3）珠三角城市群。以广州为中心，包括香港、澳门、深圳、佛山、东莞、中山、江门、惠州、珠海、汕尾、河源、肇庆、云浮、清远、阳江、汕头、潮州、揭阳等 19 个地级及地级以上城市。

（4）辽东半岛城市群。以沈阳为中心，包括大连、抚顺、本溪、辽阳、鞍山、营口、盘锦、丹东等 9 个地级及地级以上城市。

（5）山东半岛城市群。以济南为中心，包括淄博、泰安、东营、青岛、潍坊、聊城、莱芜、烟台、威海、滨州等 11 个地级及地级以上城市。

（6）三江平原城市群。以哈尔滨为中心，包括大庆、绥化、伊春、牡丹江、双鸭山、鸡西、佳木斯、鹤岗、七台河等 10 个地级及地级以上城市。

（7）东北中部城市群。以长春为中心，包括吉林、四平、辽源、松原等 5 个地级城市。

（8）中原城市群。以郑州为中心，包括洛阳、开封、新乡、安阳、驻马店、许昌、焦作、平顶山、周口、鹤壁、漯河、濮阳等 13 个地级及地级以上城市。

（9）长江中游城市群。以武汉为中心，包括鄂州、孝感、黄石、黄冈、咸宁、荆门、荆州等 8 个地级城市。

（10）江淮城市群。以合肥为中心，包括淮南、蚌埠、阜阳、淮北、徐州、六安、滁州、宿州、铜陵等 10 个地级城市。

（11）成渝城市群。以成都、重庆为轴心，包括眉山、乐山、资阳、绵阳、德阳、遂宁、广安、自贡、宜宾、南充、泸州、内江等 14 个地级及地级以上城市。

（12）环鄱阳湖城市群。以南昌为中心，包括九江、景德镇、抚州、鹰潭、上饶等 6 个地级城市。

（13）湘江城市群。以长沙为中心，包括岳阳、益阳、娄底、邵阳、常德、衡阳、株洲、湘潭等 9 个地级及地级以上城市。

（14）关中城市群。以西安为中心，包括咸阳、宝鸡、铜川、渭南、商洛等 6 个地级城市。

（15）海峡沿岸城市群。以福州为中心，包括漳州、宁德、厦门、泉州、蒲田等 6 个地级及地级以上城市。

（16）晋中城市群。以太原为中心，包括忻州、吕梁、临汾、长治、阳泉、晋中等 7 个地级城市。

（17）河西走廊城市群。以兰州、西宁为中心，包括海东、白银、临夏、武威、张掖、金昌、定西等 9 个地级城市。

（18）内蒙古中部城市群。以呼和浩特为中心，包括乌兰察布、包头、巴彦淖尔、大同、鄂尔多斯等 6 个地级城市。

（19）西域城市群。以乌鲁木齐为中心，包括石河子、吐鲁番、克拉玛依、昌吉等 5 个地级城市。

（20）滇中城市群。以昆明为中心，包括曲靖、玉溪、楚雄、大理等 5 个地级城市。

（21）西江城市群。以南宁为中心，包括柳州、玉林、崇左、钦州、莱宾、防城港、贵港、北海等 9 个地级城市。

（22）黔中城市群。以贵州为中心，包括遵义、安顺、都匀、凯里等 5 个地级城市。

（23）银川平原城市群。以银川为中心，包括吴忠、石嘴山、乌海、中卫等 5 个地级城市。

这 23 个城市群在全国形成了 23 个大的省级松散、互相关联不大的经济圈。

我国经济基本是以行政中心而形成对应级别的经济中心区。1992 年 10 月第一个国家级新区——上海浦东新区批复后，各省区掀起申报国家级新区热，到 2016 年 3 月国务院批复了 17 个国家级新区，全国有 334 个地级市、区（行政单位为 2018 年统计年鉴），建立了 334 个地级经济区。改革开放以来各级行政区都在自己的行政区内建立一个新的经济发展区，全国又增加了数百个地级新兴经济区。据新华网报道，国务院 2016 年关于 12 个省会城市和 144 个地级市一项调查显示，省会城市平均一个城市规划 4.6 个新城（新区），地级市平均每个城市平均规划约 1.5 个新城（新区）。

全国有 2 851 个县、市、区、旗，其中县级市 363 个、县 1 355 个、自治县 117

个，历史上多年的经济发展又形成了 1 835 个县级经济中心、经济区。近年来各县都相继建立了自己的新的经济发展区，全国又新建 2 851 个新的经济区，全国有 21 116 个镇 10 529 个乡，每个乡镇都有一个乡级经济小区，全国有 31 643 个乡级经济小区，分布全国各地。全国形成了省、市、县、乡级经济区。总数达到了 36 329 个，有 372 729 个大、中、小型工业企业分布在全国各地。分散的经济区，使全国形成了庞大的公路网、铁路网络。分散的企业使废水难于集中进行处理再利用，使水资源利用率低。

目前，我国 37 327 家工业企业都是陆续建成的而不是按循环经济统一规划布置而建，这些过度分散的企业，形成庞大的以汽运为主的运输体系，大量消耗能源、矿产资源，这样的经济格局是不可持续发展的。

这种经济格局注定了我国经济是高水耗、高能耗、高资源消耗经济。现在全国上下一致认为："中国必须进行经济体制改革。"发展资源节约型，低水耗、低能耗循环经济是我国经济体制改革的方向，我国必须进行一次从布局和结构上彻底的转型，才使我国资源和能源水资源能够承载，实现经济可持续发展。

14.2.3　行政区划进行适度调整

我国沿海省份少，多数为内陆省份，内陆省份远离海洋经济带，没有廉价的海上运输优势，在经济全球化的今天，不能直接从口岸对国际进行贸易，而需要通过沿海省份转口贸易。要经过遥远的陆上运输，既提高了产品成本，又大量消耗能源、水资源，如果在沿海有自己的地盘加工，直接对外贸易，既降低了成本，又方便了贸易。为推动各省的对外经济发展，根据地理位置适度调整行政区划，增加沿海省份，使多数省份紧邻海洋经济带，十分有利于经济发展，降低能耗。对非沿海省份在沿海划一块行政区域，用于发展经济。

产业布局是高资耗、高能耗、高水耗的主要因素

我国目前是世界上第一大能源、水资源消费国，能源、水资源的压力在我国已超过粮食安全问题，成为我国社会的最大问题。调整产业结构，节能减排，减少水资源消耗，这是我国经济发展的重大战略措施，怎样调整产业结构，这是核心问题。按 GDP 比较，我国单位 GDP 的水消耗是美国的 3 倍多，是日本的 4 倍多。单位 GDP 能耗、水耗影响的因素很多，如产业结构，发达国家第三产业比例高达 70% 左右，中国仅 52.2%（2018 年），第三产业比第一、第二产业能耗、水耗低。美、日及欧洲国家的高科技产品多，出口量大，产品价格高，而且高科技产品水耗能耗都很低，这是美、日及欧洲国家单位 GDP 能耗和水耗低的主要因素。单位工业产品能耗、水耗与先进国家相比，存在一定的差距。

企业生产相互关联性大，由于企业过于分散，造成运输等成本高。如钢厂的弃渣是水泥最好的熟料，水泥厂距钢厂远，熟料运输成本高，能耗高；在运输方式中，货运以汽车为主形成运输能耗高。企业不集中，耗水高，污水处理难。

我国技术、装备与国外先进国家确实也存在一定的差距。我国产业布局总体是分散的，集中连片的集群产业少，比例小，只是"长三角""珠三角"是我国的集群产业区，而且位于沿海，具有海上运输、对外直接贸易的优势。目前全国产业分布总布局是，全国有 23 个省级城市群，虽然是城市群，但每个城市之间都相距一二百千米或数百千米，相距几十千米的城市都是少数，产业是分散的，只是广义的集群而已。全国 37 万多个企业分布在广阔的大地上，用 400 多万千米的公路连接着，这种分散的经济企业布局，长距离的材料、产品运输造成高能耗、高资源消耗、高水耗。

汽车货运能耗高于日本 45%，汽车机械技术上没有大的差距，我国汽车货运能耗是铁路运输的 17.6 倍，是水路运输的 22 倍。汽车运输单位能耗数倍于铁路运输与水运是世界性通病，在发达的工业化国家同样存在着这一问题，在日本汽车货运是铁路货运能耗的 12.5 倍，是水运的 3.6 倍。汽车运输是高能耗运输，它仅仅是运输方便、灵活。由于分散的不是集群的，水不能循环利用，我国 2018 年工业增加值耗水 41.1 m³/万元，日本仅 11.8 m³/万元。发达国家把城市群选址在沿海，主要考虑节能、节水。

我国是世界第一大石油进口国，我国铁矿石 65% 依靠进口，是世界铁矿进口第一大国；我国是世界纺织品生产和出口第一大国，原料棉花的 40% 依靠进口；我国是世界最大的大豆和食用油进口国，大豆的 85% 依靠进口；我国是木制品生产和出口第一大国，但木材原料 50% 以上依靠进口；我国是煤炭第一进口大国；我国是铜矿石、铜材、锡矿石等金属矿产品的世界最大进口国。现状我国大量进口金属矿产品，进口能源矿产品，从外国运输进入港口，再从港口运到全国内陆地区，内陆地区用这些原料加工成工业产品，再把工业产品运到港口，再由港口出口到世界各个国家，我国号称"世界工厂"。我国现在这种进口世界各国原料→港口→内陆→产品→港口→世界各国的循环方式，大量消费能源、资源、水资源。这种经济结构是不可持续的。

14.2.4 建立万里沿海节资节水循环经济带，有效经济结构调整

进行产业结构调整、经济布局调整，是现阶段经济改革的主要内容，是我国较长时期内的经济战略。调整产业结构是要淘汰落后产能，削减压缩技术落后的企业，改变原有的经济布局，建设新的资源节能型的高新技术、高水资源利用的循环经济体系。学习美国、日本、加拿大、西欧国家把经济体布置在沿海，把企业布置在国际集市大门口，把我国经济融入 21 世纪海上丝绸之路。我国有 1.8 万多千米的海岸线，轴长线至少有 6 000 km。建设从丹东港开始，经大连、营口、葫芦岛、秦皇岛、天津、烟台、青岛、威海、日照、连云港、上海、杭州、宁波、台州、温州、

宁德、泉州、厦门、漳州、潮州、揭阳、汕头、汕尾、深圳、广州、珠海、阳江、湛江、北海、钦州、防城港，直线长度 5 000 km，纵深宽度 40 km 的集中连片的低碳、资源节约、低水资源消耗的科技创新的沿海循环经济带。

根据预测，到 2075 年，全国用水将达到 13 760 亿 m³，较现在提高 128%。中国科学院专家分析，认为我国可利用水资源量为 8 500 亿 m³，届时我国水资源供应压力巨大。预测到 2075 年我国工业用水 1 409 亿 m³，生活用水 2 004.1 亿 m³。沿海经济带占全国 70%，工业用水量为 986.3 亿 m³，居民用水 1 222 亿 m³。因居海岸，我国河流每年排入海洋的淡水 15 000 亿 m³ 以上，入海口的淡水可充分利用。工业用水和生活用水可海水淡化解决 2 208 亿 m³。景观用淡水节约 79 亿 m³。由于是循环经济带，水资源可集中处理、循环利用，可减少 30% 用水，减少 296 亿 m³ 工业用水。综合起来解决水资源利用途径 2 583 亿 m³，可缓解我国水资源供应压力，保障经济可持续发展。

沿海经济带由行政区划微调后的 23 个省的高新经济区连片构成。它将集中 10 亿人口，经济总量的 70%，出口贸易将占全国对外贸易量的 80% 以上。

建设丝绸之路节资、节水循环经济带，从京津、保定、石家庄、邯郸、新乡、郑州、洛阳、运城、西安、庆阳、固原、兰州、西宁、武威、酒泉、嘉峪关、哈密、乌鲁木齐、石河子连接 10 省区，长 5 000 km，沿线有 1.8 亿人口。有得天独厚的土地、能源、矿产资源丰富的优势，便于集中调水供水，便于集中污水进行处理，减少水污染。东联万里沿海节资、节水循环经济带，西联中亚国家的丝绸之路经济带，是我国一条横向低碳、资源节约、水资源低消耗型循环经济长廊。

创新产业模式，生产集约化。产业集群化就是要将产业向基地集中，项目向基地集中，统筹规划产业经济带建设，合理确定产业定位和发展方向，工业企业建设要做到大型企业为骨干龙头，中小型企业合理配置，以低水资源消耗、集中废水处理再利用、资源综合利用为基础，建立一种项目之间、企业之间的链接关系，实现资源及水资源多次转化、持续利用、综合利用，最低的资源及水资源消耗，最低能源消耗，创出最多产品的节约型经济体系。

实现经济结构优化升级，转变增长方式，完善市场经济体系，形成一大批自主知识产权，核心技术的知名品牌，提高了产业素质和竞争力；优先发展先进制造业、高新科技和服务业；着力发展精加工和高端产品；建设先进装备、精品钢材、石油、汽车、船舶基础产业；发展矿山机械、农业机械、机车车辆、输变电设备等装备制造业以及软件、光电子、新型材料、生物工程等高科技产业；加快沿海地区钢铁、化工、有色金属、建材等产业的结构调整，形成精品原材料基地。

促进加工贸易升级，积极承接高技术和现代服务业转移，提高外向型经济水平，增强国际竞争能力，加强口岸建设，居于沿海丝绸之路而向世界开展商贸。

建设绿色综合交通体系，沿经济带轴线，建设高速铁路，货运专用铁路；建设海滨高速、经济带中部高速公路和普通公路专用线；建设50个高标准港口；建设区域性机场，形成全经济带区域内完善的水路、铁路、公路、空运相结合的发达、快捷的交通体系。沿海经济带内各省级经济区域市内，建设地铁、轻轨、电动公交为主的低排放轻污染的现代、快捷、绿色交通体系。

城市建设以节能舒适、和谐、快捷、方便、美丽、多彩主导下的新型绿色生态城市，公路宽阔、楼层适宜，人口密度适宜；楼间绿化，屋顶建成花园、公园遍布，居民区菜园、花园遍布，实现中国人几千年来一直赞誉的田园式城市。世界著名科学家、诺贝尔奖获得者、美国地球物理研究所所长莱斯特·布郎讲："如果你生活的城市有很多花园、菜园，可以散步与享受大自然，这才是你想生活的地方，这是我对城市发展的设想，公园和停车场的比例如果很高，那么这个地方就会很适合生活，如果很低，那么不适合居住。你肯定也不想和家人在那里生活。"

加强生态环境保护和建设，增强可持续发展能力。沿海经济带区域总面积在20万km²左右，在中间至少有10万km²的绿化区，包括东南沿海山区不能建设城市和企业的区域，包括城市内街道绿化，楼间绿化、屋顶绿化、公路林带、公园、绿地等。使城区内排放的CO_2，大部分被这些绿地的植物所吸纳的良性循环体系。沿海经济带的6条公路、铁路两侧都有一定宽度的绿地，区域内湿地、水域广阔，把万里沿海节资节水循环经济带变成一个生态环境良好、美丽、和谐的人文生活区域。

在沿海循环经济带内，各省区以自己的资源禀赋为依托，发展自己的优势产业项目，建设产业集聚区的节点产业布局体系。

在沿海经济带侧的农业区，发展以科技兴农的现代化农业，建设好蔬菜供应基地、畜牧基地，供应优质的肉、蛋、奶、蔬菜等绿色食品。建设一批观光、旅游农业基地，增加城市居民的生活情趣。

人口迁移是中国城市化的长期战略，我国各省人口密度过大，人均资源量少，人口与资源严重不相匹配。

各省根据自己的水、土地、资源、农业、矿产资源安排与资源相匹配的人口，其余则向沿海及丝绸之路节资节水循环经济带转移，尤其是农业人口比例大的省。根据国家统计局公布的数字显示，2018年城镇化率达59.6%，这里面包括各区远郊农业人口，仅44%户籍人口城镇化，说明农业户籍人口为56%左右。根据我国土地资源情况，从事农业人口不应超过8%为宜，美、日、欧洲等发达国家，农业从业人员仅1.7%~3%。我国农村人口至少应转移出5亿人，乡镇企业多为低端工业，属于未来淘汰企业，乡镇企业的工人（农民工）至少应转移出1亿人，一些资源枯竭城市和人口过多的超大城市应转移出1亿人，这8亿人迁入沿海经济带和西部丝绸之路经济带。沿海地区达到10亿人口，内陆地区仍有6亿人，其人口密度仍大于欧洲，总数和欧洲相同。人口与资源基本相匹配，我国内陆仍是世界人口密度大的国家之一。

　　各省区融入的万里沿海节资、节水循环经济带和丝绸之路节资、节水循环经济带是中国最适宜的经济结构调整战略。

　　（1）经济区之间以低能耗的海上运输和铁路运输为主，对外则以海上直通世界各国口岸，以保证最低的能耗、最低的机械设备消费、最低的水资源消耗、最廉价的运输成本和最佳的贸易优势。

　　（2）企业、项目的布置是以资源循环利用为起点，它将保证最小的资源消耗、能源消耗、水资源消耗、最低的排放。

　　（3）沿海节资、节水循环经济带和丝绸之路节资、节水循环经济带是经济结构的根本调整，做到高度技术创新，产业升级。

　　（4）各省区在沿海有自己的基地，国家给予平等的竞争平台，缩小了西部、中部、东部长期以来的区域差距，不再由国家转移支付的方式来平衡。

　　（5）一个强大的、高科技的、世界最大的经济体系，居于国际市场的大门口，它是世界上最大的一个经济贸易一体化体系。

　　（6）它居于河口，居于海边，可充分利用入海口的淡水，也可以方便地进行海水淡化，扩大了水资源利用量，又缓解我国水资源严重不足的矛盾。

　　（7）沿海节资、节水循环经济带连接了环渤海、京津冀、长三角、浦东新区、大湾区、珠三角、深圳的节点高新经济区，区域之间相互协作、合作，优势互补，互利互惠，共同协调发展，提高了国家经济总体竞争力，实现国家经济总体效益的最大化、水资源利用的多元化。

　　（8）全国3/4的居民生活在生态文明、舒适、美丽、和谐、高科技、高文化、最便捷的交通环境之中，人民充分享受改革开放的成果。

　　（9）万里沿海节资、节水循环经济带和丝绸之路节资、节水循环经济带是最大的要素投入，经济带的建设、完善，至少需要25年，建设期间每年至少相当于GDP 2.5%的投资，可以拉动GDP增长6个百分点，使中国经济再保持25年的高速增长。

　　（10）万里沿海节资、节水循环经济带是"海上丝绸之路"的具体实施，防止"中等收入陷阱"的最有效战略措施，它充分体现习主席提出的"创新、协调、绿色、开放、共享"的发展理念。

14.3　建设节水型社会

14.3.1　节水社会的内涵

　　节水社会是把节水作为一项长期的战略方针，把节水工作贯穿于国民经济发展和群众生产生活的全过程，积极发展节水型产业，加强水资源管理，提高水资源利用效率。综合运用法律、经济、技术、行政等手段促进水资源合理利用、高效利用，减少水资源的损失和浪费。保障水资源满足国民经济发展和人民生产生活用水的需求。

14.3.2 节水方式

14.3.2.1 提高效率型

是指减少一次性取水数量，通过节水器具、节水方法减少用水量，或者通过循环利用、节水工艺减少工业或服务业一次性用水数量。灌溉中采取渠道防渗、管道输水方式减少灌溉输水量损失。

14.3.2.2 增效型

是指通过调整经济结构，采用节水增效的新设备、新工艺等措施提高单位用水的增加值。

14.3.2.3 减少消耗型

指在用水过程中减少水的蒸发、渗漏损失，减少供水管网的距离、滴、漏损失，以减少水资源用量。

14.3.2.4 资源保护型

是指通过防治水污染，加强水资源保护，减少水土流失，加强对洪水蓄存，避免水资源使用功能的丧失，使水资源总量不受减少的影响。

14.3.2.5 资源替代型

通过微咸水利用、海水淡化、再生水利用，以干洗法、介质替代等用水工艺，置换替代淡水资源，减少对水资源的利用。

14.3.3 节水的主要措施

14.3.3.1 增加全民节水意识

通过媒体和宣传方式对全民进行节水意识和节约、保护水资源的意识，做到全社会的节水行动，使节水真正成为一项基本国策。

14.3.3.2 建立资源节约、节水型经济结构

优化经济结构，减少资源使用，降低水资源单位经济产值的消耗，最大限度地提高水资源综合利用效益和水资源的承载能力。

14.3.3.3 养成节水型生活方式，建立节水型生产方式

居民在日常生活中改变与节水社会不协调的生活方式、生活习惯、消费结构、消费方式。建立节水型生产结构，建立节水型工业体系、节水型农业体系、节水型社会服务体系。

14.3.3.4 建立节水型水资源管理体制与机制

按流域、区域实行水资源统一管理、统一调度；运用法律手段、行政措施、经济手段强制性推动节水措施；采用水资源税、阶梯水价、浮动水价，建立完善水权市场等经济措施；采用高新技术、信息管理等相关技术措施；采取行政部门调控市场运作、用水户参与的管理措施；全面推动社会节水建设。

14.3.4 节水领域

14.3.4.1 灌溉节水

灌溉用水是我国第一用水大户，灌溉用水包括农业耕地灌溉、生态补水灌溉，生态补水灌溉中有沙化土地生态补水造林灌溉和沙化草原生态补水灌溉。预计到2075 年我国灌溉总面积将达到 40.8 亿亩，灌溉用水总量将达到 9 988 亿 m^3，占全社会用水总量的 72.6%。灌溉方式一是采取先进现代节水灌溉，至少节水 30%。二是减少输水过程损失。三是调整作物种植结构，减少北方缺水区的高耗水作物。四是平整土地，降低灌水定额，重点做好这四个大的方面。

14.3.4.2 生活节水

随着社会进步、居民生活水平的提高，生活用水将大幅增长，预计到 2075 年生活用水将达到 2 004 亿 m^3，超过工业用水量 43%，是仅次于灌溉用水的第二大户。日常生活用水存在于各个方面，渗透到每个生活细节中，如洗菜、洗衣、冲洗卫生间等。生活节水体现在很多生活细节中，如减少洗衣机应用比例，提倡在家庭内洗浴等生活各个方面，同时采取阶梯水价等经济措施，加以控制等。通过宣传使每个人都认识到节水的重大意义。从我做起，从点点滴滴开始，人的节水意识提高了，生活节水自然行之有效。

14.3.4.3 高端消费

（1）滑雪场、高尔夫球场。近年来滑雪场以高速修建。根据中国新闻网，2018年 3 月 13 日《2017 年中国滑雪行业发展现状分析》数字，2012 年兴建滑雪场 192家，到 2014 年达到 440 家，增长 51%，2015 年增长 29%，达到 568 家，2016 年增长 13.7%，达到 646 家，2017 年增长 8.87%，达到 703 家，增加速度惊人。一个标准的滑雪场要占地几百亩到几千亩，一个冬季要消耗 60 万 m^3 水，雪在阳光照耀下，不断地融化、蒸发，要不断造雪来补充。滑雪场主要建在黄河以北地区，黄河以南数量极少。众所周知，黄河以北是我国严重缺水区，703 家滑雪场一个季节要耗水4.12 亿 m^3，滑雪场不仅加剧了水资源短缺，也加剧了土地资源及电力供应的矛盾。对于生态环境产生了一定的负面影响，在整理场地时，要砍伐林木、剥离植被，造成水土流失，生态遭到破坏。在使用人造雪设备时，水、电、气管道铺设时，对土层、地表植被造成一些破坏。某些滑雪场所在的山地本身就是地质灾害多发区，极易引起山体滑坡、泥石流等地质灾害的发生。

高尔夫球场曾一度迅猛发展，严重缺水的北京曾达到 60 家，大连达到 20 家，甚至扩展到县、乡。盖州市（县级）双台小镇也建设了一个 15 洞的高尔夫球场。

2011 年 4 月国家发改委会同多个部门联合印发了《关于开展全国高尔夫球场综合清理整治工作的通知》，取缔、退出、撤销了一部分高尔夫球场，到 2017 年 1 月剩有 496 个。一个标准的 18 洞高尔夫球场要占用 1 500~2 000 亩地，占用的土地要相对平坦。现有的 496 个球场要占用 99 万亩土地。维持一个 1 500~2 000 亩的草坪，一年要耗水 45 万~60 万 m^3 的水，现有的 496 个高尔夫球场一年维持草坪要消耗 2. 23 亿~2. 98 亿 m^3 的水，同时要消费大量电力能源。滑雪场、高尔夫球场都是高耗水、高电力能源消耗、高土地占用、破坏生态环境的运动项目，不符合中国水土资源国情，只为少数人服务，不是广大群众服务项目，不能对一些商家利益开放，应严格加以限制，高额收取消费税、水资源税、环境税、土地占用税、生态修复费。

（2）宠物饲养。我国至少有 1 亿只宠物，2017 年 10 月 12 日华声在线《中国宠物市场调查报告》预计 2017 年我国宠物数量达 2. 5 亿只。2017 年 6 月 12 日，前瞻产业研究院邓莎认为："2016 年，全国在册宠物数量已超过 1 亿只。"全国目前有 1 亿只宠物被多数人认可。过去宠物饲养主要在城市，宠物热现在由城市中产阶层家庭向刚刚进入小康生活的村乡普通家庭扩散，扩散速度难以形容。在农村至少有 30% 的家庭养狗，约 0. 7 亿只。0. 7 亿只狗年消耗粮食约 160 亿 kg。城市 1 亿只宠物年消耗饲养粮约 55 亿 kg，合计为 215 亿 kg。宠物消耗的 215 亿 kg 粮食相当于 2018 年新疆（150. 4 亿 kg）、宁夏（39. 3 亿 kg）、青海（10. 3 亿 kg）、北京（3. 4 亿 kg）、海南（14. 7 亿 kg）5 省（区、市）粮食总产量。消耗的灌溉用水（0. 41 m^3/kg）88. 2 亿 m^3，消耗的粮食降水用水（0. 91 m^3/kg）195. 6 亿 m^3（降水按全国多年平均降水量 640 mm 计算），合计为 283. 8 亿 m^3。宠物日生活用水基本等同于人生活用水量，年 60. 3 m^3/只，1 亿只宠物生活用水约 60. 3 亿 m^3，合计为 344. 1 亿 m^3。2018 年宠物（含农村养狗用水）约为 344. 1 亿 m^3。这里只计算了一般饲养，未包括宠物肉类消费，如果计算肉类消费用水将超过 400 亿 m^3。大量饲养宠物对我国粮食供应安全、水资源供应安全、能源供应安全造成严重威胁。宠物又造成环境卫生问题。根据调查，一只宠物日食品支出在 8~10 元。全国尚有 15 000 万贫困人口，贫困人口日生活费尚未达到日支出 8~10 元，造成强烈的反差，引起居民的不满，这又是一个社会安定问题。

14. 3. 4. 4 工业节水

工业节水主要从 3 个大的方面：①采用先进工艺，降低用水消耗，万元工业增加值用水降到世界最低点。②节资、节水循环经济体系。节省资源减少了材料、产品用量，自然节约了用水，每单位资源、材料的生产取得都需要用水。循环经济可以使资源、材料高效利用，循环经济也使水资源集中利用、集中处理、循环利用，提高水的利用量，节约了用水。除了国家建设大型集中沿海节资、节水循环经济带和丝绸之路循环经济带外,地方的市、县(区)经济区要全部建设改造节资、节水循环经济区。③替代型。建设沿海万里节资、节水循环经济带,地处沿海,可以充分利用海水,代替部分淡水资源。一是海水直接利用,二是海水淡化,采取充分替代方法节省水资源。

15 加强体制机制改革，依靠科技创新推动水利事业发展

体制机制是水利事业发展的框架，体制机制直接影响事业的发展，体制机制不是一成不变的，随着发展形势的变化，体制机制相应地跟着变化。

科学技术就是生产力，随着社会进步水利事业的发展，不断出现新的技术要求，以适应形势。通过科技创新，推动水利事业的发展，世界已步入高科技信息时代，智慧水务成为我国传统水务转型升级的重要方向，通过信息化技术方法获得处理并公开水务信息，可以有效地管理供水、用水、耗水、排水、污水收集处理，再生水综合利用等过程，已成为智慧社会的重要组成部分。

15.1 调整农业种植结构优化水资源配置

15.1.1 水资源不足地区种植高耗水作物

农作物种植应严格按农业区划进行，作物布局要充分考虑水资源条件，根据水资源情况安排种植结构。我国长江以北广大省份水资源严重不足，西北、华北、四川、重庆、湖北相对丰富些，在水资源不足的地区大面积种植高耗水作物水稻是和我国水资源不相匹配的。以 2018 年为例，全国种植水稻45 238.5万亩，长江以北的省份种植水稻面积24 091.6万亩，占全国水稻面积的 53.2%，水资源十分丰富的长江以南省区高耗水的水稻种植面积 22 291.9 万亩，仅占全国的 46.8%。南方降水多，水稻田随时有降水补充，灌溉定额远低于北方。

根据贵州省行业用水标准，贵州中稻灌水定额全省平均仅 316.7 m^3/亩。吉林省 2018 年种植水稻 1 359.6 万亩，根据吉林省行业用水标准，全省水稻灌溉净定额平均 530 m^3/亩，按灌溉水利用率 0.6 计算，毛定额为 883 m^3/亩，是贵州的 2.8 倍。北方部分严重缺水的省份也有较大面积的水稻种植，宁夏是我国严重缺水的省份，国家每年从黄河水资源中留给宁夏 40 亿 m^3 的水量，宁夏 2018 年种植水稻 117 万亩。根据宁夏农业用水定额，宁夏不同分区水稻灌溉净定额平均为 735.7 m^3/亩，水利用系数按 0.6 计算，毛定额为 1 226 m^3/亩。这和宁夏水资源是不相匹配的，宁

夏水稻灌溉定额是春玉米的 2.87 倍，套种大豆的 5.5 倍。宁夏 2018 年水稻用水约为 14.3 亿 m³，远超过水资源总量 9.9 亿 m³，宁夏地处黄河河套地区"近水楼台先得月"。

江苏省水资源不丰富，全省多年平均水资源总量为 325.4 亿 m³，2018 年全省用水总量已达 592 亿 m³。江苏大量缺水，2018 年却种植 3 320 万亩高耗水作物水稻。

水稻种植热在北方比较普遍，东北三省 2018 年种植水稻 7 893.7 万亩，占全区耕地灌溉面积的 54.6%。说明东北地区耕地灌溉目前以水稻为主，从东北三省耕地、水资源现状灌溉面积情况分析，东北三省水资源并不十分丰富，亩均水资源仅 366.6 m³，东北地区耕地面积较大，占全国 20%，灌溉耕地仅占 34.3%，农业灌溉发展潜力很大，随着农业灌溉业的发展，水资源不充足的形势将越来越明显，应逐步压缩水稻种植面积。

15.1.2　水资源丰富区种植低耗水作物

花生作物的生物习性是根部生长发育需要土壤中有充分氧气，土壤中有足够的孔隙储存氧气。土壤以沙壤土为好，孔隙多，土壤含水量偏低一些，使土壤孔隙不被水分占据，根据花生的生物习性，适宜在干旱区种植，用水量较其他作物少。华北地区的河南、河北、山东等省属于干旱区，花生产量比较高。2018 年全国花生种植面积为 6 930 万亩，长江以南广东等 10 省市 2018 年种植花生 1 544 万亩，占全国 22.3% 的比例。本区因降水多，土壤含水量偏高，水壤中的水分占据土壤空隙多，使本区花生单产量明显低于全国均值。南方 10 省市花生种植面积较大，单产最高的是广东省，花生单产为 209.3 kg/亩，低于河南单产 317.2 kg/亩的 32.8%，低于山东 28.8%。花生种植面积较大的江西省，2018 年全省平均单产 191.5 kg/亩，低于河南 39.6%，低于山东 34.9%。

花生是低耗水作物，根据河北省主要农作物灌溉定额，地膜春花生（沙壤土）灌溉净定额为 145 m³/亩，南方省份大面积种植耐旱作物花生未能充分发挥本地区水资源丰富的优势，反而低产。南方省份不宜种植花生，应多种植高耗水、高产作物。

15.2　改进水利投资体制建立水利市场经济

现阶段水力发电站建设是大型国企、央企投资，其他灌溉工程、防洪工程、蓄水工程、水土保持工程、饮水工程等均由中央财政投资和地方政府按比例配套投资，这种投资方式将水利事业建设限制在计划之内，应改进体制，扩大投资范围，鼓励民间投资。

（1）一些小型农田水利工程，如机电井、小型提水站、小塘坝、小型自流渠等增大民营企业或农民联户投资，进入水利经济市场。国家投资有限，对一些地方想发展水利灌溉，促进农业生产发展，但国家投资又暂时排不上号，一部分企业或农民联户投资欲望又很强，有很大引力。多方面投资有助于水利事业的发展，国家对个体水利投资人要按工程造价一定比例给予补贴，国家补贴部分不再纳入国有资产，个体投资应优先列入水利发展计划。投资人或用水户协商解决水价、收取水费，水利主管部门可做适当调节。

企业或联户治理的小型水利工程、水土保持工程等均按水利主管部门规划、要求进行前期工作，水利主管部门负责规划、设计的审查。施工阶段水利主管部门按基本建设程序要求，对工程标准、质量进行监控。

（2）跨流域大型、超大型引调水工程是投资大、效益大的水资源开发工程。贫水区严重性缺水，影响经济可持续发展，这种投资大，周期长，效益大，可由大型企业、公司承担，国家给予低息贷款或贴息贷款。这种大型工程虽然效益大，但由于工程巨大，战线长，国家或水利部门去管理负担大，而且难于充分发挥工程效益，管理是难点，企业去管理工程效益会发挥得更好，同时减轻国家财政负担。水利事业不能都由国家负担投资，要把一部分能够由企业或农民个人投资的项目推向市场，走水利市场经济之路。

走水利市场经济之路能使投资效率更高，管理效果更好，能更好地提高水资源的利用率。目前一部分领域还不能全放开，要逐步扩大，有序进行。

15.3 适度调整粮食补贴政策

我国广大农村畜禽饲养业以小户型为主，大型饲养场虽然单场饲养量很大，但数量少。小户型数量多，肉、蛋、奶产量以小户型为主。奶牛饲养场以 10 头以下奶牛为主，养禽户以 2 万只以下户型为主，养猪户以年出栏 500~600 头猪为主。这些户型年纯收入在 10 万元左右，广泛分布在各村落。目前畜、禽类粪便自由排泄较多，畜禽粪便、粪水年产数约 100 亿 t，这些户没有经济能力去进行购买污水处理设备，如果指令去处理粪便污水，他们将放弃饲养，这将对农民收入带来影响。目前，为增加粮食产量，农民大量应用化肥，我国单位面积施用化肥量是欧盟和美国的 2 倍多。现在提倡化肥减量化，畜、禽粪便是很好的有机肥，因施用劳动力成本高，大量的有机肥排泄了。

国家为了保障粮食供应安全，保护农业生产能力，实行粮食保护支持补贴。2017 年国家粮食补贴 1 700 亿元，分两项：①耕地地力保护补贴，补贴总数占 80%。②适度规模经营补贴，这部分占 20%。耕地地力补贴应包括有机肥施用补贴一项，对于进行畜禽粪便无害化处理后施入农田的户要按面积补贴。畜、禽粪便无害化处理减轻了水质污染，增加了土壤有机质含量，减少了化肥用量，提高土壤有机质含量是培肥地力的有效措施，是藏粮于地的主要措施之一。目前全国土壤有机质含量平均仅2%，美国及欧盟国家土壤有机质含量均在4%以上，在耕地地力保护补贴中，对施用农家肥加大补贴，减少或取消一般地力保护补贴，是事半而功倍的事情。

现状国家支持农业灌溉发展，为了节约用水，提高农业用水效率，对农业灌溉用水收取水资源税，按用水量收取，用水越多，水资源税就越多，使农民增强节水意识，用税收调节节水效果。国家另一方面要加强发展农业灌溉措施，对农业灌溉采取补贴政策，按灌溉面积补贴，灌溉面积越大，补贴越多，促进灌溉面积扩大，促进旱作耕地改为灌溉耕地，国家从粮食地力保护补贴资金中拿出一部分，用于灌溉农田补贴。农业灌溉收取的水资源税全部留给县财政。县财政将农业灌溉水资源税和国家农田灌溉补助资金两项合一使用，作农田地力保护灌溉资金补贴，将使灌溉农田面积越大，补贴越多，单位面积灌溉用水越多，水资源税支出越多，促进单位面积灌溉用水减少，用水效率提高。

15.4 平整土地纳入灌区建设投资中

在灌区改造中，我国目前投资对象为渠系建筑物、渠道防渗工程等。对灌区土地平整是不投资的，土地平整度好，灌水时间短，田间水渗漏损失小，节水，反之灌溉土地不平整则浇水时间长，田间渗水多，浪费水资源，土地不平整则灌水不均匀，稍高的地块得不到灌溉，实灌面积小，灌溉效益低，中国农谚"平整土地定穷富"。国际一些国家非常重视灌区土地平整，美国把灌区土地平整作为灌区改造的首位工作，平整土地投资占25%，埃及耕地是沙化干旱区，是灌溉农业，埃及为了节水和充分发挥灌区灌溉效益，在灌区建设投资中渠系工程投资占30%，灌区平整土地占70%。在灌区改造中，应改变投资结构，把灌区平整土地作为灌区节水改造重要工程项目，充分认识平整土地是节水农业的基本措施之一。灌区田间面积大，是渗水的重点，田间渗漏损失超过渠系。国外大量应用激光技术平整土地，这种先进的平整土地技术，已在国外普及，我国目前应用很少，应加以推广。

15.5 向智慧水务转型

智慧水务是水利体系完整的解决方案和服务体系。智慧水务解决方案与IT系统，大数据服务手段紧密结合，可以因地制宜支持水务企业高效利用资源，实现可持续发展。

目前，国内传统的水务行业正在借助"互联网+"，以及互联网、云计算、大数据等技术新趋势，向智慧水务转型。我国水务企业信息化的发展主要分自动化、数字化和智慧化三个阶段，目前，多数水务企业的信息化正在从数字化水务阶段向智慧化阶段转型。我国智慧水务与发达国家相比起步比较晚，有一定差距，要加快发展、缩小差距。智慧水务非常依赖于自动化控制系统的完善性和可靠性，我国自动化控制方面仍然存在一些问题，很多地方有待进一步提高、完善。我国目前智慧水务人才缺乏，特别是智慧水务软件设计方面，已成为制约行业发展的重要问题，这方面人才需要具备综合知识，既要懂得互联网、大数据等 IT 技术，又要懂得水务行业基本运营管理、工艺种类、工艺设备，加快培养人才是首要的。

与传统的技术相比，智慧水务项目具有非常明显的优越性。智慧水务通过数字仪、无线网络、水质水表等在线监测设备，实时感知供排水系统的运行状态，采用可视化方式，有机整合水务管理部门与供排水设施，形成"水务互联网"，并可将大量水务信息进行及时分析处理，做出相应的处理结果，决策建议，运用更加精细的动态方式管理水务系统的生产、管理和服务流程。水利系统要全方位加快推动智慧化水务转型，这是新时代水利发展的需要和必然。

15.6　水资源优先保护后开发利用

长江航运比较发达，每天上千只船泊在长江干流航行，船泊动力以柴油发动机为主，废柴油、尾气油对长江水质有严重污染，船泊上的人员的生活污水直接排列入长江。根据中央电视台 2019 年 4 月报道："长江航运每年有 11 万 t 废柴油、60 万 t 其他废物排入长江。"长江年径流量为 9 500 亿 m^3，按平均值计算，相当于每立方米的长江水含有 115 mg 废柴油。长江水利用应以保护优先，在保护好水质不受污染的前提下去利用，长江水应以工、农业用水和水产业为主，应在长江沿岸建设客运高速铁路和货运专用线，取代长江的客轮、货轮，从成都出发沿江经万州、重庆、宜昌、武汉、黄石、九江、安庆、铜陵、芜湖、南京、常州直达上海，铁路运输的速度要高于船运的 2 倍以上，经济快速发展的时代，慢速船运已不适应形势，做好长江水质保护，逐步取消长江航运。

16 水文化

16.1 水文化内涵

水是人类生活的重要资源，人类文明大多起源在江河，水文化是人类创造的与水有关的科学、人文等方面的精神财富与物质财富的总称。水，作为自然的元素，生命的依托，与人类生活乃至文化历史形成了一种不解之缘。尼罗河孕育了灿烂的古埃及文明，幼发拉底河孕育巴比伦的文明，地中海沿岸的环境造就了古希腊、罗马文化，东方的两条大河——黄河与长江滋润了深厚的中原文化和绚丽多姿的楚文化。水已渗入人类文化思想意识的深层，在漫长的历史长河中，随着人类进步与对自然界的认识，已由物质升华到精神境界。

儒家思想与水。儒家认为，水代表了德，人类应该向水学习，君子应该像水那样不断流动和永不停息，顺其自然地加强道德修养。

道家思想与水。道家以水象征道在流变，比喻柔弱可以战胜刚强，天下"攻坚强者莫胜于水"，老子在"太一生水"中上善若水，水善利万物而不争，处众人之所恶。水为"万物之本原"的学说。

易学与水。五行即金木水火土，五行相生相克，水主智，其性聪，其情善。指出"水之性润下，顺则可容""水不绝源，仗金生而疏远。"

宗教与水。宗教认为水有洗净的功能，水往往被认为能洗净人身体及灵魂的罪恶。

文人与水。中国的文化经典，几乎所有史实文献，都蕴涵着丰富的水文化内容，对水进行描写、吟诵、讴歌，对水文化的描写已成为永恒的主题。《山海经》中"女娲补天""精卫填海""大禹治水"的故事等；诗人李白的"黄河之水天上来"绝句流传千古。

科学与水。水是人类维持生命的物质，人类不断研究对水的利用、水的特性，科学地总结出水循环特征、降水特征等的水文学；水的力学特性的水力学；把水存起来的水库工程学；利用水能的水力发电学；引水进行灌溉农田的农田水利学、灌溉工程学；保护水质的水污染防治学；防治水患的防洪工程学等一切相关水的水科学文化。

水文化主要包括三个部分：①精神水文化，包括水与哲学、水文学、水艺术、水美学、风水、民俗水文化等，水利名人、水歌曲、水传说、咏水诗文等。②地域水文化，包括江河、湖泊、冰川、海洋、湿地、瀑布、泉水、自然水景观等。③应用水文化，包括饮水工程、灌溉工程、水电站工程、水库、治水、管水、亲水、人工水景观、大运河工程等。

16.2　应用水文化

水是特殊物质，是不可替代的，维持生命的源泉物质，没有水就没有人类，地球上的一切生物都离不开水。水的利用，广泛开展人类在利用水中总结出多学科的水文化，创建了为人类服务的各种水利工程，充分发扬了工程水文化。我国修建了大量的城市供水工程，农村饮水工程，满足生活需求。为生产粮食食物对农田进行灌溉，发扬灌溉水文化，全国数十万灌溉工程使灌溉面积已达到 11 亿亩。为了取得电力，全国建设了 5 万多座大、中、小型水力发电站，发扬了水动力文化。为有效利用水资源，修建了 9 万多座大、中、小型小库，9 万多颗水利明珠闪耀在祖国大地上。水为人类服务，水汇集成河流后，常常因为不规范的运动而对两岸造成灾害，为了防御灾害，国家修建了 30 多万 km 的堤防，水文化更为辉煌、壮观。中国数十万个水利工程，每个水利工程都保存着中国文化的基因。

16.3　弘扬水文化精神

中国水文化是中国文化的一部分，中华人民共和国成立以来，进一步发扬光大了我国几千年的水文化。在用水、保护水方面水利建设文化突飞猛进，创造世界的奇迹。我们要大力宣传水利建设文化和水保护文化的巨大成就，宣传水科技创新文化，宣传水工程建设文化的宏伟壮观，进一步鼓舞我们的水利建设者，向更高的水文化目标前进，使水高效利用、保护文化，为社会经济建设提供保障，讴歌那些为建设水文化做出杰出贡献的人物，宣传在水文化建设中的先进人物。

今后宣传水文化重点在以下几个方面。

（1）我国水资源供求形势，我国到 21 世纪下半叶用水总量将达到 13 760 亿 m^3，增幅最大的是生态修复补水，治理荒漠化、灌溉沙化土地 14.5 亿亩，建设能源林，灌溉沙化草原 10 亿 m^3，发展草地农业解决肉、奶食品供应，解决中国大豆、粮食供应安全问题。到 21 世纪 70 年代后，世界人均耕地下降到 1.7 亩以下，世界进入农产品供应危机时代，世界及中国都没有条件大幅增加耕地，只有发展草地农业，灌溉草原。

（2）满足人民日益增长的对美好生活的需求，各市县（区）都要发展一定面积的水景观公园，水景观文化设施。

（3）抗旱减灾，发展灌溉农业水文化，藏粮于地，减少粮食供应压力，耕地灌溉面积应达到14.84亿亩，占耕地面积的73.3%以上。大力发展现代节水灌溉方式，发展喷灌溉、微灌，实现水肥一体化。

（4）大力发展水库建设文化，大量建设水库，把水蓄存起来，增加水资源可利用量，扩大水能利用，放开政策调动农村小水电的发展，蓄水控制河流，减少水灾，提高人均库容指数，争取在2050年人均库容指数达到发达国家水平。

（5）加强水土保持，控制水土流失，改善生态环境，加强生态修复，建设美丽中国。

（6）建设全国水网，水资源统一调配使用，向西北、华北调水，改善水环境，有效开发西北国土有效治理土地荒漠化、沙化，是国家长远发展战略，是最大的国土整治工程，最大的生态补水建设工程，最大的民生工程、就业工程，GDP拉动工程，丝绸之路发展工程。

（7）保护河流健康，做到人水和谐，严格控制水污染，严格控制农村面源污染，强化畜禽粪便无害化处理及有效利用，减少污染，化肥、农药减量化使用，严格控制污水排放，强化污水处理再利用。

（8）发展节资节水循环经济体系，充分认识我国水资源总量很大，但按人均是贫水国家的国情。教育全民节水，建设节水型社会，发展循环经济，只有循环经济才能节约资源，资源利用少了，自然节约了用水，建设万里沿海节资节水循环经济带，是从经济结构的根本上实施节资节水。

（9）加强体制机制改革，依靠科技进步，推动水利事业水文化发展。依靠水利法律、法规，推动水资源有效利用，强化水权，建立水市场。依靠法律、法规控制污染，保护水资源，保护水环境，保护水文化，推动水利技术创新，发展智慧水利。

（10）宣传我国水资源制约经济可持续发展，让全国人民认识到我国水资源的国情，引起全国上下的重视。

参考文献

［1］王浩，罗晓增，蒋云钟，等. 中国水资源与可持续发展［M］. 北京：科学出版社，2007.

［2］王浩，罗晓增，刘戈力. 中国水资源问题与可持续发展战略研究［M］. 北京：中国电力出版社，2010.

［3］杨立信，刘国纬. 国外调水工程［M］. 北京：科学出版社. 2003.

［4］任立良，束龙仓. 人与自然和谐的水需求——生态水文学新途径［M］. 北京：中国水利水电出版社，2006.

［5］左玉辉，梁英，柏益尧. 水资源调控——大西线调水解析［M］. 北京：科学出版社，2008.

［6］马玲玲. 新疆草业发展研究［M］. 北京：中国农业出版社，2009.

［7］赵英伟，刘黎明. 西部地区草地资源的生态效益及其利用保护［J］. 生态经济，2002（11）：17-19.

［8］李原园，文康，沈福新，等. 气候变化对中国水资源影响及应对策略研究［M］. 北京：中国水利水电出版社，2012.